超深井井下作业现场标准化
实践与应用

田疆　刘耀宇　钟传蓉　著

中国矿业大学出版社

·徐州·

内 容 提 要

本书根据超深井修井作业现场实际,把"人-机-物-法-环"作为一个系统(整体),研究人、机、环境之间的相互作用、反馈和调整,并固化形成了标准化做法,为今后的生产实践提供了借鉴。全书分为六章,分别从修井设备、施工人员、安全管理、操作规程、工具工艺和常用计算等方面进行了阐述。相信本书的出版,能够为广大井下作业技术人员提供有效的借鉴,并为整个技术体系的发展做出一定的贡献。

本书可供相关专业的研究人员借鉴、参考,也可供广大教师教学和学生学习使用。

图书在版编目(CIP)数据

超深井井下作业现场标准化实践与应用/田疆,刘耀宇,钟传蓉著.—徐州:中国矿业大学出版社,2023.12

ISBN 978 - 7 - 5646 - 6024 - 6

Ⅰ.①超… Ⅱ.①田… ②刘… ③钟… Ⅲ.①超深井—井下作业—标准化 Ⅳ.①TE358—65

中国国家版本馆 CIP 数据核字(2023)第 208377 号

书　　名	超深井井下作业现场标准化实践与应用
著　　者	田　疆　刘耀宇　钟传蓉
责任编辑	何晓明　李　敬
出版发行	中国矿业大学出版社有限责任公司
	(江苏省徐州市解放南路　邮编221008)
营销热线	(0516)83885370　83884103
出版服务	(0516)83995789　83884920
网　　址	http://www.cumtp.com　E-mail:cumtpvip@cumtp.com
印　　刷	苏州市古得堡数码印刷有限公司
开　　本	787 mm×1092 mm　1/16　印张 20　字数 512 千字
版次印次	2023 年 12 月第 1 版　2023 年 12 月第 1 次印刷
定　　价	238.00 元

(图书出现印装质量问题,本社负责调换)

序

  "深地工程"既是贯彻落实习近平总书记提出的"深海、深地、深空"战略的实际行动落脚点,也体现了打造深地技术原创策源地的阶段性成果。顺北油气田是中国石化首个"深地工程"项目,又称"深地一号"。顺北油气田位于阿克苏地区沙雅县境内,主体位于顺托果勒低隆构造带上,矿区面积 1.99 万 km^2,南部紧邻卡塔克隆起,北部为沙雅隆起,属于断控碳酸盐岩缝洞型油藏,估算资源 17 亿 t,其中原油 12 亿 t、天然气 5 000 亿 m^3。该油气田具有超深、超高压、超高温的特点,储层平均埋藏深度超过 7 300 m,是世界上埋藏最深的油气藏之一。中国石化在顺北油气田超深井钻探中,加大科技攻关力度,攻克了一系列世界级技术难题,形成了超深井石油工程创新集成技术。2016 年发现至今,顺北油气田不断刷新亚洲陆上最深定向井钻探纪录。

  《超深井井下作业现场标准化实践与应用》通过大量的实践活动,从"人-机-物-法-环"五个方面系统梳理总结了超深井井下作业现场标准化实践与应用的经验与技术,为井下作业技术管理人员提供了有益的借鉴。

中国工程院院士、教授、博士生导师
油田应用化学工程、石油工程专家
原西南石油学院院长

2023 年 12 月

前　言

修井作业是采油工艺的基础,是油田勘探开发过程中保证油水井正常生产的技术手段,它为采油工艺技术的发展提供了合格井筒条件和井控安全保障。为追寻最佳秩序,促进共同效益,更为了减少安全事故的发生,我们编写了《超深井井下作业现场标准化实践与应用》一书。

我们根据超深井修井作业现场实际,把"人-机-物-法-环"作为一个系统(整体),研究人、机、环境之间的相互作用、反馈和调整,并固化形成了标准化做法,为今后的生产实践提供了借鉴。全书分为六章,分别从修井设备、施工人员、安全管理、操作规程、工具工艺和常用计算等方面进行了阐述。

在本书的编写过程中,李晶辉、袁键、何勇、李宁博、谢丹、刘峰等技术人员提供了大量的基础素材,并参与相关章节的分析整理工作。全书由田疆负责统稿与审定。在本书编写过程中还得到了曾经组织开展现场实践的领导与技术专家的大力支持,在此一并表示感谢。

由于水平有限,加之不同人对现场认识差异和作业区域对象的差异,书中疏漏之处在所难免,恳请专家及各位读者批评指正。

著　者

2023 年 12 月

目　　录

第一章 作业现场基础

目前,国内剩余油气资源主要集中于深层、超深层、低渗透、海洋、非常规油气藏等环境。随着塔里木盆地富满、克深、大北、博孜,四川盆地双鱼石、古隆起、北斜坡,松辽盆地古龙,准噶尔盆地吉木萨尔、玛湖等一批大型油气田的陆续发现和投入开发,深层、超深层及非常规油气资源逐渐成为当前及未来增储上产的重点领域。随着油气勘探开发的不断深入,钻完井工程所面临的深部难钻地层多,长裸眼段井壁失稳与溢漏复杂多发,井下高温、高压、高腐蚀工况影响加剧等问题更加突出。钻井周期长,工程成本高,给油气田的效益开发带来了严峻挑战。近年来,中国石油工程技术重点围绕六大盆地"五油三气"勘探开发重点和难点,着力攻克钻完井关键核心技术瓶颈,先后突破大功率顶驱、一体化地质导向系统、高效非平面齿钻头、高温螺杆、超高温钻井液与防漏堵漏、大管径/高钢级膨胀管封堵等一批关键核心技术,钻完井作业安全与效率不断提升。深井钻深能力突破 9 000 m,水平井水平段长度突破 5 000 m,一趟钻进尺最长 3 700 m,部分指标比肩北美,助力塔里木盆地、四川盆地、准噶尔盆地等地区复杂超深井打成打快,页岩油气、致密油气水平井打快打好,重点增储上产地区油气勘探多点突破,为贯彻落实国家关于加大油气勘探开发力度决策部署提供了强有力的技术支撑。

然而在石油与天然气勘探开发的各项施工中,修井作业是一个重要环节,油、气、水井在自喷、抽油或注水、注气过程中随时会发生故障,造成油井减产甚至停产。这些故障有井下砂堵,井筒内严重结蜡,渗透降低,油、气、水层互相串通,生产油井枯竭等油井本身的故障;油管断裂,油管连接脱扣,套管挤扁、断裂和渗透等油井结构损坏;抽油杆弯曲、断裂或脱扣,抽油泵工作不正常等井下采油设备故障。出现故障后,只有通过井下作业来排除故障、更换设备、调整油井参数,才能恢复油井正常生产。井下作业是油田稳产的重要措施,修井机是修井作业的关键设备。

第一节 修井机设备基础

一、基本结构

设备采用自走式底盘、中空桁架伸缩式井架,具有越野性能好、移运方便等特点,车载柴油机输出动力,可单发动机作业或双发动机作业,适用于 10 000 m 以下的修井作业或 3 000 m 以内的中浅井钻井作业。其结构特点如下:

① 钻修设备结构标准化设计,产品零部件互换性强,维护保养方便。

② 车载发动机分别驱动底盘行驶和为钻修作业提供动力,不需要专用的底盘发动机,降低了整机成本,大型钻修设备可采用双发动机驱动。

③ 动力常采用 CAT 系列柴油机和 Allison 液力机械传动箱。

④ 井架设计制造符合 API-8C 规范,经有限元分析和应力试验检测,结构表面经抛光处理。

⑤ 电、气、液路系统集中控制,关键零部件、组件采用国际名牌的原装进口件,性能可靠,操作方便。

⑥ 绞车系统采用单滚筒或双滚筒两种形式,主滚筒采用整体式"里巴斯"绳槽,可使大绳排列整齐,延长大绳使用寿命;主滚筒刹车毂采用喷水冷却或强制水循环冷却,辅助刹车可选用水刹车或气控水冷盘式刹车。

⑦ 采用专门设计制造的自走式底盘,具有载荷分布合理、越野性能好、操作轻便等优点。

二、主要功能

钻修设备主要通过绞车系统提升及下放钻具,通过转盘旋转系统完成钻井及旋转作业。钻修设备一般具备以下三个方面的基本功能:

1. 起下功能

设备的起下作业功能主要通过绞车系统和游车系统来完成,绞车系统动力由车台发动机经液力机械变速箱、分动箱、角传动箱等传动部件来传递。绞车挡位是通过操纵司钻操作箱上的换挡阀控制液力机械变速箱的挡位来实现的。绞车系统有主刹车和辅助刹车两种形式。主刹车一般为滚筒上的轮毂与刹车带摩擦制动,辅助刹车有水刹车和盘式刹车两种形式。游车系统是提升负荷的承载机构,通过游车大钩和天车滑轮组组成 $2×2$、$3×4$、$4×5$、$5×6$ 等形式的绳系来满足各种型号的修井机单绳最大负荷和作业提升负荷的要求。

2. 旋转功能

旋转功能的实现要求钻修设备必须配备转盘、钻台、水龙头等设备,给井下钻具提供一定的转速和扭矩,进行钻、磨、套、铣等作业。转盘传动箱一般采用五正一倒挡和五正五倒挡两种形式。主滚筒、捞砂滚筒、转盘均采用气动推盘离合器。这种离合器操作灵活,动作可靠,结构简单,维修方便。

3. 行驶功能

钻修设备的基本特征就是具有机动行驶能力,能适应各种路面的行走,以满足井下作业时间短、搬迁频繁迅速的特点。钻修设备通过专用的自走式底盘承载和行驶,和普通车载式底盘不同的是其行驶动力和作业机构的动力共同使用一台(或两台)发动机,通过分动箱把动力分别传到车上(作业)和车下(行驶),也有车上(作业)和车下(行驶)各用一台发动机的。

三、施工内容

修井作业的主要内容可归纳为以下三个方面:

① 起下作业,如用于对发生故障或损坏的油管、抽油杆、抽油泵等井下采油设备和工具的提出、修理更换、再下入井内,以及抽吸、捞砂、机械清蜡等。

② 井内的循环作业,如冲砂、热洗循环泥浆等。

③ 旋转作业,如钻砂堵、钻水泥塞、扩孔、磨削、侧钻及修补套管等。

第二节　施工设备介绍

一、主体设备的构成

修井机是井下作业施工中最基本、最主要的动力来源,按其运行结构分为履带式修井机(通井机)和自走式修井机。塔里木区域井深超过 5 000 m,目前均使用自走式修井机(图 1-1)。

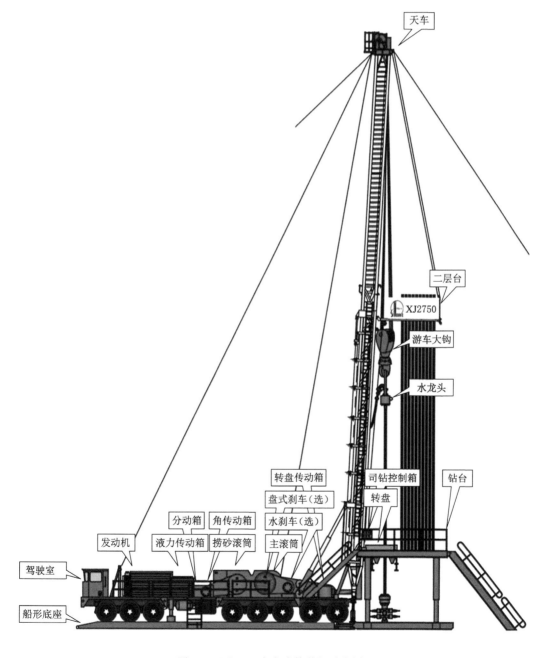

图 1-1　XJ2750 自走式修井机示意图

以 XJ2750 自走式修井机(图 1-1)为例,其主要由动力系统、传动系统、提升系统、旋转系统、底座系统、控制系统和附属设备等部分组成。其主要技术性能参数见表 1-1。

表 1-1 XJ2750 主要技术性能参数

项目	参数
名义大修深度/m	10 000(2 7/8″钻杆)
最大钩载/kN	2 750
提升系统绳系	5×6
井架工作高度/m	41
绞车形式	双滚筒,配 EATON WCB236 辅助刹车
绞车输入功率/HP	1 000
钢丝绳直径/mm	32
发动机功率/HP	2×660
动力传动形式	液力机械
钻台高度/m	8
转盘名义开口直径/mm	952.5
泥浆罐	8 个罐,容积 400 m³

注:HP 是功率单位,俗称马力,简称"匹",发动机一般是以马力为单位的,1 HP＝735 W。

1. 动力系统

它为设备运转提供动力,包括发动机、传动箱、散热水箱、燃油加热器、护罩等。XJ2750 采用六缸直列电喷柴油机,在大型修井机上为保证动力足够和备用需要,一般配置两台发动机(图 1-2、图 1-3)。

图 1-2 WP15H660E61 柴油机

图 1-3 双机动力柴油机组

功能特点:以潍柴 WP15H660E61 柴油机为例,该发动机为六缸直列四冲程,水冷涡轮增压后冷,整机质量轻、体积小,功率范围广,燃油经济性好,全程式调速器对负荷变化响应速度快,可靠性高。其关键性能参数见表 1-2。

表 1-2 WP15H660E61 柴油机关键性能参数

项目	参数
型号	WP15H660E61
额定功率/kW(HP)	480(660)/1 800
缸数与排列	六缸直列
排量/L	15.33
旋转方向	从飞轮端看逆时针方向旋转
冷却方式	水冷
最大扭矩/(N·m)	3 200/(900~1 400)

2．传动系统

以贵州凯星 BY601FQ 传动箱（图 1-4）为例，该传动箱最大净输入功率 600 kW，最高输入转速 2 500 r/min，设置有多个前进挡和一个倒挡，可以在驾驶室和司控房对各挡位进行切换。其关键性能参数见表 1-3。

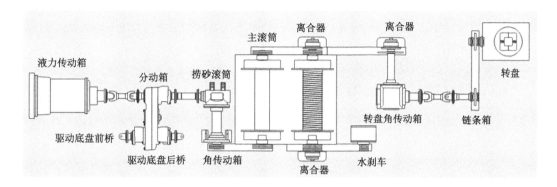

图 1-4 传动系统机构图

表 1-3 贵州凯星 BY601FQ 传动箱关键性能参数

项目	参数
液力变速箱	各挡速比：0.67、1、1.35、2.01、2.68、4、5.12
并车箱	速比：1、1.55、1；最大输入扭矩：18 kN·m；最大输入转速：2 500 r/min
角传动箱	速比：1.667；最大输入扭矩：24 kN·m；最大输入转速：2 500 r/min
转盘传动箱	速比：1.667；最大输入扭矩：14 kN·m；最大输入转速：2 500 r/min
传动轴及链条箱	最大传递扭矩：15 000 N·m

以 Allison HT650 液力机械传动箱（图 1-5，直通型）为例，该传动箱由液力变矩器和行星齿轮传动箱组成（图 1-6～图 1-9）。当涡轮转速达到 1 600～1 800 r/min 时，变矩器可自动闭锁，此时动力直接由行星轮传动箱输出。这样就实现了钻修机柔性无级调速和较高的发动机功率利用率。修井作业时，通过司钻箱上的换挡阀控制换挡。

图 1-5 Allison HT650 液力机械传动箱图

图 1-6　主滚筒图

图 1-7　主滚筒推盘离合图

图 1-8　远程刹车机构图

图 1-9　WCB 辅助刹车图

3. 提升系统

提升系统包括井架(图 1-10)、绞车系统、钢丝绳、天车、游车大钩(图 1-11)、绷绳等。其中,井架是钻修设备的重要部件之一,它在钻修井生产过程中用于安放和悬挂立管、水龙头、水龙头带等循环设备与工具,以及起下与存放钻杆、油管等工具,其关键性能参数见表 1-4。游动滑车是一组动滑轮,大钩主钩用于悬挂水龙头,两个侧钩用于悬挂吊环。游车及大钩均为钻修起下钻的重要提升设备,用于将绞车的旋转动力变为大钩的提升运动(图 1-12～图 1-15)。

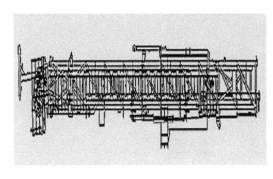

图 1-10　　井架图

图 1-11　游车大钩图

表 1-4　井架主体关键性能参数

项目	参数
型号	JJ275/41-W
型式	桅型套装伸缩式
最大额定静钩载/kN	2 750
井架天车梁底面至地面高度/m	41
二层台容量(4 1/2″钻杆)/m	5 000
二层台高度(距钻台面)/m	17.2
配套天车	TC275

图 1-12　二层平台图

图 1-13　天车大钩图

图 1-14　指重表图

图 1-15　死绳固定器图

提升传动过程:发动机→传动箱→传动轴→角传动箱→链条传动→主滚筒→快绳→天车→钢丝绳→游车→吊环、吊卡→钻具。

功能特点:井架的立起与放倒是由两个双作用变幅多级液压缸来完成的,上节井架的伸出与缩回是由两个单作用的长液压缸来实现的,中间设有两级液压缸扶正机构,确保井架伸出与缩回的安全稳定性。上节井架的缩回是靠自重在液压缸及扶正机构保证下实现的。

4.旋转系统

旋转系统提供扭转力,带动井下工具旋转,包括转盘、水龙头、井下工具、钻头等,完成钻修井作业中的旋转作业。其中,转盘主要由底座,主、辅轴承,水平轴总成,锁紧装置,转台,上盖等组成。它主要用来带动方钻杆旋转井下钻具,在处理事故时用于进行套铣、倒扣、磨铣、刮削、钻水泥塞等旋转作业施工项目(图1-16~图1-21),其关键性能参数见表1-5。

图1-16　绞车机构图

图1-17　钢丝外形图

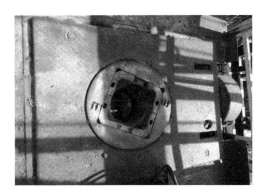

图1-18　ZP275转盘图

图1-19　SL160水龙头外形图

图1-20　滚子方补芯图

图1-21　方钻杆外形图

表 1-5　转盘关键性能参数

项目	参数
型号	ZP375
最大静载荷/kN	5 850
开口直径/mm	952.5
最高转速/(r/min)	300
最大工作扭矩/(N·m)	32 362
外形尺寸(长×宽×高)/mm	2 468×1 810×718
质量/kg	7 970

旋转传动过程:发动机→传动箱→传动轴→角传动箱→链条传动→主滚筒→链传动→转盘传动装置→转盘→方补心。

功能特点:传动轴驱动转盘旋转时,主轴承主要承受方钻杆下滑所产生的轴向力和锥齿轮副啮合所产生的径向分力,起下钻时承受最大静负荷。辅轴承用来扶正转台,并承受锥齿轮副啮合所产生的轴向分力,防止上跳。转台与底座采用迷宫式密封。大、小齿轮传动采用螺旋齿锥齿传动,使传动平衡,承载能力高。

5.底座系统

底座系统用于支撑其他系统各设备,包括钻台、船形底座。整个底座及踏板构成的台面长 13 800 mm、宽 10 600 mm,距甲板面高度为 6 200 mm。底座上台面铺设有防滑花纹板,同时钻台立根盒处设有拼装可更换整体榨木,立根盒负载能力为 1 500 kN(图 1-22～图 1-25),其关键性能参数见表 1-6。

图 1-22　自走式设备图

图 1-23　船形底座图

图 1-24　修井机钻台图

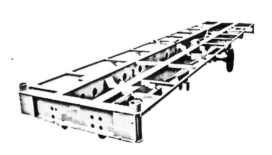

图 1-25　修井机底座图

表 1-6 底座关键性能参数

项目	参数
外形尺寸(不含井架)长×宽×高/mm	18 700×3 600×4 250
车架上平面距离地面高度(满载)/mm	1 400±30
轴距/mm	1 300+1 300+5 850+1 400+1 370+1 370+1 370
最大总质量/kg	103 000(13 000×7+12 000)
轮距/mm	前轮:2 432;后轮:2 329
最小离地间隙/mm	280
最小转弯半径/m	25
接近角/(°)	13
离去角/(°)	15
最大推荐车速/(km/h)	40
最大爬坡度/%	20

功能特点:该底盘为自走式,大梁采用高强度的钢板,采用特殊工艺、工装拼焊而成,形状为"Ⅱ"。车桥的布置为前三后四。第一、二桥为转向驱动桥,第三桥为从动转向桥,转向为液压助力转向,第四桥为空气悬挂驱动桥,第五、六桥为贯通驱动桥,第七桥采用气悬浮动桥。驱动桥带轮间、桥间差速及气动锁止,采用全轮刹车,各桥均装刹车气室。

6. 循环系统

循环系统以柴油机为动力,经液力变速箱、万向轴,通过链条驱动泥浆泵。泥浆泵是一种往复泵,由动力端和液力端两大部分组成,动力端由曲柄、偏心轮、连杆、十字头等组成,液力端由泵缸、活塞、吸入阀、排出阀、吸入管、排出管等组成(图 1-26～图 1-29)。

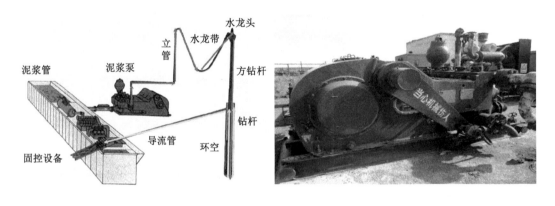

图 1-26 循环系统示意图　　　　　　图 1-27 泥浆泵图

利用泥浆泵将压井液沿井下管柱输送至井底,再从环空返出,通过固控设备净化压井液,实现循环或压井等作业,所用设备包括泥浆泵组、泥浆罐、振动筛、压力表等,其关键性能参数见表 1-7。动力通过链轮带动曲柄旋转使活塞进行往复运动,吸入过程液体在大气压力作用下通过吸入阀进入液缸,排出过程液体在活塞推动下经排出阀排出。

图 1-28　循环罐图

图 1-29　搅拌器图

表 1-7　泥浆泵关键性能参数

项目	参数
泥浆泵型号	F-1300
额定输入功率/kW	960
额定冲次/(冲/min)	120
冲程/mm	305
齿轮传动比	4.206∶1
最大缸套直径	7″
最大缸套泵压/MPa	19.2
吸入管口/mm	305
排出管口(35 MPa)	5 1/8″法兰
小齿轮轴直径/mm	215.9
主机质量/kg	25 850

功能特点：泥浆泵以柴油机为动力源，以一定的压力和流量将修井液输送至钻具、钻头及环形空间，完成整个循环过程。活塞在缸内移动的距离叫冲程，活塞在缸内每分钟往复的次数叫冲次。

7. 控制系统

控制系统是通过液压系统和电气系统的动作协调，按照一定的方式运动来配合完成钻井过程，它主要由操作阀、仪表等元件组成。

液压系统由液力变矩器带泵装置驱动液压泵，其执行元件包括 2 只井架伸缩液压缸、2 只井架起伸液压缸、4 只支腿液压缸、2 只猫头液压缸以及液压小绞车等。

气路系统由发动机驱动空气压缩机，为气路系统提供压缩空气。压缩空气经储气罐存储后，由互锁阀分别为底盘和专用装置供气，再由阀件分别控制各执行元件(图 1-30～图 1-33)。

电路系统分为低压与高压电器控制系统。低压控制系统由柴油机所带的发电机供电，工作电压 24 V，主要用于操作控制系统的指示灯及柴油机启动等。高压控制系统由防爆控制箱控制照明灯(AC220 V)、水循环冷却管路动力系统(AC380 V)等组成。

图 1-30　控制管线系统图

图 1-31　司钻操作台图

图 1-32　液压绞车图

图 1-33　储气罐图

功能特点:液压传动是以液压油的压力能来转换和传递机械能的液体传动,且机械能和液体压力能之间的转换是通过密闭容积的变化来实现的,也称为容积式液力传动。车上部分的气路控制主滚筒离合器、捞砂滚筒离合器、转盘离合器及水刹车离合器(盘式刹车)、天车防碰气路、液泵和发动机油门,还有换挡阀等。车下(底盘)气路供车辆行驶使用,控制发动机油门、换挡、前桥驱动(前加力)、气喇叭、桥间及轮间封锁气缸、脚制动(行车制动)和手制动(停车制动)等用气(表 1-8～表 1-10)。

表 1-8　液压系统关键性能参数

项目	参数
液压泵/数量	P25/2 台
油泵最大排量	165 L/min
系统工作压力	14 MPa
液压油型号	冬季 L-HM32/耐磨液压油

表 1-9　气路系统关键性能参数

项目	参数
储气罐容积	320 L
空压机最大排量	888 L/min
系统工作压力	0.8 MPa

表 1-10　电路系统关键性能参数

项目	参数
低压控制系统	24 V
防爆控制箱	AC220 V
水循环冷却管路	AC380 V

8. 井控设备

井控设备是用来控制和预防井喷的,包括防喷器组、内控管线、采油(气)井口、套管头、内防喷工具、防喷器控制系统、压井管汇、节流管汇、反循环管线、防喷管线、液气分离器、监测设备等(图 1-34～图 1-41),其关键性能参数见表 1-11～表 1-14。

图 1-34　闸板防喷器图

图 1-35　远程控制台图

图 1-36　节流管汇图

图 1-37　压井管汇图

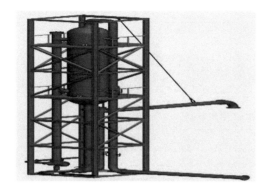

图 1-38　液气分离器图

图 1-39　液面报警仪图

图 1-40　内防喷工具图

图 1-41　箭形止回阀图

表 1-11　环形防喷器关键性能参数

项目	参数
型号	FH35-35
通径	$\phi 350$ mm
最大工作压力	35 MPa
适用范围	0～350 mm
适用介质	油气水和含 H_2S 泥浆

表 1-12　闸板防喷器关键性能参数

项目	参数
型号	FZ35-35/2FZ28-35
连接类型	上载丝下法兰
通径	$\phi 350$ mm
最大工作压力	35 MPa
适用范围	0～350 mm

表 1-13 远程控制台关键性能参数

项目	参数
型号	FKQ640-6
系统公称压力/MPa	21
系统调压范围/MPa	0～14
气源压力/MPa	0.65～0.8
控制对象数量	环形 1 只、闸板 3 只、防喷 2 只
蓄能器组总容积/L	40×16
可用液量/L	640

表 1-14 节流压井管汇关键性能参数

项目	参数
型号	JG65-35/YG65-35
额定工作压力/MPa	35
公称通径/mm	主通径 65.1/旁通径 65.1
额定温度	−29～+121 ℃
适用介质	天然气、泥浆、各种钻井液
节流管汇构成	手动平板阀、可调节流阀、固定节流阀、等径三通、变径五通、底座等
压井管汇构成	手动平板阀、单流阀、变径五通、底座等
出口连接	法兰 B153

功能特点:井控设备是对井喷事故进行预防、监测、控制、处理的必备装置。通过井控装置可以做到有控施工,既可以减少对油气层的损害,又可以保护套管,防止井喷和井喷失控,实现安全、优质、高效、低耗、环保作业。

9.配套附件

配套附件包括油管钳、吊钳、吊卡、卡瓦、起下电缆专用工具(锁紧钳、夹紧钳、电缆夹紧钳)等(图 1-42～图 1-47)。

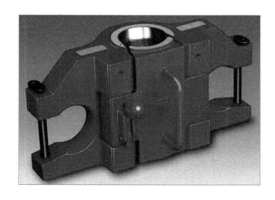

图 1-42 油管吊卡图

图 1-43 抽油杆吊卡图

图 1-44　钻杆卡瓦图(一)

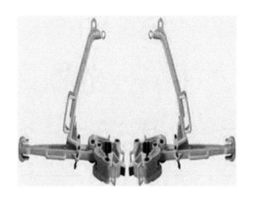

图 1-45　吊钳图

图 1-46　钻杆卡瓦图(二)

图 1-47　安全吊卡图

功能特点:在修井作业的过程中,管钳、吊卡都是用来悬挂和升降管柱的工具,用来连接耳柄和吊环。吊卡可以悬挂各种规格的管柱,因此有不同的规格,其关键性能参数见表 1-15。

表 1-15　常用吊卡关键性能参数

项目	名义尺寸	开口直径/mm	外形尺寸		承重 /kN	质量 /kg	适用管柱
			宽/mm	高/mm			
活门式吊卡	2 1/2″	77～76	440	210	300	40.3	油管、钻杆
	3 1/2″	92～91	495	230	350	52	油管、钻杆
月牙式吊卡	2 1/2″	77	480	205	420	74	油管、钻杆
	3 1/2″	89	600	205	420	74	油管、钻杆
月牙轻便两用吊卡	2 1/2″	76～83	440	210	300	40	平式、加厚
	3 1/2″	91～96	495	230	350	53	平式、加厚
抽油杆吊卡	6/8″	15.88～19.05	170	530	196	13.7	抽油杆
	7/8″	9.05～22.23	170	530	196	13.7	抽油杆
	1″	22.23～25.40	170	530	196	13.7	抽油杆

二、使用及维护检测要点

（一）基本使用

按作业准备、作业阶段和作业结束三个阶段，简要介绍修井机的基本操作要点。

1．作业准备

（1）设备运移

① 检查发动机的润滑油油面、散热器内的液面以及柴油箱内的油面，检查发动机周围有无影响发动机旋转的异物。

② 发动机启动后，首先检查机油压力是否正常，然后仔细听发动机有无异常响声，发电机是否发电，打气泵打气是否正常，是否达到规定的温度。

③ 检查修井机周围有无影响车辆行驶的障碍物，清理车上的杂物及检查部件是否固定牢固。

④ 修井机进入井场时一定要注意道路及井场路面情况，防止车辆下陷。

（2）设备就位

① 根据井场的实际情况（图1-48），选择好该机的停放位置，并打好4个地锚坑，锚坑深1.8 m、上宽0.8 m、上长1.2 m、下长0.8 m、下宽1.5 m，每个锚坑要求沿绷绳方向的承拉能力为80 kN。修井机停放的位置应略高，以防雨后积水，地面承载能力不得小于8～10 t/m²，达不到的地方应用砂石加强并铺平。

② 平好井场，挖好绷绳坑，摆好钻台及井架底座和船形底座，车辆倒上船形底座后，发动机熄火，把动力选择手柄移到"绞车"位置，启动发动机，待气压达到规定压力后，挂合液泵，把液路系统"工况选择"阀手柄移到"调整"位置，发动机转速调到1 100～1 300 r/min。

③ 操纵六联阀中的4个支腿液压缸的控制阀手柄，调平车辆后，上紧支腿锁紧螺帽，连接车辆尾部和井架底座的连接杆，从井架上解下所有绷绳，仔细检查井架起升时有无牵挂的地方。

（3）起升井架

修井机就位后，井架前倾，液压起放。具体步骤如下：

① 操作起升液压缸控制阀手柄，正反方向加压至2 MPa，反复数次，确保缸中的空气排净，操作阀手柄扳回到中位。

② 缓慢抬起起升液缸控制阀手柄，使井架离开前支架约200 mm，手柄回中位，井架静止，观察液压系统起升液压缸等各部位，确保无渗漏、表压正常，无压力过高、干涉现象，井架无下滑现象，落下井架。

③ 再次抬起起升液压缸控制阀手柄，缓慢起升井架，在井架起升过程中，要仔细观察起升液压缸的起升顺序，起升液压缸伸出的顺序是：一级活塞→二级活塞→三级活塞（活塞杆）。

④ 在每一级活塞伸出的过渡时期，要缓慢操作，防止冲击。当井架起升接近垂直位置时，相应减小手柄开启度，待井架越过90°时，通过控制手柄开启度使井架缓慢落于后支架上。

⑤ 控制阀手柄回中位，使起升液压缸卸压。

2．作业阶段

（1）主滚筒操作

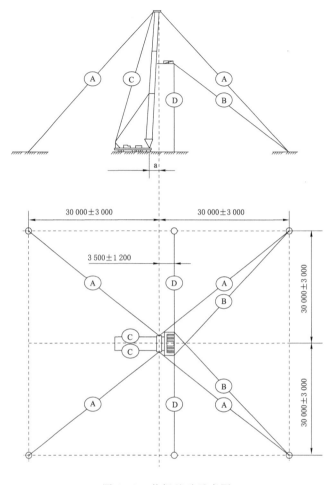

图 1-48 井场基础示意图

主滚筒用来缠绕卷扬游动系统的钢丝绳,将旋转运动通过游动系统转换为游车大钩垂直方向的直线运动。

① 加速提升操作:主滚筒的旋转是通过操纵位于司钻箱上的离合器的控制气阀来实现的,它是一个组合调压阀,不仅控制离合器的离合,而且控制发动机的油门,把组合调压阀的阀杆向上推,离合器开始挂合、滚筒旋转,手柄继续往前推,发动机油门加到最大。

② 提升减速,只需松开手柄,手柄自动回中位,其过程是先降低油门,再脱开离合器。

③ 上、卸钻杆或其他作业时,组合调压阀的手柄向下拉只能控制油门,而不能挂合离合器。

(2) 主滚筒刹车操作

主滚筒刹车系统是用来制动滚筒转动的,主要由刹把、钢带、刹车块、平衡梁调节丝杠和拉杆等组成。刹车系统在出厂前已调好,这时刹车系统的性能最佳,工作可靠。使用一段时间后,刹车块会磨损,当磨损到一定程度时,应及时进行调整。绞车组装完成后及使用过程中,主要进行以下两个方面的调整:

① 离合器摩擦片与中间齿盘之间的间隙调整。通过调整垫片的厚度来控制摩擦片与

中间齿盘之间的间隙,间隙应控制在 1.5～2 mm 之间(单片),总间隙应控制在 3～4 mm 之间。

② 刹车系统的调整。刹带松开时,刹带和刹车毂的间隙为 5 mm,为了保证刹带在松开状态时与刹车毂间隙均匀,可以用限位圈上的滚轮来调整,先使刹带抱紧刹车毂,再把滚轮上紧,然后再各自均匀地松开滚轮 2 圈。刹车块磨损后,应及时调整刹车块与刹车毂之间的间隙。

(3)液路系统操作

修井机本着集中控制的原则,将控制阀安装在司钻箱旁司钻易控制的位置,由司钻集中控制。由于起升液压缸、液压支腿在作业时不需动作,它的控制阀安装在车下的液控箱内。作业时液路系统的操作如下:

① 带泵箱上的液压泵挂合通过司钻气动控制阀来实现。向上推控制阀手柄,挂合主液压泵工作。向下拉控制阀手柄,脱开主液压泵,主液压泵不工作。

② 液压绞车换向阀控制液压绞车滚筒旋转方向。提起该阀手柄,液压绞车滚筒顺时针旋转,重物提升。压下该阀手柄,液压绞车滚筒逆时针旋转,重物下放。绞车不工作时,手柄扳回中位。

③ 液压大钳的进油由上液控换向阀的一个油口来提供。

④ 滤清器应定期检查和清洗,以保证液路系统工作的可靠性。液路系统液压油的更换应视液压油的污染程度而定,如水分限度质量比超过 0.05%、污蚀度超过 7～10 mg/100 mL 就应该更换液压油。

(4)气路系统操作

组合调压阀控制主滚筒离合动作及发动机油门开度,具有三位四通阀和双向调压功能。阀手柄置于中位时,主滚筒推盘离合器脱离,发动机油门怠速;向上方推动 10°,主滚筒推盘离合器结合,继续向上方推动,可增大发动机油门开度和转速。手柄向下拉动,控制发动机油门。作业时,挂好挡位,向上推动主滚筒组合阀手柄 10°,主滚筒接合,在有载荷下主滚筒不旋转,液力变矩器此时如同一个主离合器离开工况;继续向上推动手柄,加大发动机转速,主滚筒开始旋转,大钩上升。当需要大钩静止时,左手松开主滚筒控制组合阀手柄,手柄自动回中位,主滚筒离合器脱开,发动机回到怠速运转,右手压紧刹把使大钩静止。大钩靠自重下落,操纵刹把松紧,控制大钩下行速度。日常使用需要关注五个方面:

① 主气路的安全阀调定压力为 1.1 MPa。气包下部设有放水阀,每天放水一次,冬天应放水两次。主气路上设有压缩空气处理三联件,安装顺序依次为空气滤清器、调压阀、油雾器,在油雾器后还安装有防冻泵。

② 空气滤清器的工作压力为 1 MPa,最高工作温度为 52 ℃。空气滤清器的底部有一排泄阀,可以自动排泄或手动排泄。

③ 防冻泵能保障修井机气路系统在冬天能正常工作,气流从酒精防凝器经过,将蒸发了的酒精带走,防止管路及气动元件结冰。

④ 天车防碰复位控制阀为三位四通换向阀,修井机正常工作时,将手柄向上扳至防碰位置,当大钩上行到天车底部某一警戒调定位置时,位于绞车上面的防碰肘阀被钢丝绳打开,压缩空气进入刹车气缸,滚筒刹死,这时压缩空气将常开、继气器关闭,断掉了进入滚筒控制阀的压缩空气,同时使滚筒离合器内的压缩空气从快排阀快速排气,离合器脱开,滚筒

离合器脱开的同时油门气缸断气,发动机回到怠速运转。

⑤ 紧急刹车控制阀为二位三通换向阀,一般情况下紧急刹车控制阀处于常闭状态,当刹车操纵装置失控出现危险情况时,上推紧急刹车控制阀手柄,压缩空气输送到刹车气缸内,迅速将滚筒刹死,大钩便停留在安全位置。

3. 作业结束

作业结束后,松开井架本体的所有绷绳,在井架上体缩回和井架放倒的过程中,发动机可怠速运转,但不允许发动机熄火,否则可能造成重大设备损坏和人员伤亡事故。井架放倒按下列程序进行:

① 操作起升液压缸换向阀手柄进行排气,如有必要可加压至 2 MPa,确使液压缸内空气排尽,然后将操作阀拉回中位。

② 拔开井架与 Y 形支架的销子。

③ 缓慢压下起升液压缸控制阀手柄,使井架缓慢、平稳地回收,注意观察起升缸回收时的动作顺序,依次为活塞杆、内缸、中缸。

④ 待井架放倒至前支架约 200～300 mm 时,减慢下放速度,使井架头枕缓慢落在前支架上。

(二) 日常检查

修井机是比较复杂的设备,因此它的维护保养也比较复杂,根据设备的结构,保养工作可分为动力部分、传动部分、绞车部分和液-气路部分等几个部分。修井机进行日常维修保养,能够及时排除可能发生故障的隐患,可避免重大事故的发生,提高设备的利用率,延长设备的使用寿命。修井机每工作 100 h、300 h、1 000 h,需在重复班检的基础上进一步检查,若发现运转异常,应立即停车检修,不得带病运转。

1. 传动系统检查

(1) 传动系统的日常检查

① 检查各部链条的磨损情况及链条箱的润滑油液面,滚筒有无异常响声,轴承加注润滑脂情况。

② 检查各传动轴螺栓有无松动,花键套及十字轴有无松旷、磨损。

③ 检查角传动箱的润滑油液面,有无异常响声。

④ 检查各部连接螺栓有无松动。

检查项目及频次参照表 1-16。

表 1-16 传动系统检查项目及频次表

被检查部件	检查项目	检查频次		
		每班作业前	行车前检查	工作/100 h
带泵箱	润滑油液面	√		
	各连接件	√		
	在各转速下空运转声响	√		
	油温及轴承温升	√		

表 1-16(续)

被检查部件	检查项目	检查频次		
		每班作业前	行车前检查	工作/100 h
传动轴	润滑情况		√	
	连接螺栓		√	
	空运转跳动		√	
角传动箱	润滑油液面	√		
	各连接件	√		
	在各转速下空运转声响	√		
	油温及轴承温升	√		
链传动	润滑油液面	√		
	链条松紧程度			√
	链条损坏及磨损程度			√
	空运转响声	√		

（2）绞车的日常检查

① 检查调整刹把高度,调整刹车毂和刹车带之间的间隙及刹带死端及活端位置。

② 检查天车滑轮轴承有无松旷、磨损,加注润滑脂。

③ 检查天车防碰机构,必须动作灵敏、正确、可靠。

检查项目及频次参照表 1-17。

表 1-17　绞车检查项目及频次表

被检查部件	检查项目	检查频次		
		每班作业前	行车前检查	工作/100 h
主刹车	刹车拐臂调整	√		
	刹带死端连接	√		
	刹车副磨损			√
	刹车副间隙	√		
	刹车操作装置操作灵活可靠性	√		
紧急刹车及防碰	灵敏可靠性	√		
	复位	√		
润滑	润滑点的加注	√		
机械传动	连接件	√		
	在各转速下空运转声响	√		
	动力输入离合装置	√		
	滚筒离合器在 1.05 倍大钩负载时是否打滑			√

2. 井架检查

① 对井架上附件捆绑固定进行全面检查。

② 检查螺栓拧紧程度,大腿有无变形,大小拉筋连接螺栓拧紧和销子锁紧装置是否齐全。

③ 检查保养井架上的导向滑轮、悬吊装置以及连接的销子锁紧装置。

④ 检查井架上各种钢丝绳和卸扣的防腐情况。

检查项目及频次参照表 1-18。

表 1-18　井架检查项目及频次表

被检查部件	检查项目	检查频次		
		每班作业前	行车前检查	工作/100 h
天车总成	滑轮表面质量			√
	滑轮轮槽			√
	滑轮隔环或油封			√
	滑轮脂润滑点			√
	滑轮轴承			√
	滑轮架			√
	天车台面损伤			√
	栏杆损伤			√
	辅助滑轮总成			√
天车梁	型钢变形			√
	焊缝质量			√
小绞车滑轮装置	滑轮架及连接螺丝	√		
井架大腿	损伤情况			√
	销轴连接			√
	销轴孔			√
	安全销			√
横拉筋和斜拉筋	构件弯曲			√
	焊缝质量			√
	辅助滑轮总成			√
梯子	梯子构件及焊缝损伤			√
起升装置	起升液压缸	√		
	液压系统接头	√		
	液压系统软管	√		
	支承孔	√		
绷绳系统	绷绳			√
	绳卡			√
	销子和安全销			√
	花篮螺丝			√
	与地锚连接装置			√

3．底座检查

① 检查承载支座基础稳固情况。

② 对底座上附件固定进行全面检查。

③ 检查螺栓拧紧程度及销子锁紧装置。

检查项目及频次参照表 1-19。

表 1-19　井架检查项目及频次表

被检查部件	检查项目	检查频次		
		每班作业前	行车前检查	工作/100 h
井架底座承载件	承载立柱			√
	支承横梁			√
井架底座连接件	连接孔			√
	螺栓及销子			√
	安全销			√
附件	梯子、栏杆			√
	压紧和锚定部位			√
	承载支座基础是否适当	√		

4．大钩及钢丝绳检查

① 通过目测、触摸检查吊钩的表面状况。

② 吊钩表面应该光洁、无毛刺、无锐角，不得有裂纹、折叠、过烧等缺陷，吊钩缺陷不得补焊。

③ 对钢丝绳的任何可见部位进行观察，以便发现损坏与变形的情况。

检查项目及频次参照表 1-20。

表 1-20　大钩及钢丝绳检查项目及频次表

被检查部件	检查项目	检查频次		
		每班作业前	行车前检查	工作/100 h
大钩	滑轮轴承及大钩主轴承润滑	√		
	连接螺栓及销轴	√		
	钩体承载表面	√		
	侧钩及主钩销紧装置	√		
	滑轮表面及轮槽质量	√		
	滑轮空运转	√		
	钩体转动及定位	√		
钢丝绳	损伤情况	√		
	死端连接	√		
	活端连接	√		
	润滑情况			√

5. 液压及气控系统检查

① 检查液压油的温度,正常为 35~65 ℃,当温度超过规定时,应停车检查。

② 液压系统的压力表损坏或失灵应及时更换。

③ 定期检查液压系统管件及接头的紧固情况,定期清洗,更换滤芯,正常情况下每半年清洗一次,环境粉尘较大的,清洗周期应适当缩短。

④ 检查排污阀及干燥器的工作是否正常、有无漏气,检查气路系统的橡胶管线有无老化及龟裂、管线及接头有无松动和漏气。

检查项目及频次参照表 1-21。

表 1-21　液压及气控系统检查项目及频次表

被检查部件	检查项目	检查频次		
		每班作业前	行车前检查	工作/100 h
液压系统	液压油油位	√		
	滤子清洁程度	√		
	运转压力	√		
	运转噪声及振动	√		
	运转时油温	√		
	漏油现象	√		
	各阀件、执行机构动作	√		
气控系统	油雾器油位	√		
	储气罐及过滤器内积水	√		
	空滤器滤芯清洁程度			√
	运转时压力	√		
	各阀件及执行机构操作动作情况	√		
	漏气现象	√		
	空压机运转情况	√		
	冷天防凝罐乙醇液面	√		

6. 其他附件检查

① 检查前支架承载装置紧固情况,有无形变和焊缝开裂情况。

② 检查支腿承载装置紧固情况,有无形变和焊缝开裂情况。

③ 检查额定死绳拉力与死绳固定器的锁绳能力是否相符,检查传感器法兰与扶圈的间隙。

检查项目及频次参照表 1-22。

表 1-22　其他附件检查项目及频次表

被检查部件	检查项目	检查频次		
		每班作业前	行车前检查	工作/100 h
前支架	承载座			√
	悬绳装置			√
	构件变形情况			√
	焊缝			√
支腿装置	承载装置及焊缝			√
	锁紧装置			√
	动作			√
死绳固定器及支座	死绳固定器			√
	固定器支座连接螺栓	√		
	固定器支座焊缝	√		
	指重表	√		

7. 润滑部件检查

修井机各运动部位的润滑良好,是保证修井机正常运转、延长使用寿命的重要因素之一。检查项目参照表 1-23。

表 1-23　润滑部件检查项目表

润滑部位	润滑剂规格		润滑点数	加油周期	备注
绞车机架两侧润滑点	夏季	冬季	6	每班	工作时加注
	锂基润滑脂 WBG2				
刹车操纵系统	3 号锂基润滑脂		8	每班	工作时加注
滚筒刹车支架座	3 号锂基润滑脂		6	每班	工作时加注
链条盒	工业润滑油		2	半年	旧油放净并用清洗剂洗干净后加入新油至油标位
	N32	N22			
天车	3 号锂基润滑脂		4	每班	
起升液压缸销轴	3 号锂基润滑脂		2	每起一次井架	
角传动箱	80W/90 Gl-5		1	3 个月	
传动轴	3 号锂基润滑脂		19	每班	
传动箱及分动箱	C4 传动油		1	半年	
发动机	10W/40 CF-4		1	半年	卡特发动机所用润滑油品质至少不低于 API CF-4 级
游车大钩	3 号锂基润滑脂		5	每班	
液压绞车	3 号锂基润滑脂		1	每班	
液压绞车滑轮	3 号锂基润滑脂		2	每班	
液压系统	夏季	冬季	1	6 个月	
	N68	N32			

8. 液压油检查

液路系统的液压油为夏季 N68、冬季 N32 抗磨低凝液压油,每六个月更换一次,停机状态各液压缸未进油时,液压油箱油位应处于油位计最高处。日常检查重点关注以下几个方面:

① 液压滤清器要定期清洗,每两个月一次。

② 液压油箱呼吸器定期清洗,每两个月一次。

③ 其他零部件在定期检查时应进行清洗、保养,发现磨损严重或损坏时应及时更换。

检查项目参照表 1-24。

表 1-24　液压油检查项目表

总成	部件	点数	润滑剂	保养周期
发动机	风扇胶带	1	3 号锂基润滑脂	300 h
	平衡梁支承销	2	3 号锂基润滑脂	300 h
	换挡手柄轴承	4	3 号锂基润滑脂	300 h
传动轴	传动轴滑动叉	6	3 号锂基润滑脂	2 500 km
	传动轴过桥	1	3 号锂基润滑脂	2 500 km
	传动轴滚针轴承	12	3 号锂基润滑脂	2 500 km

(三)设备检测

修井机八大件均是用焊接或弯曲制成,其受力点往往形成疲劳破坏,使受力处开裂或损坏,给石油钻机带来了极大的事故隐患。因此,为了确保石油钻机在石油勘探中的安全可靠,要对其进行定期无损检测。无损检测技术就是在保持要测试的物体本身的物理形态、化学性质不变的情况下得到这个物体相应的化学、物理成分和性质的一种检查方法,也被称作非破坏性检测。检测依据如下:

① 《石油钻、修井用吊具安全技术检验规范》(SY/T 6605—2018)。

② 《承压设备无损检测 第 4 部分:磁粉检测》(NB/T 47013.4—2015)。

③ 《石油钻机和修井机井架承载能力检测评定方法及分级规范》(SY/T 6326—2019)。

④ 《石油钻机和修井机用水龙头》(SY/T 5530—2013)。

1. 天车检测

天车检测涉及滑轮、轴、轴承、机架和螺栓等部位(图 1-49、图 1-50)。

 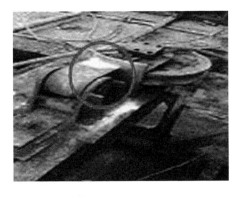

图 1-49　底座焊缝探伤部位图　　　　图 1-50　滑轮支座部位焊缝探伤图

① 检查滑轮轴承,应润滑良好,无松旷,无异常声响,各个滑轮之间不应有干涉,滑轮无裂痕或轮缘缺损。

② 检查天车滑轮防跳绳装置。

③ 检查天车各部件连接螺栓及销轴有无松动。

④ 检查天车护栏等附件的安装,应牢靠,无断裂、松脱。

检查项目及频次参照表 1-25。

表 1-25 天车检查项目及频次表

检查部位	检查项目	检查方法	检测周期
滑轮	外观检验	目测有无机械拉伤	2 年
	轮槽槽深磨损	按顺序用深度尺测量轮槽的磨损,限度为钢丝绳直径的 1.75 倍	2 年
	轮槽边缘磨损	目测	2 年
轴	轴的裂纹	磁粉探伤	2 年
	螺母	外表面磁粉探伤、松动检验	2 年
轴承	外观检验、轴承间隙测量(拆检)	目测轴承有无变色和伤痕、测量轴承间隙	2 年
	轴向摆动量检查	用撬棍逐个撬动,各槽轮应没有明显摆动量	2 年
	润滑油路	检查是否畅通	2 年
机架	水平面	拉线法测下垂度,>5 mm 更新	2 年
	焊道裂纹	磁粉探伤	2 年
螺栓	有无松动	用检验锤检验确认	2 年

2. 游车检测

游车检测涉及滑轮、轴轮、轴承、侧板和销子等部位(图 1-51、图 1-52)。

图 1-51 游车下提环焊缝图　　　　图 1-52 游车侧板焊缝图

① 检查滑轮轴承,应润滑良好,无松旷,无异常声响,各个滑轮之间不应有干涉,滑轮无裂痕或轮缘缺损。

② 检查游车各部件连接螺栓及销轴,应无松动。

③ 检查游车大钩各部位密封,应无渗漏。

检查项目及频次参照表 1-26。

表 1-26　游车检查项目及频次表

检查部位	检查项目	检查方法	检测周期
滑轮	外观检验	目测有无机械拉伤	2 年
	轮槽槽深磨损	按顺序用深度尺测量轮槽的磨损限度为钢丝绳直径的 1.75 倍	2 年
	轮槽边缘磨损	目测	2 年
滑轮（销）轴	滑轮轴的裂纹	磁粉探伤	2 年
	螺母	外表面磁粉探伤、松动检验	2 年
轴承	外观检验、轴承间隙测量（拆检）	目测轴承有无变色和伤痕、测量轴承间隙	2 年
	轴向摆动量检查	用撬棍逐个撬动，各槽轮应没有明显摆动量	2 年
	润滑油路	检查是否畅通	2 年
侧板	焊接部分裂纹	磁粉探伤	2 年
	滑板孔的裂纹	磁粉探伤	2 年
	滑板孔的磨损	用游标卡尺测量磨损量的限度为 1.6 mm	2 年
顶部挂钩	裂纹	磁粉探伤	2 年
滑块部的销子	磨损	磨损限度为 1.6 mm	2 年
	裂纹	磁粉探伤	2 年
滑块部的销孔	磨损	磨损限度为 1.6 mm	2 年
	裂纹	磁粉探伤	2 年

3. 大钩检测

大钩检测涉及主钩钩体、提环孔和十字销等部位（图 1-53、图 1-54）。

图 1-53　大钩磁粉探伤图　　　　　　　　图 1-54　大钩提环焊缝图

① 对大钩的锁定装置进行全面机械性检查。

② 检查大钩的腐蚀、变形、部件的松动情况。

③ 对大钩的销子和轴等进行磁粉探伤，修复后做载荷测试和验证。

检查项目及频次参照表 1-27。

表 1-27　大钩检查项目及频次表

检查部位	检查项目	检查方法	检测周期
弹簧	恢复速度	目测检查大钩的复位情况	2年
减震器	漏油	目测油质、油位	2年
	螺母	外表面磁粉探伤、松动检验	2年
主钩钩体	旋转	用手旋转主钩,看旋转是否灵活	2年
	裂纹(MT)	目测有怀疑时,进行磁粉检测	2年
	磨损	磨损量限为－3.2 mm	2年
主钩安全锁销	间隙配合	应适当	2年
吊耳臂	磨损	磨损量限为12.7 mm,左右误差为1.6 mm	2年
	裂纹(MT)	目测有怀疑时,进行磁粉检测	2年
吊耳及安全销	磨损	最小剩余尺寸为7 in	2年
	裂纹(MT)	磁粉检测	2年
十字销	润滑及紧固	油路是否畅通及固定螺栓是否变形或松动	2年
扶正轴承	润滑及紧固	滚动油路是否畅通,是否变形松动	2年
	磨损	磨损界限,半径间隙0.24～0.34 mm,用压铅和千分表测量	2年
	裂纹	磁粉检测	2年
	运行状态	是否平稳,有无噪声	2年
提环	磨损	用手旋转主钩,旋转是否灵活	2年
	裂纹	磁粉检测	2年
提环孔	磨损	磨损量限为＋1.6 mm	2年
	裂纹	磁粉检测	2年
提环孔销	磨损	磨损量限为＋1.6 mm	2年
	裂纹	磁粉检测	2年

4. 转盘检测

转盘检测涉及转盘锁销、大补芯和主轴承部位(图 1-55、图 1-56)。

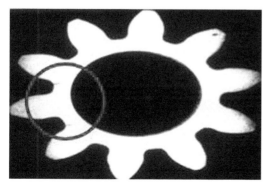

图 1-55　小齿轮磁粉探伤图

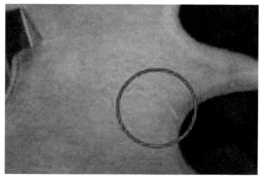

图 1-56　大齿轮磁粉探伤图

① 检查转盘,焊接应牢靠,无裂纹。

② 检查主轴承滚珠座面有无锈、咬、压痕等情况。

③ 检查齿轮、刹车片和锁销磨损情况。

检查项目及频次参照表1-28。

表1-28 转盘检查项目及频次表

检查部位	检查项目	检查方法	检测周期
前齿轮油封	磨损	目测有无漏油	2年
转盘锁销	动作的确认	弹簧、凸轮有磨损,锁销功能不可靠时要更换	2年
有帽螺丝	连接状况	用检验锤敲击有无松动	2年
转盘输入小齿轮总成	轴承目测检查	外观无破损(在滚子和滚座面上有无错咬的痕迹)	2年
		旋转,看有无异常声响	2年
		运转是否平稳	2年
		表面应无变色	2年
		升温低于40℃	2年
	测量轴承的间隙	有无小齿轮轴方向的间隙(在轴内的小齿轮轴方向的间隙镍铬剥落初期的间隙是0.038 1～0.050 8 mm)	2年
	齿轮的目测和磨损情况	小齿轮整体磨损大于1 mm需更换	2年
	齿轮轴裂纹	磁粉探伤	2年
大补芯	磨损情况	有无异常磨损	2年
转盘大补芯孔	内径的磨损情况	测量内径:952.5～952.881 mm(初期);959.231 mm(极限)	2年
	密封圈的情况	有泥、锈等物时要清除	2年
主轴承	听声音	有无异常声音、振动,从排泄塞出去的润滑油样本有无异常物、铁粉等	2年
		油中有异常物时,要打开检查	2年
	目测检查	检查滚子、滚座面有无锈、咬、压痕迹等情况	2年
		有无明显的间隙变化(间隙在0.177 8～0.431 8 mm标准以外时应调整隔片)	2年
大小齿轮	听声音	有无异常声音、振动	2年
		有异常时打开检查	2年
	间隙测量	用百分表测量	2年
	裂纹	磁粉探伤	2年
刹车	动作及磨损	动作是否可靠及刹车片磨损情况	2年

5. 变速箱检测

变速箱检测涉及齿轮、轴承和联轴节等部位(图1-57、图1-58)。

① 检查齿轮面有无锈斑、咬合、裂纹、磨损等。

② 检查轴承滚珠间隙和磨损等情况。

图 1-57 离合器磁粉探伤图

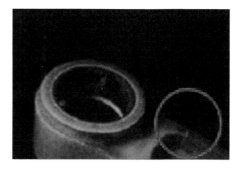

图 1-58 联轴节磁粉探伤图

③ 联轴节和离合器探伤情况。

检查项目及频次参照表1-29。

表 1-29 变速箱检查项目及频次表

检查部位	检查项目	检查方法	检测周期
螺栓	连接情况	用检验锤敲击螺栓,目测有无漏油	2 年
齿轮	齿轮面的目测检查	检查齿轮面有无锈斑、咬合、裂纹、磨损等	2 年
	齿轮的目测和磨损情况及裂纹	最初间隙为 0.152～0.12 mm,间隙超过 0.381 mm 时就要更换衬套	2 年
		无损探伤	
轴承及装配	齿轮的目测检查	外观上有无破损	2 年
		旋转有无异常声音	2 年
		运转时是否平稳,有无异常	2 年
		表面有无变色	2 年
	轴承的间隙	最初间隙为 0.075～0.12 mm,间隙超过 0.21 mm 时就要更换轴承	2 年
齿轮联轴节	靠马达端	齿轮联轴节靠背轮轴向和径向偏心的千分表读数是 0.254 mm 以下,检查润滑油情况,联轴节进行 100%磁粉探伤	2 年
	靠转盘端	齿轮联轴节靠背轮轴向和径向偏心的千分表读数是 0.254 mm 以下,检查润滑油情况,联轴节进行 100%磁粉探伤	2 年
换挡	功能检查	是否换挡灵活,到位固定可靠、离合器进行磁粉探伤	2 年

6.泥浆泵检测

泥浆泵检测涉及曲轴、上下导板和链条及链轮等部位(图1-59、图1-60)。

① 检查曲轴变形情况。

② 检查齿轮面有无锈斑、咬合、裂纹、磨损等。

③ 轮轴和底座焊道探伤情况。

检查项目及频次参照表1-30。

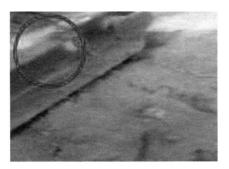

图 1-59 底座焊道磁粉探伤图

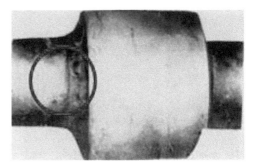

图 1-60 轮轴磁粉探伤图

表 1-30 泥浆泵检查项目及频次表

检查部位	检查项目	检查方法	检测周期
曲轴	目测检查	当怀疑有大的伤害或裂纹时,要进行磁粉探伤	2 年
	裂纹	磁粉探伤	2 年
十字头	目测检查	当怀疑有大的伤害或裂纹时,要进行磁粉探伤	2 年
	磨损	直径磨损大于 2 mm 应报废	2 年
	裂纹	磁粉探伤	2 年
十字销头	目测检查	当怀疑有大的伤害或裂纹时,要进行磁粉探伤	2 年
	裂纹	磁粉探伤	2 年
曲柄环	目测检查	当怀疑有大的伤害或裂纹时,要进行磁粉探伤	2 年
	裂纹	磁粉探伤	2 年
上下导板	目测检查	当怀疑有大的伤害或裂纹时,要进行磁粉探伤	2 年
	磨损	直径磨损大于 2 mm 应报废	2 年
	裂纹	磁粉探伤	2 年
小齿轮轴	目测检查	当怀疑有大的伤害或裂纹时,要进行磁粉探伤	2 年
	裂纹	磁粉探伤	2 年
链条及链轮	链条及链轮	根据目测确认链条及链轮,认为异常时换新	2 年
	链条情况	链条侧板及销轴是否有断裂、测下垂度,检查运转时抖动情况	2 年
大小齿轮	齿轮面的磨损	依据规定的齿厚,若测的厚度整体磨损大于 2 mm 应报废	2 年
螺栓	松动	用检查锤检验确认	2 年
轴承	磨损	用千分表及塞尺测量间隙,目测滚珠及滚珠座有无变蓝,有则报废	2 年
	裂纹	磁粉探伤	2 年
	温升情况	连续负荷运转,检查温升情况,升温不能超过 40 ℃	2 年
拉杆泵、链条泵	油压情况	工作是否正常,压力是否符合要求	2 年
排出空气包	泥浆压力	压力是否稳定	2 年
油路	泄漏、堵塞	轴承、链条、十字头等润滑油路是否畅通,不允许泄漏、堵塞	2 年
安全阀	开闭情况	检查其调整是否正确,工作是否可靠	2 年
润滑油	油温	检查油温是否正常,润滑油升温不能超过 40 ℃	2 年
底座焊道	裂纹	磁粉探伤	2 年

7. 绞车检测

绞车检测涉及盘刹系统、齿式联轴节和链条及链轮等部位(图 1-61、图 1-62)。

① 检查刹车块磨损情况,有无偏磨现象。

② 检查连接销轴是否有断裂,油道是否畅通。

③ 齿式联轴节探伤情况。

检查项目及频次参照表 1-31。

图 1-61 底座焊道磁粉探伤图 图 1-62 轮轴面磁粉探伤图

表 1-31 绞车检查项目及频次表

检查部位	检查项目	检查方法	检测周期
带刹/盘刹系统	刹车片/刹车带	动作检查,刹车块磨损偏磨现象	2 年
	轮毂	动作检查,轮毂磨损测厚仪测量	2 年
	固定螺栓	检查固定螺栓是否松动	2 年
	各连接销轴	检查轴是否有断裂,油道是否畅通	2 年
离合器	功能检查	动作检查,摩擦片磨损情况检查。依据动作情况判定弹簧、气囊状况	2 年
齿式联轴节	靠 A 电机	齿轮联轴节靠背轮轴向和径向偏心的千分表读数是 0.25 mm 以下,检查润滑油情况,磁粉探伤	2 年
	靠 B 电机	齿轮联轴节靠背轮轴向和径向偏心的千分表读数是 0.25 mm 以下,检查润滑油情况,磁粉探伤	2 年
轴承	目测检查	目测滚子和滚子侧面上有无错咬的痕迹和压的痕迹	2 年
		是否旋转,有无异常声音	2 年
		有无正常的旋转阻力,运转不平稳	2 年
		表面有无变色	2 年
链条及链轮	链条及链轮	根据目测确认链条、滚子、齿形等,认为磨损异常应按照寿命判定标准,并检查润滑情况	2 年
滚筒排绳器	排绳功能	排绳是否正常,悬挂系统有无磨损,润滑是否良好	2 年
防碰车装置	保护功能	工作是否正常,保护是否可靠	2 年
气囊	目测检查	自然情况下的老化情况	2 年
水冷却系统	功能检查	工作是否正常,有否泄漏、堵塞,并检查腐蚀情况	2 年
润滑系统	功能检查	供油是否畅通,油质是否良好,油位是否准确	2 年
水和气压力	各压力表	依次为 10～50 psi,0～25 psi,管路有无磨损和泄漏	2 年

8. 井架检测

井架检测涉及连接杆件、支梁和井架底座焊道等部位(图1-63、图1-64)。

① 检查支梁杆件有否变形。

② 检查连接井架底座焊道有无裂纹。

③ 连接杆件变形情况。

检查项目及频次参照表1-32。

图1-63 人字架受拉部位焊缝探伤部位图

图1-64 底座人字架支座焊缝探伤部位图

表1-32 井架检查项目及频次表

检查部位	检查项目	检查方法	检测周期
整体	外观腐蚀、整体有无变形	目测检查,经常有水刷的部位须采取防腐措施	2年
固定螺栓	固定情况	用扳手检查,若有30%的松动需紧固一次	2年
连接杆件	变形情况	目测杆件是否有变形,变形严重需更换	2年
抽检螺栓	裂纹	磁粉探伤	2年
支梁	腐蚀、变形	目测检查	2年
井架底座焊道	有无裂纹	磁粉检验	2年
井架中底座	有无裂纹	磁粉探伤	2年
井架上底座	有无裂纹	磁粉探伤	2年

9. 高压管检测

高压管检测主要涉及鹅颈管、高压放喷管、立管管汇等功能和外观检查(图1-65、图1-66)。

图1-65 鹅颈管探伤部位图

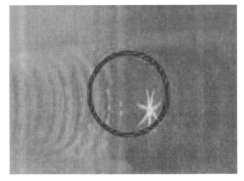

图1-66 泥浆管探伤部位图

① 检测区域表面无变形和腐蚀情况。

② 对高压管试压并测厚。

③ 检测区域表面不允许存在任何裂纹。

检查项目及频次参照表 1-33。

表 1-33　高压管检查项目及频次表

检查部位	检查项目	检查方法	检测周期
高压泥浆管	90°弯头	在弯头、三通、四通两端离焊缝 2 cm 处及 45°弯头处三个截面分别测量四个点的厚度	2 年
高压泥浆管	三通	在弯头、三通、四通两端离焊缝 2 cm 处及 45°弯头处三个截面分别测量四个点的厚度	2 年
高压泥浆管	四通	在弯头、三通、四通两端离焊缝 2 cm 处及 45°弯头处三个截面分别测量四个点的厚度	2 年
高压放喷	90°弯头	在弯头、三通、四通两端离焊缝 2 cm 处及 45°弯头处三个截面分别测量四个点的厚度	2 年
高压放喷	三通	在弯头、三通、四通两端离焊缝 2 cm 处及 45°弯头处三个截面分别测量四个点的厚度	2 年
高压放喷	四通	在弯头、三通、四通两端离焊缝 2 cm 处及 45°弯头处三个截面分别测量四个点的厚度	2 年
立管管汇、阻流管汇、井泵管汇	测厚、试压	进行管汇试压并测厚	2 年

三、设备评定标准

对修井机各组成系统和设备按其重要性、安全性的权重进行规定赋分,并将赋分值分解到各组成系统和设备相应的检测、检查项点,总评估分值为 1 000 分。检测评估项目及分值规定见表 1-34。

表 1-34　各组成系统和设备检测评估项目及评估分值表

项目名称		承载能力测试	无损探伤	故障诊断	功能及外观检查	设备新旧程度	设备分值合计
井架、底座	井架	200	30		40	30	300
井架、底座	底座		30		10		40
井架、底座	井架起放装置		15		10		25
提升系统	绞车		30	20	30	25	105
提升系统	天车		30		5	5	40
提升系统	游车		30		5	5	40
提升系统	大钩		30		5	5	40
提升系统	吊环		10				10
提升系统	钢丝绳及死绳固定器		10		5		15
旋转系统	转盘				7	3	10
旋转系统	水龙头		30		5	10	45
循环系统	泥浆泵			15	20	10	45
循环系统	高压管汇		15		5		20
循环系统	固控设备				20		20
循环系统	循环罐		5		5		10

表 1-34（续）

项目名称		承载能力测试	无损探伤	故障诊断	功能及外观检查	设备新旧程度	设备分值合计
动力系统	柴油机			20	5	15	40
	主发电机组			20	5	15	40
	主电动机			20	5	15	40
	供油设备				5		5
传动系统	机械传动		10	5	5		20
	电控系统			10	5		15
	点传输				5		5
控制系统	控制系统				20		20
辅助设施	井口工具		5		5		10
	辅助发电			10	5		15
	供气设备				5		5
	液压设备				5		5
	辅助起重设备				5		5
	安全设施				5		5
	照明系统				5		5
检测评估项目分值合计		200	280	120	262	138	1 000

（一）井架、底座评估标准

1. 无损探伤评估

井架、底座无损探伤评估涉及井架、井架起放装置和底座三个部分，总分 75 分，打分标准见表 1-35。

表 1-35　井架、底座无损探伤项点及评估分值规定表

设备	无损探伤项点	非裂纹非关键缺陷扣分值	裂纹缺陷和非裂纹关键缺陷扣分值	满分值	备注
井架	立柱关键部位	-5	-30	30	本项最多扣 30 分。井架主立柱及连接耳板存在裂纹，井架判废；销轴存在裂纹，销轴判废；井架无损探伤符合 SY/T 6326 中的要求
	*立柱连接耳板、销轴	-5	耳板：-30；销轴：-10		
	*关键横、斜梁耳板、销轴	-3	K 架背梁：-10；其他横斜梁：-5；销轴：-5		
	井架主立柱壁厚	实测壁厚比原设计壁厚减少 10% 以内：-3；实测壁厚比原设计壁厚减少 10%～20%：-15	实测壁厚比原设计壁厚减少 20% 以上，井架判废：-30		

表 1-35(续)

设备	无损探伤项点	非裂纹非关键 缺陷扣分值	裂纹缺陷和非裂纹 关键缺陷扣分值	满分值	备注
井架起 放装置	支架(人字架)焊缝	—5	—15	15	本项最多扣 15 分。井 架起放装置及耳板存在 裂纹,井架起放装置判 废;销轴、大绳连接件存 在裂纹,相应构件判废; 无损探伤符合 SY/T 6326 中的要求
	*耳板、销轴	—5	耳板:—30;销轴:—10		
	大绳连接件	—5	—10		
	起升装置主要构件壁厚	实测壁厚比原设计壁厚 减少 10% 以内:—3; 实测壁厚比原设计壁厚 减少 10%～20%:—10	主构件实测壁厚比原设 计壁厚减少 20% 以上, 井架起放装置判废: —15		
底座	底座关键承载部位	—5	—30	30	本项最多扣 30 分。底 座关键承载构件及连接 耳板存在裂纹,底座判 废;销轴存在裂纹,销轴 判废;底座无损探伤符合 SY/T 6326 中的要求
	*耳板、销轴	—5	耳板:—30; 销轴:—10		
	底座主立柱和主要承载 梁壁厚	实测壁厚比原设计壁厚 减少 10% 以内:—3; 实测壁厚比原设计壁厚 减少 10%～20%:—15	实测壁厚比原设计壁厚 减少 20% 以上,井架判 废:—30		

2. 功能及外观评估

井架功能及外观评估总分 40 分,打分标准见表 1-36。

表 1-36　井架功能及外观检查项点及评估分值规定表

检查项点及要求	检查结果	扣分值
铭牌	□ 有 □ 无	—1
井架上应有有效期内检测承载能力标识	□ 有 □ 无	—2
用经纬仪或拉线等方法测量主承载立柱弯曲变形或碰伤 情况;局部弯曲或碰伤用直尺靠测	□ 完好 □ 有轻微弯曲或碰伤 □ 有严重弯曲或碰伤	轻微:—5/处 严重:—15/处
井架各连接件、紧固件、销、安全销状况是否安装齐全、 紧固	□ 符合 □ 不符合	—3/处
用经纬仪或拉线等方法测量井架两侧横、斜梁及前后横、 斜梁弯曲变形或碰伤情况;局部弯曲或碰伤用直尺靠测	□ 完好 □ 有轻微弯曲或碰伤 □ 有严重弯曲或碰伤	主要横、斜梁严重弯曲或碰伤: —3/处; 其他情况弯曲或碰伤:—1/处
井架主立柱型材与安装应符合原设计要求	□ 符合 □ 不符合	—3/处

表 1-36(续)

检查项点及要求	检查结果	扣分值
井架主力柱对接处不应偏离错位、不应存在间隙	□ 符合 □ 不符合	轻微:－1/处 严重:－3/处
用符合要求的工具将工作附件牢固装配在井架上,不得在井架上随意打孔或焊接	□ 符合 □ 不符合	－1/处
二层台固定应安全可靠,台面平整整洁、无缺陷	□ 符合 □ 不符合	－2
二层台钻具指梁应完好,每根指梁应用钢丝绳(或安全链)拴牢	□ 符合 □ 不符合	－1
二层、三层操作平台底板周围设置挡脚板,防护栏应安全可靠	□ 符合 □ 不符合	－1/处
二层台辅助小绞车装置是否有效(适于钻深 4 000 m 以上井架,低于 4 000 m 的井架本项不分)	□ 符合 □ 不符合	－1
二层台上必须有有效逃生装置	□ 符合 □ 不符合	－2
井架登梯应有助力机构与防坠落装置(盘旋登梯或错位登梯除外)	□ 符合 □ 不符合	无助力:－1 无防坠装置:－5
井架梯子应固定牢固,并有防护栏保护	□ 符合 □ 不符合	－2/处
井架上严禁存放任何杂物,钩子和其他工具必须拴好保险绳,确保井架上没有松动的部件	□ 符合 □ 不符合	－1
井架上照明完好、线缆固定规范	□ 符合 □ 不符合	－1
井架起放吊耳、导轮等机构应无变形或损伤(非自升式井架除外)	□ 符合 □ 不符合	严重变形损伤:－5(需整改); 轻微损伤:－2
对有绷绳的井架,绷绳安装应符合 SY/T 6408 中的规定	□ 符合 □ 不符合	－2
井架后立柱底部与人字架或底座支撑与连接要牢固、可靠	□ 符合 □ 不符合	－5
井架构件不应有明显锈蚀,并有较完整的防护漆层	□ 符合 □ 不符合	－3
井架应有较好维护,井架底角、构件中不应有杂物或积水	□ 符合 □ 不符合	－1

注:本项最多扣 40 分。主体中轴偏离原中轴位置达到该主体截面径向尺寸 1/5 以上为严重弯曲;主立柱中轴偏离原中轴位置达到该主体截面径向尺寸 1/4 以上井架判废。碰伤部位偏出原位置达到该主体截面径向尺寸 1/4 以上为严重碰伤;主立柱碰伤部位偏出原位置达到该主体截面径向尺寸 1/3 以上井架判废。

井架起放装置功能及外观评估总分 10 分,打分标准见表 1-37。

表 1-37 井架功能及外观检查项点及评估分值规定表

检查项点及要求	检查结果	扣分值
用经纬仪或拉线等方法测量井架起放装置(人字架)柱腿弯曲变形或碰伤情况;局部弯曲或碰伤用直尺靠测	□完好 □有碰伤 □有弯曲	轻微:—2/处; 严重:—5/处
井架起放装置各结构、连接件、紧固件、销、安全销的焊接或安装应安全可靠、齐全、紧固	□符合 □不符合	—2
井架起升大绳两端固定及挂环或挂具应无损伤	□符合 □不符合	—2
起升大绳的选择应符合 SY/T 6666 中规定	□符合 □不符合	—1
起升大绳在正常情况下按规定的工作量指标进行更换大绳(检查大绳使用记录)	□符合 □不符合	—1
起升大绳断丝、锈蚀、变形等符合 SY/T 6666 中的情况大绳应更新	□符合 □不符合	—1
人字架或底座与井架后立柱底部支撑与连接要牢固、可靠	□符合 □不符合	—2
井架起放系统润滑维护应符合要求	□符合 □不符合	—2

注:本项最多扣 10 分;轻微与严重的界定同前。井架起放装置柱腿变形严重的界定判废;影响井架起放安全的任何构件都应更换或判废。

底座功能及外观评估总分 10 分,打分标准见表 1-38。

表 1-38 底座功能及外观检查项点及评估分值规定表

检查项点及要求	检查结果	扣分值
用经纬仪或拉线等方法测量主承载构件弯曲变形或损伤情况;局部弯曲或损伤用直尺靠测	□完好 □弯曲 □碰伤	轻微:—2/处; 严重:—5/处
底座各连接件、紧固件、销、安全销状况,应安装齐全、紧固	□符合 □不符合	关键位置:—2/处; 其他位置:—1/处
各部位梯子、扶手、栏杆应齐全、紧固、完好	□符合 □不符合	—1
各平台板面应齐全、平整、牢固,两钻台高度差不大于 5 mm,间隙不大于 15 mm	□符合 □不符合	—1
死绳固定器固定安全可靠	□符合 □不符合	—2

表 1-38（续）

检查项点及要求	检查结果	扣分值
大门坡道固定可靠	□ 符合 □ 不符合	−1
应急逃生滑梯安装应安全有效	□ 符合 □ 不符合	−1
底座或人字架与井架后立柱底部支撑与连接要牢固、可靠	□ 符合 □ 不符合	−3
底座构件不应有明显锈蚀，并有较完整的防护漆层	□ 符合 □ 不符合	−2
钻台面上应整洁规范	□ 符合 □ 不符合	−1
钻台面下应整洁规范	□ 符合 □ 不符合	−1

注：本项最多扣 10 分。轻微与严重的界定同前。

（二）提升系统评估标准

1. 无损探伤评估

提升系统无损探伤评估涉及绞车、天车、游车、大钩、吊环和死绳固定器 6 个部分，总分 140 分，打分标准见表 1-39。

表 1-39　提升系统无损探伤评估项点及评估分值规定表

设备	无损探伤项点	非裂纹非关键缺陷扣分值	裂纹缺陷和非裂纹关键缺陷扣分值	满分值	备注
绞车	* 各轴体	−5	−30	30	本项最多扣 30 分。绞轴体、滚筒存在裂纹缺陷，绞车判废；刹带、刹把存在裂纹，相应构件判废；关键焊缝无损探伤符合 SY/T 6680 中的规定；超声波无损探伤应符合 GB/T 7233.1 中的规定
	* 刹车带	−5	−15		
	* 滚筒（含刹车鼓）	−5	−30		
	刹把及连杆机构	−5	−15		
天车	* 天车轴体	−20	−30	30	本项最多扣 30 分，主承载件存在裂纹，天车判废
	天车支座无损探伤参见 SY/T 6326 中的要求	−5	−15		
	滑轮轮槽	−5	滑轮磨损符合 SY/T 6605 中的规定，天车判废；−30		

表 1-39（续）

设备	无损探伤项点	非裂纹非关键缺陷扣分值	裂纹缺陷和非裂纹关键缺陷扣分值	满分值	备注
游车	*游车轴体依据 SY/T 6605 中的要求	-20	-30	30	本项最多扣 30 分。主承载件存在裂纹，游车判废
	游车侧板主承载件	-5	-30		
	滑轮轮槽	-5	滑轮磨损符合 SY/T 6605 中的规定，天车判废：-30		
	游车环吊	游车环吊磨损实测尺寸比原设计减少 5 mm 以内或减少 5% 以内：-3；实测尺寸比原设计尺寸减少 5～10 mm 或减少 5%～3%：-10	游车环吊磨损 10 mm 以上或磨损超过原尺寸 13%，游车判废：-30		
大钩	提环或吊臂	大钩提环磨损实测尺寸比原设计减少 5 mm 以内或减少 5% 以内：-3；实测尺寸比原设计尺寸减少 5～10 mm 或减少 5%～3%：-10	大钩提环或吊臂磨损 10 mm 以上或磨损超过原尺寸 13%，大钩判废：-30	30	本项最多扣 30 分。大钩提环、耳环、钩杆、吊耳、钩体、安全锁体存在裂纹大钩判废；主承载件无损探伤符合 SY/T 6605 中的规定
	*销轴	-5	-10		
	*大钩钩杆	-5	-30		
	大钩吊耳、钩体、安全锁体	大钩吊耳、安全锁体磨损实测尺寸比原设计减少 5 mm 以内或减少 5% 以内：-3；实测尺寸比原设计尺寸减少 5～10mm 或减少 5%～13%：-10	大钩吊耳、安全锁体磨损 10 mm 以上或磨损超过原尺寸 13%，大钩判废：-30		
吊环	吊环	吊环实测磨损尺寸比原设计减少 5 mm 以内或减少 5% 以内：-3；实测尺寸比原设计尺寸减少 5～10 mm 或减少 5%～13%：-10	吊环的磨损超过 SY/T 6605 中的允许值时判废：-10	10	吊环最多扣 10 分。吊环符合 SY/T 6605 中判废条件的应判废
	吊环的无损探伤	-5	-10		

表 1-39(续)

设备	无损探伤项点	非裂纹非关键缺陷扣分值	裂纹缺陷和非裂纹关键缺陷扣分值	满分值	备注
死绳固定器	固定器底座	−5	−10	10	本项最多扣 10 分。死绳固定器底座或轮轴存在裂纹缺陷,判废
	* 轮轴	−5	−10		

注:1. 加"＊"项为现场无法实施检测的项目,在进厂检修时拆解后进行无损探伤,现场评估时检查是否有近期(参照 SY/T 6605 中的检测周期规定,天车、游车、水龙头、大钩、吊环、吊卡、高压管线无损探伤周期为 2 年,其他设备无损探伤周期为 3 年)相应项点的无损探伤和磨损、腐蚀状况检测报告,并检查检测结果是否符合使用要求。无拆解后探伤报告的每个构件扣 3 分,每件设备最多扣 6 分,并及时进行拆解检测。

2. 没加"＊"项,在评估现场进行无损探伤和磨损、腐蚀状况检测。

3. 以下同。

2. 功能及外观评估

绞车功能及外观评估总分 30 分,打分标准见表 1-40。

表 1-40　绞车功能及外观检查项点及评估分值规定表

检查项点及要求	检查结果	扣分值
标明型号	□ 符合 □ 不符合	−1
传动机构应运转平稳、无异常响声	□ 符合 □ 不符合	−1
换挡装置应摘挂灵活、可靠	□ 符合 □ 不符合	−2
离合器充、放气后摩擦片结合与脱开应迅速、彻底(进气时间应小于 5 s,放气时间应小于 4 s)	□ 符合 □ 不符合	−2
气控系统灵活可靠性检验应符合 SY/T 5532 中的要求	□ 符合 □ 不符合	−2
分别在各挡下启动绞车,空吊卡提放游车在最高、最低位置的全行程起落二、三次,绞车运转应平稳,无异常声响	□ 符合 □ 不符合	−1
空吊卡提升游车大钩至最高位置,待游车大钩静止,无摆动后,松开滚筒刹车,游车大钩应能自由、顺利下落	□ 符合 □ 不符合	−1
大绳在滚筒上固定圈数应符合:当游车处在下死点位置时,如果滚筒外圆面是带槽的,在滚筒上至少应留有 9 圈钢丝绳;如果滚筒外圆面是光面的,至少应留有一整层钢丝绳	□ 符合 □ 不符合	−1
反复操纵刹把,在转动范围内应转动应灵活、可靠,刹把应有安全锁紧装置或安全链	□ 符合 □ 不符合	−2
防碰天车装置应有效可靠,按 SY/T 6680 中的要求	□ 符合 □ 不符合	−3

表 1-40(续)

检查项点及要求	检查结果	扣分值
绞车滚筒直径的最小值至少是钢丝绳公称直径 20 倍	☐ 符合 ☐ 不符合	−1
钻井大绳的穿绕安装应符合 SY/T 6666 中的规定	☐ 符合 ☐ 不符合	−1
带式刹车的检验应符合 SY/T 6680 中的要求	☐ 符合 ☐ 不符合	−2
盘式刹车的检验应符合 SY/T 6680 中的要求	☐ 符合 ☐ 不符合	−2
辅助刹车系统(水刹车、电磁涡流刹车等)操作灵活、可靠,应符合制造商设计文件规定	☐ 符合 ☐ 不符合	−2
气管路、冷却液循环管路应规范整齐、连接牢固、畅通、无泄漏	☐ 符合 ☐ 不符合	−1
绞车排绳器应灵活安全可靠	☐ 符合 ☐ 不符合	−1
绞车的润滑应符合 SY/T 5532 中的要求	☐ 符合 ☐ 不符合	−1
绞车底座固定应牢固、可靠	☐ 符合 ☐ 不符合	−2
绞车轴承座、主墙板、绞车底座之间,盘式刹车钳架与绞车底座及绞车架构件之间,带式刹车构件应无变形、损伤缺陷	☐ 符合 ☐ 不符合	−2/处
绞车护罩应完整、固定可靠	☐ 符合 ☐ 不符合	−2

注:本项最多扣 30 分。

天车功能及外观评估总分 5 分,打分标准见表 1-41。

表 1-41 天车功能及外观检查项点及评估分值规定表

检查项点及要求	检查结果	扣分值
标明型号	☐ 符合 ☐ 不符合	−1
天车护罩安装齐全可靠	☐ 符合 ☐ 不符合	−1
天车座安装应位置准确、固定牢靠	☐ 符合 ☐ 不符合	−1

表 1-41（续）

检查项点及要求	检查结果	扣分值
应安装防跳杆,挡杆与轮缘间隙为 7～10 mm	□ 符合 □ 不符合	－1
滑轮槽应光洁平滑,不应有损伤钢丝绳的缺陷	□ 符合 □ 不符合	－1
滑轮体、轮槽边缘不应有缺损等缺陷	□ 符合 □ 不符合	－1
滑轮磨损应符合 SY/T 6605 中的规定	□ 符合 □ 不符合	－1
各滑轮不应晃动且应转动灵活	□ 符合 □ 不符合	－1
轴、轴销应有可靠防松脱装置	□ 符合 □ 不符合	－1
天车台面及固定应安全可靠	□ 符合 □ 不符合	－1
天车台底板周围设置挡脚板,防护栏应安全可靠	□ 符合 □ 不符合	－1/处
天车台面不应有杂物	□ 符合 □ 不符合	－1
天车维护保养应符合制造商说明要求	□ 符合 □ 不符合	－1

本项最多扣 5 分。

游车功能及外观评估总分 5 分,打分标准见表 1-42。

表 1-42　游车功能及外观检查项点及评估分值规定表

检查项点及要求	检查结果	扣分值
标明型号	□ 符合 □ 不符合	－1
侧板及护罩应无变形,固定可靠	□ 符合 □ 不符合	－1
滑轮槽应光洁平滑,不应有损伤钢丝绳的缺陷	□ 符合 □ 不符合	－1
滑轮体、轮槽边缘不应有缺陷	□ 符合 □ 不符合	－1
游动滑车应具有防钢丝绳跳槽的装置	□ 符合 □ 不符合	－1

表 1-42(续)

检查项点及要求	检查结果	扣分值
滑轮磨损应符合 SY/T 6605 中的规定	□ 符合 □ 不符合	−1
游车各滑轮不应晃动且应转动灵活	□ 符合 □ 不符合	−1
轴、轴销应有可靠防松脱装置	□ 符合 □ 不符合	−1
游车维护保养应符合制造商说明要求	□ 符合 □ 不符合	−1

注:本项最多扣 5 分。

大钩功能及外观评估总分 5 分,打分标准见表 1-43。

表 1-43 大钩功能及外观检查项点及评估分值规定表

检查项点及要求	检查结果	扣分值
标明型号	□ 符合 □ 不符合	−1
大钩主副钩沟口闭锁装置完善安全可靠,启闭灵活	□ 符合 □ 不符合	−1
大钩钩体定位锁紧机构应灵活可靠,定位锁紧后,钩体方向保持不变	□ 符合 □ 不符合	−1
大钩缓冲装置应正常有效,如有损坏应停止使用	□ 符合 □ 不符合	−1
大钩主承载件不应有损伤、变形缺陷	□ 符合 □ 不符合	−2
吊环表面应无明显碰伤、沟槽、刻痕缺陷	□ 符合 □ 不符合	−2
同一副吊环尺寸变形长度差:当吊环长度小于或等于 4.5 m 时,不应超过 4 mm;当吊环长度大于 4.5 m 时,不应超过 6 mm	□ 符合 □ 不符合	−1
吊环挂合部位磨损尺寸应符合 SY/T 6605 中的要求	□ 符合 □ 不符合	−1
吊环与大钩应有安全绳保护	□ 符合 □ 不符合	−1

注:本项最多扣 5 分。

钢丝绳及死绳固定器功能及外观评估总分 5 分,打分标准见表 1-44。

表 1-44　钢丝绳及死绳固定器功能及外观检查项点及评估分值规定表

检查项点及要求	检查结果	扣分值
钻井钢丝绳的配置应符合 SY/T 6724 中各类型钻机的配置要求	□ 符合 □ 不符合	−1
死绳固定器轮槽直径不应少于钢丝绳直径的 15 倍	□ 符合 □ 不符合	−1
绞车滚筒在高速时,钢丝绳不能碰擦井架上构件	□ 符合 □ 不符合	−1
钢丝绳在正常情况下按规定的工作量指标进行倒绳和切绳(检查大绳使用记录)	□ 符合 □ 不符合	−1
钻井大绳断丝、锈蚀、变形等符合 SY/T 6666 中的要求,大绳应更新	□ 符合 □ 不符合	−1
死绳固定器底座、基座、绳轮、压板绳卡及钢丝绳缠绕固定应符合产品说明	□ 符合 □ 不符合	−2
死绳固定器固定螺栓、螺母应符合要求	□ 符合 □ 不符合	−1
传感器应正常有效	□ 符合 □ 不符合	−1

注:本项最多扣 5 分。

（三）旋转系统评估标准

1. 无损探伤评估

旋转系统无损探伤评估涉及水龙头部分,总分 30 分,打分标准见表 1-45。

表 1-45　旋转系统无损探伤项点及评估分值规定表

设备名称	无损探伤项点	非裂纹非关键缺陷扣分值	裂纹缺陷和非裂纹关键缺陷扣分值
水龙头	提环	提环磨损实测尺寸比原设计少 5 mm 以内或减少 5%以内:−3; 实测尺寸比原设计尺寸减少 5~10 mm 或减少 5%~13%:−10	水龙头提环磨损 10 mm 以上或磨损超过原尺寸 13%,水龙头判废:−30
	* 提环销轴	−5	提环销轴存在裂纹,销轴判废:−10
	水龙头鹅颈管测厚	实测壁厚比原设计壁厚减少 10%以内:−3; 实测壁厚比原设计壁厚减少 10%~20%:−5	鹅颈管实测壁厚比原设计壁厚减少 20%以上,鹅颈管判废:−10
	* 水龙头中心管	−5	−30

注:本项最多扣 30 分。主承载件存在裂纹,水龙头判废;主承载件无损探伤参见 SY/T 5530 中的要求。

2. 功能及外观评估

旋转系统功能及外观评估总分 5 分,打分标准见表 1-46。

表 1-46 旋转系统功能及外观检查项点及评估分值规定表

检查项点及要求	检查结果	扣分值
标明型号	□ 符合 □ 不符合	－1
水龙头有旋扣器时,旋扣器正向和反向各运转 3 次,每次运转时间不小于 3 min,旋扣器应运转平稳,无异常响声,密封处无渗漏,各功能符合要求	□ 符合 □ 不符合	－1
壳体销孔、提环销孔孔径磨损小于 10 mm,可配销或镶套修理（磨损大于 10 mm 应报废）	□ 符合 □ 不符合	磨损≤5 mm:－1; 5 mm≤磨损≤10 mm:－3
提环与壳体侧面间隙小于 2.5 mm	□ 符合 □ 不符合	－1
冲管总成的密封应完好	□ 符合 □ 不符合	－1
中心管运转灵活	□ 符合 □ 不符合	－1
水龙头提环、轴销、壳体主承载构件应无变形、损伤缺陷	□ 符合 □ 不符合	－2
鹅颈管的固定密封应完好	□ 符合 □ 不符合	－1
鹅颈管应无磨损沟槽缺陷	□ 符合 □ 不符合	－1
水龙带两端应固定牢固并加装安全链以确保安全	□ 符合 □ 不符合	－1
水龙头维护保养应符合制造商说明要求	□ 符合 □ 不符合	－1

注:本项最多扣 5 分。

（四）循环系统评估标准

1. 无损探伤评估

循环系统无损探伤评估涉及高压管汇和泥浆罐部分,总分 20 分,打分标准见表 1-47。

表 1-47 循环系统无损探伤项点及评估分值规定表

设备名称	无损探伤项点	非裂纹非关键缺陷扣分值	裂纹缺陷和非裂纹关键缺陷扣分值	满分值	备注
高压管汇	高压管汇关键部位和焊缝依据 SY/T 5244 中的规定	-5	-20	20	本项最多扣 20 分。对任一处裂纹相应构件判废
	高压管汇壁厚测试	实测壁厚比原设计壁厚减少 10% 以内：-5；实测壁厚比原设计壁厚减少 10%~20%：-10	实测壁厚比原设计壁厚减少 20% 以上，整段管汇判废：-20		
	* 高压阀件依据 SY/T 5244 中的规定	-5	-20		
泥浆罐	泥浆罐壁厚测试	实测壁厚比原设计壁厚减少 10% 以内：-1；实测壁厚比原设计壁厚减少 10%~20%：-3	实测壁厚比原设计壁厚减少 20% 以上判废：-5	5	本项最多扣 5 分

2. 功能及外观评估

泥浆泵功能及外观评估总分 20 分，打分标准见表 1-48。

表 1-48 泥浆泵功能及外观检查项点及评估分值规定表

检查项点及要求	检查结果	扣分值
标明型号	□ 有 □ 无	-1
转动部分应采用全封闭护罩	□ 符合 □ 不符合	-2
传动带正常转动时不应有异常震颤和异常响声，传动轮应无损伤缺陷	□ 符合 □ 不符合	-2
做整机运转试验，排除空气包，充气压力为 5~6 MPa，试验压力应达额定最高压力的 70%，试验可分级进行，总运行时间为 4 h，其中最高试验压力额定冲次运行时间保持 15 min（可查看试压检定报告或证书）	□ 符合 □ 不符合	-1
液力端无泄漏，动力端不漏油，空气包不漏气	□ 符合 □ 不符合	-1
整机无异常撞击响声和异常冲击振动	□ 符合 □ 不符合	-2
液力端固定螺栓、螺母应安全可靠	□ 符合 □ 不符合	-2

表 1-48(续)

检查项点及要求	检查结果	扣分值
安全阀应有标定合格证	□ 符合 □ 不符合	−2
安全释放阀排出口应固定,以防突然卸压和管线移动而造成危险	□ 符合 □ 不符合	−1
安全释放阀排出管路应畅通(防止泥浆凝固或结胶堵塞)	□ 符合 □ 不符合	−1
空气包应充氮气或惰性气体,在没有氮气或惰性气体的情况下可用空气代替,空气包顶部应安装压力表和充气阀	□ 符合 □ 不符合	−1
拉杆箱内不得有阻碍物	□ 符合 □ 不符合	−1
钻井泵压力表应表面清洁、示值准确,有有效期内的检验合格证	□ 符合 □ 不符合	−2
吸入管应安装过滤装置	□ 符合 □ 不符合	−1
钻井泵维护保养应符合制造商说明要求	□ 符合 □ 不符合	−1

本项最多扣 20 分。

高压管汇和水龙带功能及外观评估总分 5 分,打分标准见表 1-49。

表 1-49　高压管汇和水龙带功能及外观检查项点及评估分值规定表

检查项点及要求	检查结果	扣分值
高压管汇应标注额定工作压力	□ 符合 □ 不符合	−1
高压管汇、闸阀等应有有效的试压检定记录	□ 符合 □ 不符合	−1
地面高压管汇的安装应符合 SY/T 5974 中的规定	□ 符合 □ 不符合	−1
立管及水龙带的安装应符合 SY/T 5974 中的规定	□ 符合 □ 不符合	−1
高压管汇关键部位不允许有施焊补救	□ 符合 □ 不符合	−1
水龙带(包括地面高压软管)应有安全绳卡,不应有鼓胀、起泡、表面起皱等异常,有异常应更换	□ 符合 □ 不符合	−1
高压管汇闸门手轮必须配置安全警示和开关方向	□ 符合 □ 不符合	−1
压力表应正常工作,经检定在有效期内,司钻应能方便看到压力表	□ 符合 □ 不符合	−1

注:本项最多扣 5 分。

固控设备功能及外观评估总分 20 分,打分标准见表 1-50。

表 1-50　固控设备功能及外观检查项点及评估分值规定表

检查项点及要求	检查结果	扣分值
振动筛各连接件固定牢固可靠,所有运动件无摩擦、碰撞等缺陷	□ 符合 □ 不符合	−2
配备的振动筛能够处理从井眼翻出的全部钻井液	□ 符合 □ 不符合	−2
振动筛运转正常、工作可靠,多联振动筛应有泥浆分配器	□ 符合 □ 不符合	−2
固相处理设备应按顺序排列每个设备。非加重泥浆:振动筛→除气器→除砂器→除泥器→离心机;加重泥浆:振动筛→除气器→泥浆清洁器→离心机	□ 符合 □ 不符合	−2
除气器、除砂器、除泥器和泥浆清洁器应处理进入吸入仓的全部泥浆	□ 符合 □ 不符合	−2
搅拌器、泥浆枪、混合器、剪切泵的安装应符合 SY/T 5612 中的要求	□ 符合 □ 不符合	−2
各设备机座或机架无锈蚀、固定可靠	□ 符合 □ 不符合	−2
各设备的电源线路连接规范、安全可靠	□ 符合 □ 不符合	−2
各设备的电器连接应防爆,电器部分有可靠接地	□ 符合 □ 不符合	−2
各设备应运转正常平稳、无异响,噪声应符合 SY/T 5612 中的要求	□ 符合 □ 不符合	−2
各设备维护保养应符合要求	□ 符合 □ 不符合	−2

注:本项目最多扣 20 分。

泥浆罐功能及外观评估总分 5 分,打分标准见表 1-51。

表 1-51　泥浆罐功能及外观检查项点及评估分值规定表

检查项点及要求	检查结果	扣分值
泥浆罐的有效容积能够满足钻井泥浆的循环需要,为了保持泥浆的性能,最小的泥浆容量为每天钻进井眼体积的 5～6 倍	□ 符合 □ 不符合	−1
泥浆罐上面及走廊应设有防滑钢板或防滑条形网板,泥浆罐罐面应有安全可靠的护栏	□ 符合 □ 不符合	−1
泥浆罐上电路、电器应防爆,布线应规范	□ 符合 □ 不符合	−2

表 1-51(续)

检查项点及要求	检查结果	扣分值
泥浆罐体、设备座体安装符合产品安装说明	□ 符合 □ 不符合	−1
泥浆罐不应有明显锈蚀,并有较完整的防护漆层	□ 符合 □ 不符合	−1

注:本项目最多扣 5 分。

（五）动力系统评估标准

1. 无损探伤评估

动力系统包括柴油机、井场发电机组、主电动机和供油设备部分,不涉及无损探伤评估,总分 0 分。

2. 功能及外观评估

柴油机功能及外观评估总分 5 分,打分标准见表 1-52。

表 1-52　柴油机功能及外观检查项点及评估分值规定表

检查项点及要求	检查结果	扣分值
铭牌	□ 有 □ 无	−1
所有管路应清洁、畅通、排列整齐,各按钮、阀门灵活可靠	□ 符合 □ 不符合	−1
在环境温度不低于 5 ℃时,柴油机应能顺利启动,启动时间不超过 10 s。环境温度在 −40～5 ℃时,机油和冷却水经预热后应能顺利启动	□ 符合 □ 不符合	−1
在标定工况下运行时,柴油机相关温度及压力(如进出水温、进气中冷后温度、机油温度及压力等)应符合制造商产品技术文件的规定	□ 符合 □ 不符合	−1
柴油机运行中,各密封及各管接处不应有漏油、漏水、漏气现象	□ 符合 □ 不符合	−1
柴油机各种仪表应工作正常,检定证书在有效期内	□ 符合 □ 不符合	−1
柴油机连同底盘应安装牢固平稳	□ 符合 □ 不符合	−1
柴油机启动飞轮应无损伤并有完整可靠的安全防护罩	□ 符合 □ 不符合	−1
动力输出连接应符合 SY/T 5030 中的要求	□ 符合 □ 不符合	−1

注:本项最多扣 5 分。

发电机组功能及外观评估总分 5 分,打分标准见表 1-53。

表 1-53 发电机组功能及外观检查项点及评估分值规定表

检查项点及要求	检查结果	扣分值
铭牌	□ 有 □ 无	−1
发电房严禁使用易燃材料建造,内外无油污、无污水、清洁	□ 符合 □ 不符合	−1
在环境温度不低于 5 ℃时,不经预热或其他措施,机组应能顺利启动	□ 符合 □ 不符合	−1
环境温度在−45～5 ℃时,采取预热措施后,机组应能顺利启动	□ 符合 □ 不符合	−1
机组运行中,各密封及各管接处不应有漏油、漏水、漏气现象	□ 符合 □ 不符合	−1
配电柜是否有安全门及警示标志,配电柜的仪表工作正常	□ 符合 □ 不符合	−1
发动机应有下列保护功能:超速保护、油压低保护、出水温度高保护	□ 符合 □ 不符合	−1
机组至少有下列保护功能:过载保护、短路保护、发电机绕组过温保护,过电压、欠电压保护,过频率、欠频率保护,逆功率保护	□ 符合 □ 不符合	−1
机组应有良好的接地端子并有明显的标志	□ 符合 □ 不符合	−1
机房应按防火控制图正确配备相应灭火器	□ 符合 □ 不符合	−1

注:本项最多扣 5 分。

主电动机组功能及外观评估总分 5 分,打分标准见表 1-54。

表 1-54 主电动机组功能及外观检查项点及评估分值规定表

检查项点及要求	检查结果	扣分值
铭牌	□ 有 □ 无	−1
电机的外壳防护等级应符合 SY/T 6725.1 的要求,接线盒的防护等级不低于 IP54(可检查设备说明或检定证书)	□ 符合 □ 不符合	−1
电机启动试验后,任何部件不应出现异常温升	□ 符合 □ 不符合	−1
电机在大修时,要求有台架试验及超速试验报告	□ 符合 □ 不符合	−1

表 1-54(续)

检查项点及要求	检查结果	扣分值
电机外壳明显位置应有"断电源后开盖"的警示牌或设置联锁装置,保证电源接通时壳盖不能打开,壳盖打开后电源不能接通	□ 符合 □ 不符合	−1
电机应装有检修开关及轴承、绕组温度报警传感器	□ 符合 □ 不符合	−1
电机应有接地导线装置,并有相应的符号或图形标志	□ 符合 □ 不符合	−1
电机空转时,轴承应平稳轻快,无停滞现象,声音均匀无杂音	□ 符合 □ 不符合	−1

注:本项最多扣 5 分。

供油设备组功能及外观评估总分 5 分,打分标准见表 1-55。

表 1-55 供油设备功能及外观检查项点及评估分值规定表

检查项点及要求	检查结果	扣分值
油罐区应设置防火防爆安全标识	□ 是 □ 无	−1
油罐与井场布置及安全设置是否符合 SY/T 5974 中的要求	□ 符合 □ 不符合	−1
电器、插件、灯具等应具有防爆功能	□ 符合 □ 不符合	−1
灭火器的配置应符合要求,检定证书在有效期内	□ 符合 □ 不符合	−1
出油口处应设置滤清装置	□ 符合 □ 不符合	−1
燃油罐出口应高出底面 120 mm 以上	□ 符合 □ 不符合	−1
燃油罐呼吸阀、液压安全阀应在检定有效内	□ 符合 □ 不符合	−1
燃油罐应设置防雷防静电装置,接地点沿罐底周边每 30 m 至少设置 1 处,单罐至少设置 2 处,接地电阻不宜大于 10 W,接地线应安全规范	□ 符合 □ 不符合	−1
燃油罐体、基座不应有明显锈蚀,并有较完整的防护漆层	□ 符合 □ 不符合	−1
燃油罐体不应有明显变形、损伤	□ 符合 □ 不符合	−1
燃油罐周围电源线走向必须规范,周围不应有杂物	□ 符合 □ 不符合	−1

注:本项最多扣 5 分。

（六）传动系统评估标准

1. 无损探伤评估

传动系统无损探伤评估涉及水龙头部分，总分 10 分，打分标准见表 1-56。

表 1-56 动力系统无损探伤项点及评估分值规定表

设备名称	无损探伤项点	非裂纹非关键缺陷扣分值	裂纹缺陷和非裂纹关键缺陷扣分值	满分值	备注
机械传动	*万向轴	−5	−10	10 分	本项最多扣 10 分。对任一处裂纹相应轴体判废，无损探伤依据 GB/T 7233.1
	*各传动轴	−5	−10		

2. 功能及外观评估

供油设备组功能及外观评估总分 5 分，打分标准见表 1-57。

表 1-57 供油设备功能及外观检查项点及评估分值规定表

检查项点及要求	检查结果	扣分值
柴油机与被驱动的钻机联动机组，相互位置正确，固定牢固，运转平稳	□ 是 □ 无	−1
离合器充、放气后摩擦片结合与脱开应迅速、彻底（进气时间应小于 5 s，放气时间应小于 4 s）	□ 符合 □ 不符合	−1
气控系统灵活可靠性检验应符合 SY/T 5532 中的要求	□ 符合 □ 不符合	−1
检查变速箱的各挡运行应正常，无异常声响和振动	□ 符合 □ 不符合	−1
传动系统位置要有足够的照明系统	□ 符合 □ 不符合	−1
所有气管线和油管线都应连接规范，排放整齐	□ 符合 □ 不符合	−1
所有气管线和油管线都应无老化、无泄漏	□ 符合 □ 不符合	−1
传动系统胶带或链条应松紧适度，符合安装要求	□ 符合 □ 不符合	−1
传动系统机架、基座固定可靠，不应有明显锈蚀，并有较完整的防护漆层	□ 符合 □ 不符合	−1
传动系统护罩应完整齐全、紧固可靠	□ 符合 □ 不符合	−1
所有起吊装置都应安全可靠	□ 符合 □ 不符合	−1

电力传动组功能及外观评估总分 5 分,打分标准见表 1-58。

表 1-58　电力传动功能及外观检查项点及评估分值规定表

检查项点及要求	检查结果	扣分值
装在控制房内的设备外壳防护等级不得低于 IP2X,户外设备的外壳防护等级一般不低于 IP54(可检查设备说明或检验证书)	□ 是 □ 无	−1
系统中所选用的导线颜色、指示灯、按钮颜色应符合 SY/T 6725.2 中的要求	□ 符合 □ 不符合	−1
柜台应有地脚紧固用安装孔,大型柜体应在顶部安装吊环或吊钩	□ 符合 □ 不符合	−1
对振动较大的元器件应采取减振措施	□ 符合 □ 不符合	−1
线缆的敷设符合 SY/T 6725.2 中的要求	□ 符合 □ 不符合	−1
电器设备的接地保护符合 SY/T 6725.2 中的要求	□ 符合 □ 不符合	−1
设备系统的防触电保护应符合 SY/T 6725.2 中的要求	□ 符合 □ 不符合	−1
设备系统的短路保护、超速保护应符合 SY/T 6725.2 中的要求	□ 符合 □ 不符合	−1
设备系统的过载保护、过电压保护、超速保护应符合 SY/T 6725.2 中的要求	□ 符合 □ 不符合	−1
设备系统的零电压和欠电压保护应符合 SY/T 6725.2 中的要求	□ 符合 □ 不符合	−1
设备系统的防爆应符合 SY/T 6725.2 中的要求	□ 符合 □ 不符合	−1

（七）控制系统评估标准

1. 无损探伤评估

控制系统包括司钻控制台气、液、电各系统手柄、按钮、开关等部分,不涉及无损探伤评估,总分 0 分。

2. 功能及外观评估

控制系统功能及外观评估总分 20 分,打分标准见表 1-59。

表 1-59　控制系统功能及外观检查项点及评估分值规定表

检查项点及要求	检查结果	扣分值
司钻控制台防护等级应不得低于 IP55(可检查设计说明或检定证书)	□ 是 □ 无	−2

表 1-59（续）

检查项点及要求	检查结果	扣分值
操作台上的操作标识清晰、牢固、不脱色,各紧固检有防松措施	□ 符合 □ 不符合	—2
操作和控制器件的安装高度不应高于操作者所站立的地面以上 2 m,并不低于 0.4 m	□ 符合 □ 不符合	—2
司钻控制台司钻视野不应受阻	□ 符合 □ 不符合	—2
司钻控制台气、液、电各系统手柄、按钮、开关应灵活有效,操作机构的运动方向应符合 SY/T 6725.2 中的规定	□ 符合 □ 不符合	—2
游车位置保护试验按照 SY/T 6725.2 中的要求进行,检查上、下停车点的保护功能	□ 符合 □ 不符合	—2
主电动机应具备风压联锁和检修开关联锁,当出现通风故障或处于检修状态时,控制系统应能及时断开主回路或不能合闸运行	□ 符合 □ 不符合	—2
司钻控制台信息传递应畅通,紧急情况应有备用信息传递通道,警报信号在井场都能听到	□ 符合 □ 不符合	—2
气控、液控管线排列整齐、标志清晰、固定牢靠、不渗漏	□ 符合 □ 不符合	—2
电传信息系统排列整齐、屏蔽分布、固定牢靠、不干扰	□ 符合 □ 不符合	—2
刹车机构灵活,制动可靠	□ 符合 □ 不符合	—2
指重表、压力表检定在有效期内,示值正常	□ 符合 □ 不符合	—2
钻井参数显示、准确可靠	□ 符合 □ 不符合	—2

（八）辅助系统评估标准

1. 无损探伤评估

辅助系统无损探伤评估涉及井口工具部分,总分 5 分,打分标准见表 1-60。

表 1-60 控制系统无损探伤项点及评估分值规定表

设备名称	无损探伤项点	非裂纹非关键缺陷扣分值	裂纹缺陷和非裂纹关键缺陷扣分值	满分值	备注
井口工具	吊卡	—1/个	—3/个	5	本项最多扣 5 分。任一处裂纹相应工具判废,无损探伤参见 SY/T 6605 中的规定
	卡瓦	—3	—5		
	供气设备	—3	—5		

2. 功能及外观评估

井口工具功能及外观评估总分 5 分,打分标准见表 1-61。

表 1-61　井口工具功能及外观检查项点及评估分值规定表

检查项点及要求	检查结果	扣分值
钻台面液压大钳、吊钳、其他工具等安装、固定、摆放要安全、正规	□ 是 □ 无	−1
液压大钳功能应正常有效	□ 符合 □ 不符合	−1
液压大钳、吊钳、尾桩或尾绳要固定安全可靠,吊绳、尾绳钢丝绳直径应符合产品说明或规定	□ 符合 □ 不符合	−1
吊卡活门开关应灵活,锁紧机构应安全可靠	□ 符合 □ 不符合	−1
吊卡安全销要有弹性扣合,不能"倒溜"	□ 符合 □ 不符合	−1
卡瓦安全可靠、功能有效	□ 符合 □ 不符合	−1
吊卡、卡瓦主体不应存在明显变形、损伤缺陷	□ 符合 □ 不符合	−1
锚头安全可靠	□ 符合 □ 不符合	−1
钻台其他工具应安全可靠	□ 符合 □ 不符合	−1

注:本项最多扣 5 分。

发电机设备功能及外观评估总分 5 分,打分标准见表 1-62。

表 1-62　发电机设备功能及外观检查项点及评估分值规定表

检查项点及要求	检查结果	扣分值
铭牌	□ 是 □ 无	−1
发电房严禁使用易燃材料建造,内外无油污、无污水、清洁	□ 符合 □ 不符合	−1
在环境温度不低于 5 ℃时,不经预热或其他措施,机组应能顺利启动	□ 符合 □ 不符合	−1
机组运行中,各密封及各管接处不应有漏油、漏水、漏气现象	□ 符合 □ 不符合	−1
配电柜是否有安全门及警示标志,接地电阻不宜超过 10 W,配电柜的仪表检定在有效期内并工作正常	□ 符合 □ 不符合	−1

表 1-62(续)

检查项点及要求	检查结果	扣分值
发动机应有下列保护功能:超速保护、油压低保护、出水温度高保护	□ 符合 □ 不符合	−1
机组至少有下列保护功能:过载保护,短路保护,发电机绕组过温保护,过电压、欠电压保护,过频率、欠频率保护,逆功率保护	□ 符合 □ 不符合	−1
应急发电机应独立于主动力并远离之,其配套设备和存储燃料应在危险区域之外	□ 符合 □ 不符合	−1
在主电源断电时,应急发电机应自动启动,并能够自动连接紧急分配系统	□ 符合 □ 不符合	−1
应有两套独立的方法启动应急发电机	□ 符合 □ 不符合	−1
机组应有良好的接地端子,接地电阻不应大于 4 W 并有明显的标志	□ 符合 □ 不符合	−1
发电设备维护保养应符合制造商说明要求	□ 符合 □ 不符合	−1
发电房应按防火控制图正确配备相应灭火器	□ 符合 □ 不符合	−1

注:本项最多扣 5 分。

供气设备功能及外观评估总分 5 分,打分标准见表 1-63。

表 1-63　供气设备功能及外观检查项点及评估分值规定表

检查项点及要求	检查结果	扣分值
铭牌	□ 是 □ 无	−1
空压机的安装应位置合理、护罩完好、安全	□ 符合 □ 不符合	−1
安全阀灵敏可靠,安全阀、压力表检定在有效期内	□ 符合 □ 不符合	−1
应安装气源净化装置及干燥装置	□ 符合 □ 不符合	−1
储气罐各阀门、管线无漏气现象,不应有锈蚀、老化现象	□ 符合 □ 不符合	−1
空压装置的接电系统和控制系统应安全可靠	□ 符合 □ 不符合	−1
空压装置维护保养应符合设备说明要求	□ 符合 □ 不符合	−1

注:本项最多扣 5 分。

液压设备功能及外观评估总分5分,打分标准见表1-64。

表1-64 液压设备功能及外观检查项点及评估分值规定表

检查项点及要求	检查结果	扣分值
铭牌	□ 是 □ 无	−1
液压泵的安装应安全可靠	□ 符合 □ 不符合	−1
供油路内应安装无旁通的过滤器	□ 符合 □ 不符合	−1
液压管路布置安全可靠	□ 符合 □ 不符合	−1
液压管线不应老化,各接头阀门不渗不漏	□ 符合 □ 不符合	−1
液压表、安全阀、蓄能器经过检定在有效期内,并正常有效	□ 符合 □ 不符合	−1
液压装置的接电系统和控制系统应安全可靠	□ 符合 □ 不符合	−1
液压装置维护保养应符合设备说明要求	□ 符合 □ 不符合	−1

注:本项最多扣5分。

辅助起重功能及外观评估总分5分,打分标准见表1-65。

表1-65 辅助起重功能及外观检查项点及评估分值规定表

检查项点及要求	检查结果	扣分值
小绞车底座应固定牢靠、平稳,刹车可靠	□ 符合 □ 不符合	−2
绞车不提升或下放重物时,控制手柄应能自动回到中位	□ 符合 □ 不符合	−1
钢丝绳末端卡固可靠,吊钩要有防脱功能	□ 符合 □ 不符合	−2
绞车上必须标明安全工作载荷	□ 有 □ 无	−1
辅助起重绞车钢丝绳选用及安全系数与应符合 SY/T 6666 中的规定	□ 符合 □ 不符合	−1
滚筒上应配置简易的排绳器,以避免人身可能遇到的伤害	□ 符合 □ 不符合	−1

注:本项最多扣5分。

安全设施功能及外观评估总分5分,打分标准见表1-66。

表1-66　安全设施功能及外观检查项点及评估分值规定表

检查项点及要求	检查结果	扣分值
井场及关键设备应设置相应的安全警示标志	□ 有 □ 不全 □ 无	－1
司钻房、机房、泵房都应配有应急灯	□ 符合 □ 不符合	－1
在钻井作业中,对于可能有H₂S及可燃气体并容易引发事故的区域,应安装可燃气体探测系统,并具有连续监测功能	□ 符合 □ 不符合	－1
井队办公室或广播值班室应安装可听和可视报警系统,并应有效	□ 符合 □ 不符合	－1
在有可能发生火灾的任何位置应配置灭火器,检定在有效期内;消防器材的配备参见 SY/T 5974 中的规定	□ 符合 □ 不符合	－1
在危险隐患设备上应有足够的防护装置,进行人员保护	□ 符合 □ 不符合	－1
井场应规整,有明显的安全逃生路线和安全集结区	□ 符合 □ 不符合	－1
钻井设备颜色应符合 SY/T 5974 中的要求	□ 符合 □ 不符合	－1

注:本项最多扣5分。

照明系统功能及外观评估总分5分,打分标准见表1-67。

表1-67　照明系统功能及外观检查项点及评估分值规定表

检查项点及要求	检查结果	扣分值
所有工作区域均有充分照明	□ 符合 □ 不符合	－1
照明线路、设备应符合防爆要求,线路布置安装规范,线路没有老化或裸露现象	□ 符合 □ 不符合	－1
在钻台、泥浆罐、油罐、逃生通道、集合点应有足够的照明设施	□ 符合 □ 不符合	－1
在运行应急发电机时,应有足够的应急照明灯	□ 符合 □ 不符合	－1
井控系统照明电源、探照灯电源应从配电室设置专线	□ 符合 □ 不符合	－1
照明线路应安装符合技术要求的漏电保护装置	□ 符合 □ 不符合	－1
移动照明灯应采用安全电压工作灯	□ 符合 □ 不符合	－1

注:本项最多扣5分。

（九）各设备故障诊断项点及评估分值

修井机各组成系统和设备故障诊断评估,总评估分值为 120 分,检测评估项目及分值规定见表 1-68。

表 1-68 照明系统功能及外观检查项点及评估分值规定表

设备名称	故障诊断项点	检查结果	扣分值	满分值	备注
柴油机	在标定工况下运行时,柴油机的振动烈度等级不大于 28,参见 SY/T 5030 中要求;测量方法见 GB/T 7184 中的规定	□ 符合 □ 不符合	−4	20 分	本项最多扣 20 分
	在标定工况下运行时,柴油机的噪声应符合 SY/T 5030 中的要求;测量方法见 GB/T 1859 中的规定	□ 符合 □ 不符合	−4		
	在标定工况下运行时,柴油机各缸排气温度不均匀率 ≤8%	□ 符合 □ 不符合	−4		
	柴油机最低空载稳定转速应≤600 r/min,波动值为 ±10 r/min,稳定时间≥5 min	□ 符合 □ 不符合	−4		
	用润滑油液分析技术判断轴承磨损情况	□ 符合 □ 不符合	−4		
主发电机	发电机的振动应符合 GB/T 23507.3 中的要求;测量方法见 GB/T 2820.9	□ 符合 □ 不符合	−5	20 分	本项最多扣 20 分
	发电机组额定容量≤1 140 kV·A,噪声≤108 dB(A);发电机组额定容量≥1 140 kV·A,噪声≤110 dB(A);测量方法见 GB/T 2820.10	□ 符合 □ 不符合	−5		
	发电机的绝缘安全性应符合 GB/T 23507.3 中的规定;测量方法见 GB/T 20136	□ 符合 □ 不符合	−5		
	用润滑油液分析技术判断轴承磨损情况	□ 正常 □ 异常	−5		
主电动机	测量电机空载振动速度有效值应不超过 2.8 mm/s	□ 符合 □ 不符合	−7	20 分	本项最多扣 20 分
	测量电动机的噪声应符合 SY/T 6725.1 中的规定	□ 符合 □ 不符合	−7		
	电机绕组的热态绝缘电阻应不低于 2 MΩ	□ 符合 □ 不符合	−7		
电控系统	测量直流控制系统或交流变频调速系统部件电气间隙与爬电距离应符合 SY/T 6725.2 中的规定;作为设备的主汇流排,其最小电气间隙应为 20 mm,最小爬电距离应为 30 mm	□ 符合 □ 不符合	−4	10 分	本项最多扣 10 分
	系统中部件、元器件温升应符合 SY/T 6725.2 中的规定	□ 符合 □ 不符合	−4		
	设备在额定工作载荷下平稳状态的噪声应≤70 dB(参见 GB/T 3797)	□ 符合 □ 不符合	−4		

表 1-68(续)

设备名称	故障诊断项点	检查结果	扣分值	满分值	备注
绞车	按 SY/T 5532 中的规定,绞车各轴承座外壳处测得温升应小于 45 ℃或最高温度小于 80 ℃	□ 符合 □ 不符合	−7	20 分	本项最多扣 20 分
	按 SY/T 5532 中的规定,链条传动噪声应小于 95 dB(A),齿轮传动噪声应小于 85 dB(A)	□ 符合 □ 不符合	−7		
	用振动监测技术判断绞车传动和轴承的运行状态和故障情况	□ 正常 □ 异常	−7		
传动系统变速箱	在连续运转正常工况下,齿轮传动箱轴承外壳温升不应超过 40 ℃,最高温度不大于 80 ℃	□ 符合 □ 不符合	−2	5 分	本项最多扣 5 分
	齿轮传动箱正常运转时距 1 m 处噪声不应超过 85 dB(A)	□ 符合 □ 不符合	−2		
	用振动监测技术判断变速箱运行状态和故障情况	□ 正常 □ 异常	−2		
钻井泵	在额定功率和额定排出压力下运转时,泵本身 A 声级噪声不得超过 95 dB。测量方法:要求泵前、泵后各一点,泵左、泵右各两点,测点距泵表面垂直距离为 1 m,高度与十字头轴轴线等高	□ 符合 □ 不符合	−5	15 分	本项最多扣 15 分
	在稳定工作状态下,动力端轴承及润滑油温升不应超过 40 ℃	□ 符合 □ 不符合	−5		
	用振动监测技术判断泵的运转和轴承的运行状态和故障情况	□ 正常 □ 异常	−5		
辅助发电	发电机的振动应符合 GB/T 23507.3 中的要求;测量方法见 GB/T 2820.9	□ 符合 □ 不符合	−3	10 分	本项最多扣 10 分
	发电机组额定容量≤1 140 kV·A,噪声≤108 dB(A);发电机组额定容量≥1 140 kV·A,噪声≤110 dB(A);测量方法见 GB/T 2820.10	□ 符合 □ 不符合	−3		
	发电机的绝缘安全性应符合 GB/T 23507.3 中的要求,测量方法见 GB/T 20136	□ 符合 □ 不符合	−3		
	用润滑油液分析技术判断轴承磨损情况	□ 正常 □ 异常	−3		

四、设备评级规定

(一)设备等级评定

1. 设备新旧程度系数

按照设备使用年限划分为 5 个区间,设备新旧程度系数规定见表 1-69。

表 1-69　设备新旧程度系数规定表

设备投产时间/年	≤5	6～10	11～15	16～20	＞20
新旧程度系数	1	0.8	0.6	0.2	0

设备新旧程度实得分值等于相应设备新旧程度系数乘以对应设备的满分值。设备新旧程度实得分值规定见表 1-70。

表 1-70　设备新旧程度实得分值规定表

设备名称	满分值	实得分值
井架	30	
绞车	25	
天车	5	
游车	5	
大钩	5	
转盘	3	
水龙头	10	
泥浆泵	10	
柴油机	15	
发电机组	15	
主电动机	15	

按照设备评定标准,对修井设备进行全面评估和检测,评估分值汇总见表 1-71。

表 1-71　设备检测评估项目及评估分值规定表

系统和设备名称		检测评估项目实得分值						设备满分值	实得分值占满分值之比 β/%
		承载能力测试	无损探伤	故障诊断	功能及外观检查	设备新旧程度	设备实得分值合计		
井架及底座	井架								
	底座								
	井架起放装置								
提升系统	绞车								
	天车								
	游车								
	大钩								
	吊环								
	钢丝绳及死绳固定器								
旋转系统	转盘								
	水龙头								

表 1-71(续)

系统和设备名称		检测评估项目实得分值						设备满分值	实得分值占满分值之比 β/%
		承载能力测试	无损探伤	故障诊断	功能及外观检查	设备新旧程度	设备实得分值合计		
循环系统	泥浆泵								
	高压管汇								
	固控设备								
	泥浆罐								
动力系统	柴油机								
	发电机组								
	电动机								
	供油设备								
传动系统	机械传动								
	电传系统								
控制系统	控制系统								
辅助设施	井口工具								
	辅助发电设备								
	供气设备								
	液压设备								
	辅助起重设备								
	安全设施								
	照明系统								
检测评估项目实得分值合计									

2. 设备评估及等级评定

按照设备评定标准,对各个设备逐项评估,评估结论见表 1-72。

表 1-72　修井机各设备的评估结论规定表

实得分值占满分值之比 β/%	评估结论	备注
$\beta \geqslant 90$	正常使用	
$75 \leqslant \beta < 90$	定期维护使用	
$60 \leqslant \beta < 75$	经常检查维护	
$\beta < 60$	判废	

按照设备评定标准,对各个设备逐项评估,评估等级见表 1-73。

表 1-73 修井机各设备的评估等级规定表

实得总分值	评估级别
≥900	I
750～899	II
600～749	III
<600	IV

（二）设备判废标准

结合设备评估及等级评定结果,凡符合下述条件之一的进行整机判废:

① 修井机检测评估为IV级。

② 井架、底座、绞车三者有两种同时达到判废条件的。

1. 井架判废标准

根据井架无损探伤和功能及外观评估的评估分值,结合实际承载能力分为 A、B、C、D 四级,见表 1-74。

表 1-74 井架评估定级标准表

井架评定级别	分值	承载能力	备注
A	200	额定载荷	D 级井架判废
B	170	≥85％额定载荷	
C	140	≥60％额定载荷	
D	0	<60％额定载荷	

（1）符合下述条件之一的井架应报废

① 国家和行业明令淘汰。

② 评估为 D 级。

③ 过火井架经检测性能达不到要求。

④ 单次修理费用超过新购费用的 40％。

⑤ 60 t 及以下修井机使用年限超过 15 年;80 t 以上修井机使用超过 20 年。

（2）符合下述条件之一的井架宜报废

① 井架存在严重损伤且难以修复。

② 井架在 3 m 的长度内弯曲超过 6.35 mm 且无法校正。

③ 在整体结构上对角线偏差超过 19.1 mm。

④ 主要构件横截面的锈蚀超过 10％。

⑤ 大腿与底座连接销孔直径超差大于 10％。

⑥ 关键焊缝出现裂纹且补焊超过两次。

2. 底座判废标准

（1）符合下述条件之一的底座应报废

① 国家或行业明令淘汰。

② 经评估达不到性能要求。

③ 过火底座经检测性能达不到要求。

④ 单次修理费用超过新购费用的 40%。

⑤ 60 t 及以下修井机使用年限超过 15 年;80 t 以上修井机使用超过 20 年。

(2) 符合下述条件之一的底座宜报废

① 主承载件存在变形或损伤,修复难以保证其承载能力或整体稳定性。

② 整体有明显扭曲变形。

③ 整体严重腐蚀,主要构件横截面的锈蚀超过 10%。

④ 关键焊缝出现裂纹且补焊超过两次。

⑤ 不能满足修井工艺的基本要求。

3. 天车判废标准

(1) 符合下述条件之一的天车应报废

① 国家和行业明令淘汰。

② 单次修理费用超过新购费用的 40%。

③ 60 t 及以下修井机使用年限超过 15 年;80 t 以上修井机使用超过 20 年。

(2) 符合下述条件之一的天车宜报废

① 天车轴损伤、变形或出现裂纹。

② 天车轴磨损达到极限且无法修复。

③ 滑轮绳槽磨损超出 SY/T 5288 中绳槽的最小尺寸。

④ 滑轮孔磨损达原尺寸的 15%,或滑轮本体出现裂纹。

⑤ 天车架梁弯曲变形大于 5 mm。

4. 游车判废标准

(1) 符合下述条件之一的游车应报废

① 国家和行业明令淘汰。

② 单次修理费用超过新购费用的 40%。

③ 使用年限达到 15 年。

(2) 符合下述条件之一的游车宜报废

① 滑轮轴损伤、变形或出现裂纹。

② 滑轮轴磨损达到极限且无法修复。

③ 滑轮绳槽磨损超出 SY/T 5288 中绳槽的最小尺寸。

④ 滑轮孔磨损达原尺寸的 15%或滑轮本体出现裂纹。

⑤ 挂环出现裂纹。

⑥ 挂环磨损超出 SY/T 5288 中挂环的最小尺寸。

⑦ 侧板出现裂纹。

5. 大钩判废标准

(1) 符合下述条件之一的大钩应报废

① 国家和行业明令淘汰。

② 大钩提环座、上下筒体或钩身出现裂纹。

③ 中心轴出现裂纹或磨损达到极限且无法修复。

④ 大钩主钩体磨损达原尺寸的 10%。

⑤ 副钩体磨损量达 10 mm。

⑥ 单次修理费用超过新购费用的 40%。

⑦ 使用年限达到 15 年。

（2）符合下述条件的大钩宜报废

提环出现裂纹或磨损超出 SY/T 5288 中提环的最小尺寸。

6. 水龙头判废标准

（1）符合下述条件之一的水龙头应报废

① 国家和行业明令淘汰。

② 壳体出现裂纹或负荷轴承座磨损达到极限且无法修复。

③ 单次修理费用超过新购费用的 40%。

④ 使用年限达到 15 年。

（2）符合下述条件之一的水龙头宜报废

① 提环出现裂纹。

② 提环与大钩结合处超出 SY/T 5288 中提环的最小尺寸。

③ 提环销孔磨损量大于 10 mm。

④ 中心管出现裂纹、轴颈磨损达到极限或内孔冲蚀达到极限且无法修复。

7. 转盘判废标准

（1）符合下述条件之一的转盘应报废

① 国家和行业明令淘汰。

② 转盘壳体出现裂纹、变形或塌陷且无法修复。

③ 单次修理费用超过新购费用的 40%。

④ 使用年限达到 20 年。

（2）符合下述条件之一的转盘宜报废

① 大锥齿轮齿厚磨损大于 2 mm，小锥齿轮磨损大于 1 mm。

② 齿轮齿面点蚀面积达啮合面的 30%，深度达 2 mm。

③ 齿轮有裂纹、断齿，严重胶合。

④ 主动轴出现裂纹。

⑤ 负荷轴承及防跳轴承上、下轨道磨有沟槽或有锈蚀、剥落等缺陷。

⑥ 转台出现裂纹或变形且无法修复。

8. 绞车判废标准

（1）符合下述条件之一的绞车应报废

① 国家和行业明令淘汰。

② 单次修理费用超过新购费用的 40%。

③ 60 t 及以下修井机使用年限超过 15 年；80 t 以上修井机使用超过 20 年。

（2）符合下述条件之一的绞车宜报废

① 绞车架明显变形，不能满足形位公差要求且无法修复。

② 绞车架轴承座孔等关键部位磨损到极限且无法修复。

③ 滚筒轴等绞车主轴出现裂纹、损伤或弯曲变形大于 1 mm。

④ 滚筒出现裂纹或滚筒筒体磨损超过原壁厚的 20%。

⑤ 滚筒侧板焊缝补焊超过两次。

9. 柴油机判废标准

(1) 符合下述条件之一的柴油机应报废

① 国家和行业明令淘汰。

② 发生严重故障造成主要部件损坏且不能修复。

③ 在大修过程中发现机体、曲轴等主要部件严重损坏且不能修复。

④ 单次修理费用超过新购费用的 40%。

⑤ 使用年限达到 20 年。

(2) 符合下述条件之一的柴油机宜报废

① 大修后燃油消耗明显高于新机,继续使用不经济,且排放指标超标。

② 机体出现裂纹。

③ 曲轴出现裂纹。

10. 液力变矩器判废标准

(1) 符合下述条件之一的液力变矩器应报废

① 国家和行业明令淘汰。

② 壳体出现裂纹或轴承座磨损达到极限且无法修复。

③ 单次修理费用超过新购费用的 40%。

④ 使用年限达到 20 年。

(2) 符合下述条件之一的液力变矩器宜报废

① 泵轮、涡轮或导轮出现裂纹、变形、腐蚀或磨损量超过 0.3 mm。

② 泵轮或涡轮各配合部位的磨损量超过 1 mm。

③ 泵轮轴和涡轮轴出现裂纹。

11. 减速箱判废标准

(1) 符合下述条件之一的减速箱应报废

① 国家和行业明令淘汰。

② 箱体出现裂纹、变形或轴承座孔磨损达到极限且无法修复。

③ 单次修理费用超过新购费用的 40%。

④ 使用年限达到 20 年。

(2) 符合下述条件之一的减速箱宜报废

① 传动轴出现裂纹、弯曲变形或磨损达到极限且无法修复。

② 齿轮齿面磨损大于原齿厚的 10%。

③ 齿轮出现裂纹、断齿,严重胶合。

④ 齿轮齿面点蚀面积超过啮合面的 30%,深度大于 2 mm。

第二章　井下作业施工人员管理

井下作业是油田生产最艰苦、最前沿的岗位,由于工作环境、机械设备、技术手段等因素的影响,井下作业的危险性较高。如果不能及时消除机械、人为等原因所造成的不安全因素,抱着侥幸心理强行作业,不仅易给油田企业造成严重的经济和产量损失,也极易造成现场工作人员和其他人员的人身伤害,影响不容忽视。消除井下不安全作业,严格按照操作章程在安全状态下作业不仅关系着作业进度、作业质量、完井投产等各方面,更重要的是它将直接涉及井下作业工作人员和作业现场人员的安危。因此,加强作业现场安全管理,就要从人员安全意识、技术手段、法律防范等方面综合入手。

第一节　井下作业人员安全问题概述

井下不安全作业主要是指井下作业工作人员在进行修井等井下作业的过程中,在未排除不安全状态、不安全行为等不安全因素的情况下强行作业的情形。综合分析,不安全状态包括防护、保险、信号等装置缺乏或有缺陷,设备、设施、工具、附件有缺陷,设备在非正常状态下运行,个人防护用品、用具缺少或有缺陷,施工场地环境不良等情形。而不安全行为主要是指操作错误、忽视安全、忽视警告、使用不安全设备、手工代替工具操作、冒险进入危险场所、不穿戴劳保防护用品等情形。

一、井下作业现场存在的主要隐患

根据导致井下作业不安全因素的原因的不同,可以将井下不安全作业划分为因受害人的原因而导致的不安全作业、因井下工作人员的过失而导致的不安全作业、因作业现场防护措施不齐全而导致的不安全作业等。

因受害人的原因而导致的不安全作业是指受害人为了获取某种利益,无视既存的危险,在作业现场实施过激行为,结果造成伤害的情况。这主要体现在部分外来人员在作业现场不顾工作人员的劝阻,私入作业现场所导致的一些人身伤害。

因井下工作人员的过失而导致的不安全作业是指井下工作人员在井下作业的过程中,无视既存的不安全因素或危险,持侥幸心理,或者麻痹大意,或者自信能够避免伤害,结果导致了人身伤害或者其他损害发生的情况。

因作业现场防护措施不齐全而导致的不安全作业是指因作业条件、作业环境、设备配置等因素的影响,在井下作业现场部分防护措施不齐全甚至缺乏,如警示牌不齐全、不设置围栏等。

二、作业现场隐患的原因分析

通过对井下不安全作业的表现进行分析、总结及对其他相关井下作业事故、案例的分

析、归纳,井下不安全作业主要有以下几个方面的原因:

① 随着原油价格的持续升高和经济发展对人们思想的冲击,部分不法人员受经济利益的驱动,违章进入作业现场盗取物资等。

② 井下作业工作人员违章操作、违章指挥。井下作业属于高空危险作业,由于其生产条件和作业条件的限制,违章操作、违章指挥的情况时有发生。

③ 自然条件的影响。井下作业属于野外作业的工种,井下作业工作人员整天受着风吹日晒雨淋的考验。

三、加强井下作业现场人员管理的措施

井下作业工作人员的不安全作业行为所造成的不仅仅是财产的损失,更严重的是直接造成人身的伤亡,是血的教训。要实现油田的井下安全作业,应当做到以下几点:

① 依照相关政策、法律,坚决取缔土炼油炉和非法物资回收点,这样就能有效避免部分外来人员无视法律盗取原油或物资所带来的现场安全隐患。

② 强化井下作业工作人员的安全意识,加强安全管理、监督和教育。

③ 企业应将安全生产意识植入每位员工的脑海。加强企业劳动保护,特别是加强安全技术、劳动卫生技术及工作时间与休假制度方面的保护,保护作业人员的体能,坚决杜绝24小时连班上岗的现象。加强和落实三级安全教育,特别是各环节的注意事项、安全防护、安全卫生事故的预防等方面的内容。

为此,要想做好井下施工人员管理需要首先加强井下作业队伍的管理,其次提高油(气、水)井作业质量,根据井下作业技术标准,结合地域工作环境特点,按照4班2倒设置最低配置,队伍定岗10个、定员33人(表2-1)。

表 2-1 修井队伍岗位人员基本配置表

岗位		定员
管理人员	队长*	1
	副队长*(兼 HSE 监督员)	2
	技术员*	2
岗位工人	司钻	4
	司机*	4
	副司钻*	4
	井架工*	4
	井口工	4
	场地工	4
	泥浆工	4
合计		33

注:1. 表中带"＊"的岗位为关键岗位。远离基地施工可自行配备满足倒班需要的副队长、大班司机等岗位人员。

2. 材料员可由其他岗位兼岗。

3. 远离基地施工可自行配备持有效健康证的厨师。

4. 根据冬季施工特点可自行配备持有效操作证的司炉工。

第二节　作业岗位基本要求

按照岗位责任制定岗定员，修井作业现场施工每班定岗 8 个、定员 9 人。其中，带班干部岗 1 人、司钻岗 1 人、司机岗 1 人、技术员岗 1 人、井架工岗 1 人、井口工岗 2 人、泥浆工 1 人和场地岗工 1 人。

一、带班干部岗

带班干部(队长)负责施工作业前进行技术交底，组织危害因素识别和安全交底，并对各岗位分工及准备情况进行确认，对作业活动过程进行风险控制，包括对变更及应急处置风险的控制。

1. 岗位职责

① 参加班前、班后会，重点工作班前有布置、班后有检查，讲评班组工作计划执行情况和安全生产情况。

② 落实各项工作按标准施工，并检查执行情况，根据当班实际工作提出有针对性的安全注意事项及措施，安全优质完成生产任务。

③ 检查是否有脱岗、空岗、睡岗及违反劳动纪律的现象。

④ 检查安全、工程、设备资料是否齐全、准确，检查油、水、泥浆的储备情况，并及时上报。

⑤ 检查并验收送井工具，并掌握易损材料的储备情况。

⑥ 发现井下事故复杂时，要及时组织处理，遇到重大问题要立即请示汇报；落实井控措施，发现溢流，要按标准程序全面指挥控制溢流并组织压井。

2. 岗位资质要求

具有大专或以上文化程度，从事井下作业工作时间 5 年以上、本岗位工作时间 3 年以上，熟悉石油行业有关技术标准、规范，熟悉作业设备的性能，熟练掌握井下作业工艺技术(表 2-2)。

表 2-2　队长岗位资质能力基本要求表

项目	基本要求
文化程度	大专或以上
一线累计工作时间	5 年以上
本岗累计工作时间	3 年以上
技术职称	助理级及以上
技能培训	每年不少于 120 学时
持证情况	有效的井控证和 HSE 培训证
岗位能力	熟悉各岗位责任制、巡回检查制和 HSE 管理、质量管理文件
	熟悉大修行业标准、规范，了解钻井行业标准、规范
	熟知井控、H_2S 防护知识，并能够熟练使用各类防护用具
	具有独立处理施工中复杂情况和事故的能力

3.标准化工作内容

(1)班前会的主要内容

① 传达上级要求。

② 安排本班当天工作。

③ 指定班员岗位。

④ 分析当天工作中存在的风险,制定风险削减措施。

⑤ 解决交接班中存在的问题。

⑥ 填写各项记录报表。

(2)班后会的主要内容

① 讲评本班当天工作完成情况。

② 讲评本班当天安全生产情况。

③ 查找施工中存在的问题。

④ 总结经验。

⑤ 安排下一步工作任务。

4.巡回检查要求

(1)检查路线

值班房→振动筛→循环罐→自动压风机→泵房→机房→钻台下→钻台上→井架→发电房和材料房→井控设备。

(2)检查项点

按照巡查路线要求,值班干部巡回检查涉及11项、63点(表2-3)。

表 2-3　值班干部巡回检查项目及关键点要求表

巡检点	巡检内容	备注
值班房	① 各种资料报表;② 班组作业指令;③ 班前、班后会记录;④ 泥浆性能;⑤ 设备运转记录	5 点
振动筛	① 马达;② 开关箱;③ 线路是否破坏;④ 振动筛面是否有破损	4 点
循环罐	① 各配电箱;② 砂泵;③ 防砂器;④ 除泥器	4 点
自动压风机	① 固定;② 卫生	2 点
泵房	① 护罩用螺丝固定;② 胶带安全;③ 压力表;④ 保险;⑤ 闸门灵活;⑥ 重晶石储备;⑦ 工具配件齐全	7 点
机房	① 运转记录、保养记录;② 机油压力温度;③ 气压;④ 柴油机、联动机;⑤ 电动压风机;⑥ 干燥房配电箱;⑦ 空气净化装置;⑧ 清洁卫生	8 点
钻台下	① 死绳固定;② 封井器;③ 转盘固定;④ 修井机固定;⑤ 井架底座;⑥ 气葫芦固定	6 点
钻台上	① 死绳;② 仪表;③ 立管固定及压力表;④ 水刹车;⑤ 转盘;⑥ 刹车系统;⑦ 大绳;⑧ 操作台及刹把;⑨ 修井机、转盘护罩;⑩ 钻台栏杆;⑪ 防碰灭车;⑫ 井下情况;⑬ 井口工具;⑭ 气葫芦;⑮ 游动系统	15 点
井架	① 钻具排列;② 泥浆料;③ 消防工具;④ 井控装置	4 点
发电房和材料房	① 发电机运转情况;② 零线、地线;③ 材料管理;④ 清洁卫生	4 点
井控设备	① 校验情况;② 开关状态;③ 远程控制柜;④ 储能器压力	4 点

二、副队长岗

副队长负责检查安全规章制度的执行,纠正和制止违章指挥、违章操作和违反纪律的现象;负责安装施工中的安全检查,发现问题及时整改;负责特殊作业现场监督,并根据施工工序制定安全设施;负责消防器材的管理和本队安全活动及每周的班组安全活动,开展经常性的安全教育,并做好记录。

1. 岗位职责

① 协助队长组织生产,做好施工现场的标准化工作准备、完井验收、交接井及生活后勤服务工作,督促班长落实当日的安全生产工作,并掌握体系管理、基础管理工作在班组生产中的执行情况。

② 做好生产准备工作,抓好设备、器材、工具及消防设施的管理,对油、材料、配件、工具等及时摸清情况,编制设备修理、材料领取和工具配套计划,检查督促机动报表的填写和及时上报。

③ 巡回检查施工现场各岗位,对存在的问题要提出解决办法或整改意见,对可能产生的风险要制定预防及削减措施,要求并监督班长组织班组成员实施。

④ 参加本单位设备、设施、人员和环境对安全生产的影响因素、风险的识别和评价,对确定的重要危险源制订切实可行的控制措施和应急预案,并组织落实。

⑤ 迎接上级主管部门和业主的安全检查,对提出的问题积极组织整改。参加每周一次的安全活动,协助队长组织每月一次的安全生产工作综合性检查,及时消除事故隐患。

⑥ 发生生产安全事故后立即按程序汇报,迅速识别事故现场危害因素,疏散危险区人员,采取相应防护措施,组织抢救并保护好现场。

⑦ 检查施工井有无跑、冒、滴、漏或其他遗留问题,发现问题及时整改和处理,以保证交井工作的顺利进行。负责施工现场金属件、防渗膜、含油垃圾等固体废弃物的回收处理。

2. 岗位资质要求

具有大专或以上文化程度,从事井下作业工作时间 5 年以上、本岗位 1 年以上,或任技术员 2 年以上,或任司钻 3 年以上,熟悉石油行业有关技术标准、规范,熟悉作业设备的性能,熟练掌握井下作业工艺技术,熟悉 HSE 相关管理制度标准,熟练掌握风险评估工具,并根据评估结果制定防范措施(表 2-4)。

表 2-4　副队长岗位资质能力基本要求表

项目	基本要求
文化程度	大专或以上
一线累计工作时间	5 年以上
本岗累计工作时间	1 年以上,或任技术员 2 年以上,或任司钻 3 年以上
技术职称	助理级及以上
技能培训	每年不少于 120 学时
持证情况	有效的井控证和 HSE 培训证
岗位能力	熟悉各岗位责任制、巡回检查制和 HSE 管理、质量管理文件
	熟悉大修行业标准、规范,了解钻井行业标准、规范
	熟知井控、H_2S 防护知识,并能够熟练使用各类防护用具
	具有独立处理施工中复杂情况和事故的能力

3．标准化工作内容

① 严格执行岗位工作标准，按设计和现场管理标准组织作业，保证完成生产任务和各项经济技术指标。

② 严格执行操作规程，保证人员、设备及井下的安全施工，搞好施工现场物资、设备和环保工作。

③ 严格执行各项规章制度，搞好各项基础工作，建立健全各项原始记录，做到齐全、准确、完整。

④ 督促检查现场人员正确使用劳动保护用品，搞好安全防护装置和设施的管理及日常维修保养工作。

⑤ 检查各岗位安全措施执行情况，及时发现和消除事故隐患，不能处理的要及时上报。

⑥ 负责组织现场做好安全检查迎检工作，对提出的问题组织整改，并上报整改结果。

4．巡回检查要求

（1）检查路线

井架→钻台→机房→泥浆泵→发电机→井场→井控装置→野营房。

（2）检查项点

按照巡查路线要求，副队长巡回检查涉及 8 项、55 点（表 2-5）。

表 2-5　副队长巡回检查项目及关键点要求表

巡检点	巡检内容	备注
井架	① 上钻台梯子；② 井架支腿；③ 平剪拉筋；④ 井架梯子；⑤ 天车台；⑥ 二层平台；⑦ 支架；⑧ 立管平台；⑨ 大门钻杆；⑩ 井架绷绳	10 点
钻台	① 绞车固定；② 钻盘固定；③ 死绳固定器；④ 大绳；⑤ 死绳头；⑥ 活绳头；⑦ 电气葫芦固定；⑧ 绞车系统；⑨ 防碰天车；⑩ 绞车气路；⑪ 绞车传动护罩；⑫ 转盘护罩；⑬ 水刹车；⑭ 内外钳尾绳；⑮ 吊卡销子；⑯ 大钩安全销；⑰ 水龙头、水龙带、吊环、上扣器马达；⑱ 方补心保险绳；⑲ 电气葫芦大门绷绳、防碰天车绳；⑳ 钻台栏杆	20 点
机房	① 各部所有护罩；② 梯子及栏杆；③ 电焊机；④ 气瓶安全阀；⑤ 开井箱	5 点
泥浆泵	① 传动护罩；② 保险；③ 压力表；④ 空气包；⑤ 立管固定；⑥ 高压管汇	6 点
发电房	① 发电机接电线；② 配电箱、铁闸接电线	2 点
井场	① 电泵安装正规，接地规格；② 油罐安全防火，开关箱与柴油机马达连线正规，接头包扎严密；③ 电路安装正规；④ 所开关箱接地，电气设备接地良好；⑤ 防爆灯齐全	5 点
井控装置	① 封开器固定；② 各法兰连接好，不刺、不漏；③ 防喷管线方向正确连接好引出井场，固定牢靠，符合要求；④ 远控台、仪表齐全、充压手柄完好、位置正确，液压管线不刺、不漏	4 点
野营房	① 电器安装正规；② 所有电器设备安装正规接地良好；③ 宿舍接地良好	3 点

三、技术员岗

技术员负责按时录取各项生产资料，填写每日的生产班报，做好全队各项重要数据的整理及核算汇总工作，确保资料齐全准确，并做好资料的上报及存档工作；掌握生产动态，弄清生产技术变化的原因，每日向队长汇报当天的生产任务完成情况和存在的问题，并提出下步工作建议；抓好技术管理，按生产流程制定技术措施并严格执行施工设计。

1. 岗位职责

① 负责当班数据管理工作。

② 负责录取各项数据资料和各种本簿的管理,做到各项数据齐全、准确。

③ 负责下井管、杆的丈量,按设计施工,确保井下钻具数据准确,符合设计要求。

④ 负责入井液体的检查验收、计量、保管与交接。

⑤ 负责下井工具的检查验收,杜绝井下人为事故。

⑥ 认真填写各类原始记录,并做好施工中各项数据资料的交接工作。

2. 岗位资质要求

具有大专或以上文化程度,从事井下作业工作时间 5 年以上、本岗位工作时间 3 年以上,熟悉石油行业有关技术标准、规范,熟悉作业设备的性能,熟练掌握井下作业工艺技术(表 2-6)。

表 2-6 技术员岗位资质能力基本要求表

项目	基本要求
文化程度	大专或以上
一线累计工作时间	3 年以上
本岗累计工作时间	1 年以上
技术职称	工程师及以上
技能培训	每年不少于 120 学时
持证情况	有效的井控证和 HSE 培训证
岗位能力	熟悉各岗位责任制、巡回检查制,了解相关岗位的知识
	熟悉大修行业标准、规范,了解钻井行业标准、规范
	掌握质量管理体系文件和 HSE 管理知识
	熟知井控、H_2S 防护知识,能够熟练使用各类防护用具
	具有独立处理施工中复杂情况和事故的能力

3. 标准化工作内容

① 编制现场组织施工设计,优化工序操作,准确计算出各工具间管柱的长度、油管根数及入井深度。

② 编制完井施工报告,画出井深结构示意图,准确表示井下管柱结构和深度。

③ 及时准确录取各项生产资料,填写每日的生产班报,并做好资料的上报及存档工作。

④ 测压井液密度和黏度,组织现场调配压井液性能。

⑤ 现场能熟练完成测量,计算油补距和套补距工作。

⑥ 现场验证工具质量,检查丈量入井工具规格。

⑦ 能够分析对比资料,处理生产中的技术问题。

4. 巡回检查要求

(1) 检查路线

值班房→钻台下→钻台上→循环系统→泵房→机房→发电房→井场→材料房→井控设备。

（2）检查项点

按照巡查路线要求,技术员巡回检查涉及 10 项、35 点(表 2-7)。

表 2-7 技术员巡回检查项目及关键点要求表

巡检点	巡检内容	备注
值班房	① 工程班报表;② 坐岗班报表;③ 班前、班后会记录;④ 管、杆记录	4 点
钻台下	① 死绳固定牢靠,螺丝背帽齐全,紧固防跳螺丝齐全;② 传压器固定好、灵敏;③ 封井器固定牢靠,合乎标准要求;④ 封井器手轮齐全好用;⑤ 封井器防喷管线长度合乎要求,固定牢靠;⑥ 远控操作台位置摆放符合标准,电源线架设正规,液压管线接头紧固、不刺、不漏,试压合格	6 点
钻台上	① 传压器管线不漏,冬季用防冻液;② 指重表、灵敏表、记录仪读数一致,灵敏、标准;③ 了解井下情况及施工参数	3 点
循环系统	① 出砂器;② 振动筛;③ 压井液液面;④ 压井液性能;⑤ 储备罐压井液储备情况	5 点
泵房	① 泵压表;② 泥浆泵排量;③ 保险情况;④ 氯化钙储备情况	4 点
机房	① 柴油机固定牢靠;② 柴油机转速;③ 保养及使用情况	3 点
发电房	① 发电机;② 开关箱接地线	2 点
井场	① 管、杆排摆放整齐;② 管、杆丝扣清洁;③ 管、杆公母扣的检查,有护丝;④ 井场规格化、卫生	4 点
材料房	① 材料消耗;② 材料摆放清洁卫生;③ 材料领取	3 点
井控设备	坐岗记录	1 点

四、司钻岗

司钻(班长)负责本班人员、设备和井下安全,严格遵守操作规程和技术措施,控制违章作业,保证安全生产;负责对修井机的正确操作和使用,组织本班人员对设备安全设施认真检查和维护,确保设备正确运转;负责审查本班各种报表,做到记录清楚、齐全、准确,并为下一班做好准备工作。

1. 岗位职责

① 组织班组生产,抓好施工质量及安全环保工作。

② 组织班前、班后会及交接班工作,按巡回路线进行班前检查,做好相关记录。

③ 严格执行工程设计和操作规程,做好施工设备的操作,组织职工检查、维护、保养设备,确保设备正常运转。

④ 组织班组人员加强业务学习,开展岗位练兵,提高技能水平,履行 HSE 管理体系文件所规定的职责,落实井控职责。

2. 岗位资质要求

具有中专(中职)或以上文化程度,持有有效的司钻证及 HSE 培训、井控培训、H_2S 防护培训合格证。从事井下作业工作时间 5 年以上、本岗位工作时间 3 年以上,能正确理解和执行作业设计的有关规定和要求。熟悉岗位责任制、巡回检查制、质量管理和 HSE 管理知识,熟悉井下作业工艺技术的现场应用,熟练掌握井下作业设备的操作和维护保养(表 2-8)。

表 2-8　司钻岗位资质能力基本要求表

项目	司钻岗
文化程度	中等职业学校及以上(含技校、高中)
一线累计工作时间	4 年以上
本岗累计工作时间	3 年以上
职业资格等级	中级工及以上
技能培训	每年不少于 120 学时
持证情况	持有有效的井控证、司钻操作证和 HSE 培训证
岗位能力	掌握大修技术的现场应用要领,了解井下作业技术知识;熟知井控、H_2S 防护知识,能独立组织井控演练,能熟练使用各类防护用具

3. 标准化工作内容

① 作为班组作业井控第一责任人,带领班组认真学习并执行上级有关井控安全工作文件、规定。

② 负责修井设备的标准化安装,确保设备安装做到平、稳、正、全、牢、灵、通和"五不漏";负责按标准安装好井控装置、防喷管线,并按设计要求对防喷装置进行现场试压。

③ 组织召开班前、班后会,安排各项井控工作,落实上级下达的各项井控任务和要求。按规定定期组织各种工况下的防喷演习,不断提高应急抢险能力。

④ 负责带领本班人员严格执行现场设备操作规程和班组作业技术指令。

⑤ 负责溢流、井涌、井喷应急情况下的处理,并及时向值班干部以及技术员和井队第一责任人汇报情况。

⑥ 参加本队组织的以井控为主的安全会议,并带领班组完成井控安全问题的整改。

4. 巡回检查要求

(1) 检查路线

值班房→死绳固定器→立管压力表→水刹车→高、低速转盘离合器→活绳端→刹车系统→防碰天车→操作台及刹把→井下状况→井控设备。

(2) 检查项点

按照巡查路线要求,司钻巡回检查涉及 12 项、33 点(表 2-9)。

表 2-9　司钻巡回检查项目及关键点要求表

巡检点	巡检内容	备注
值班房	① 检查地层情况,确保本班措施;② 检查工程报表及交接班记录,钻具记录、设备运转记录、泥浆测试记录要求齐全、准确	2 点
死绳固定器	① 螺丝齐全紧固;② 钢丝绳排列整齐;③ 绳卡规格数量够、卡距合适、固定牢	3 点
立管压力表	① 指重表灵敏表,记录仪读数一致,灵敏准确;② 传压器及管线不漏,冬季用防冻液;③ 止回阀、手压泵、闸门灵活好用;④ 记录仪装有卡片,工作正常	4 点
水刹车	① 固定牢靠;② 连接管线畅通、不漏水,冬季用完后把水放掉;③ 牙嵌摘挂灵活,护罩固定牢固	3 点

表 2-9（续）

巡检点	巡检内容	备注
高、低速转盘离合器	① 固定螺丝齐全牢固；② 气管线不漏气，放气阀门灵活好用；③ 气囊完好无油污	3 点
活绳端	① 活绳头紧固；② 钢丝绳完好，断丝不超过 8 丝	2 点
刹车系统	① 刹带螺丝好用不滑扣，刹带紧后背帽与绞车底座间隙 3～5 mm；② 刹车气缸进放气良好，固定螺丝齐全紧固；③ 刹带磨损均匀，磨损厚部不超过 15 mm；④ 刹带圈大小销子 4 个，垫子 8 个，开口销 8 个，齐全、紧固；⑤ 刹车曲拐灵活，润滑良好	5 点
防碰天车	① 防碰天车绳高度、松紧度合适，无打扭、打结和挂井架现象；② 坠坨重量合适，开口销合乎要求，保险可靠；③ 固定紧固，气路畅通，不漏气，开关灵活	3 点
操作台及刹把	① 各双、单向气开关灵活好用、不漏气；② 各气路管线畅通、不漏气；③ 气压表灵敏、准确；④ 刹把灵活自如，高、低位置合适；⑤ 气刹车手把灵活	5 点
井下状况	① 了解钻具结构和钻头使用情况；② 井深及地层和悬重	2 点
井控设备	地质预告	1 点

五、司机岗

司机负责作业机驾驶操作，及时进行维修保养，确保设备正常运转；负责发动机和底盘部分的管理保养，按照调整、紧固、清洁、润滑和防腐的要求管好动力设备及工具，填写好设备运行记录；负责各种油料的保管和使用，确保清洁卫生；负责设备油面的检查，按规定更换添加油面、润滑点，保障设备运转良好。

1. 岗位职责

① 负责修井机的驾驶操作、管理和使用，搞好协作配合。严禁乱用、乱拆和乱开车，确保作业用车。

② 负责动力设备的油、水、气路的检查、保养、维护。

③ 负责随车工具、用具，做到齐全、完好和清洁。

④ 负责柴油、机油和软化水的验收工作。

⑤ 负责填写设备记录，做到资料齐全、准确、清洁规格。

2. 岗位资质要求

具有中专（中职）或以上文化程度，从事井下作业工作时间 5 年以上、本岗位工作时间 3 年以上，熟悉井下作业工艺流程，掌握作业设备的操作规程及安全技术规范（表 2-10）。

表 2-10　司机岗位资质能力基本要求表

项目	基本要求
文化程度	中等职业学校及以上（含技校、高中）
一线累计工作时间	5 年以上
本岗累计工作时间	3 年以上
职业资格等级	中级工及以上
技能培训	每年不少于 120 学时

表 2-10(续)

项目	基本要求
持证情况	有效的井控证、HSE 培训证、特殊工种操作证
岗位能力	熟悉大修工程的安全、设备管理要求;熟知井控、H_2S 防护知识,并能够熟练使用各类防护用具

3. 标准化工作内容

① 服从指挥,行车前带全证件,严禁酒后开车或将车交给别人驾驶,确保车辆安全。

② 组织和完成设备的保养和维修,制订用料计划。督促、检查车组人员贯彻执行各项规章制度,保证设备安全运行。

③ 以作业设备为中心,做好设备技术档案的管理,保证作业用车;管理随车工具、用具和油料,认真填写设备运转记录。

④ 施工前应掌握施工设计,按设计要求做好施工前准备,对井架、场地照明装置等进行检查,合格后方可施工。

⑤ 井场照明线路走向合理,线路应采用绝缘良好的电线且架空。井架上和距离井口 10 m 以内的照明灯应采用防爆灯具,并固定牢靠。

⑥ 有井喷前兆时,提前做好紧急停车准备,根据司钻发出的信号控制探照灯,关掉井口、井架灯,协助做好井控和防喷工作。

4. 巡回检查要求

(1)检查路线

电动压风机→气瓶→自动压风机→柴油罐→机油罐→机房。

(2)检查项点

按照巡查路线要求,司机巡回检查涉及 6 项、12 点(表 2-11)。

表 2-11　机巡回检查项目及关键点要求表

巡检点	巡检内容	备注
电动压风机	① 曲轴箱油量不低于油尺刻度下限;② 空气滤子清洁	2 点
气瓶	① 气压正常无漏气;② 安全阀灵敏;③ 油水分离器好用	3 点
自动压风机	① 供气正常不漏气;② 自动控制开关灵敏	2 点
柴油罐	① 柴油储量够,闸门管线不渗不漏;② 输油泵上油良好	2 点
机油罐	① 机油储量够,闸门管线不渗漏;② 滤斗清洁	2 点
机房	工具齐全、清洁	1 点

六、副司钻岗

协助司钻抓好各项规章制度的贯彻执行,抓好本班"三标"工作的要求,严格劳动纪律,做到安全生产;监督各岗正确穿戴使用劳动防护用品。协助班长开好班前会,并负责安全工作的讲评。

1. 岗位职责

① 负责泥浆及全部循环系统的正常使用和管理,做到不刺、不漏,协助泥浆工管好泥浆的配置和储备。

② 负责防喷管线的检查,起钻时负责连续往井内灌满泥浆,负责泵房及泥浆罐区的标准化管理,保证泵房平整、清洁、卫生。

③ 负责机械设备的管理、维护和保养,按规程要求及时监督检查,认真填写泥浆泵的运行情况。

④ 负责液压防喷器、液控房的操作与维护,负责采油树、防喷器、液压钳的安装、检查与维护保养,负责井场电气设备的检查、维护与使用。

⑤ 负责消防器材的检查与维护保养,负责施工中的安全、环保监督检查。

2. 岗位资质要求

具有中专(中职)或以上文化程度,从事井下作业工作时间 4 年以上、本岗位工作时间 3 年以上,熟悉井下作业工艺流程,掌握作业设备的操作规程及安全技术规范(表 2-12)。

表 2-12 副司钻岗位资质能力基本要求表

项目	基本要求
文化程度	中等职业学校及以上(含技校、高中)
一线累计工作时间	4 年以上
本岗累计工作时间	3 年以上
职业资格等级	中级工及以上
技能培训	每年不少于 120 学时
持证情况	持有有效的井控证、司钻操作证和 HSE 培训证
岗位能力	掌握大修技术的现场应用要领,了解井下作业技术知识;熟知井控、H_2S 防护知识,能熟练使用各类防护用具

3. 标准化工作内容

① 消防器材的使用。

② 采油树、防喷器、液压钳的安装、检查与维护保养。

③ 液压防喷器、液控房的操作与维护。

④ 检查使用正压式空气呼吸器。

⑤ 检查使用 H_2S 检测仪。

⑥ 井场用电的安装与检查。

4. 巡回检查要求

(1)检查路线

值班房→井口封井器→高低压管线→泥浆泵→泥浆罐→工具台→储备油→循环系统→场地→远程控制及控制管汇→钻台。

(2)检查项点

按照巡查路线要求,副司钻巡回检查涉及 9 项、31 点(表 2-13)。

表 2-13　副司钻巡回检查项目及关键点要求表

巡检点	巡检内容	备注
值班房	① 泥浆泵运转,保养记录;② 压井液性能及处理记录;③ 井深地层对压井液性能的要求	3 点
井口封井器	① 井口或压井液的返出情况;② 灌泥浆管线;③ 封井器开关灵活、好用;④ 防喷管线引出井场,固定紧固,方向合乎要求	4 点
高低压管线	① 立管固定好、不跳动,开关闸门灵活;② 连接牢固,不刺、不漏;③ 各高压闸门及回压闸门开关灵活,不刺、不漏;④ 空气包充氟气压 30～50 MPa;⑤ 泥浆枪有定位销	5 点
远程控制台	① 开关手柄标记明确;② 压力符合要求;③ 控制管线连接标准,无渗漏	3 点
泥浆泵	① 压力表方向正确,读数准确;② 皮带松紧合适,护罩齐全,固定牢靠;③ 油量够,润滑好;④ 各连接处螺丝齐全、紧固,不刺、不漏;⑤ 运转时无杂音;⑥ 上水部分密封好,排水部分活塞不刺;⑦ 冷却有控制,不常流水;⑧ 保险可靠,保险销符合规定	8 点
泥浆罐	① 泥浆的液面,泥浆的数量;② 莲蓬头不堵,上水良好	2 点
工具台	① 工具齐全、完好、清洁;② 配件、备件准备充分	2 点
储备罐	① 压井液数量、性能;② 闸门开关灵活好用,不刺、不漏,冬季防冻	2 点
循环系统	① 压井液的流量及沉砂情况;② 砂泵运转正常,护罩、固定牢靠	2 点

七、井架工岗

井架工负责高空作业工作,协助副司钻搞好工作,副司钻不在岗时履行副司钻职责;负责井架、二层台、逃生装置、游动系统的检查、使用、保养与交接;高空作业时必须系好安全带,认真遵守操作规程。

1. 岗位职责

① 负责井架上部作业,严格执行安全操作规程,高空作业必须佩戴安全带。

② 负责井架各部位螺丝的紧固工作。

③ 负责井架、二层台、逃生装置、游动系统的检查、使用、保养与交接。

2. 岗位资质要求

具有中专(中职)或以上文化程度,从事井下作业工作时间 3 年以上、本岗位工作时间实习 1 年以上,熟悉井下作业工艺流程、掌握作业设备的操作规程及安全技术规范(表 2-14)。

表 2-14　井架工岗位资质能力基本要求表

项目	基本要求
文化程度	中等职业学校及以上(含技校、高中)
一线累计工作时间	3 年以上
本岗累计工作时间	实习 1 年以上
职业资格等级	中级工及以上
技能培训	每年不少于 120 学时

表 2-14(续)

项目	基本要求
持证情况	持有有效的井控证、司钻操作证和 HSE 培训证
岗位能力	熟练掌握岗位操作技能
	掌握大修技术的现场应用要领,了解钻井技术知识
	熟知井控、H_2S 防护知识,能独立完成设备维护保养工作和使用各类防护用具

3. 标准化工作内容

① 按下钻、上钻、起下钻时的作业程序,进行正确操作和监视。

② 安全带、防坠落制动器检查使用。

③ 处理游动系统大绳跳槽。

④ 高空作业以及起下钻二层平台的安全操作,井架及悬吊系统和转盘的检查和保养。

⑤ 井架操作台、立管、大门绷绳照明设施的检查。

⑥ 负责所管设备的清洁卫生和维修、保养、运转记录的填写。

4. 巡回检查要求

(1) 检查路线

值班房→材料房→场地→封井器主体→钻台→井架→游动系统。

(2) 检查项点

按照巡查路线要求,井架工巡回检查涉及 7 项、25 点(表 2-15)。

表 2-15　井架工巡回检查项目及关键点要求表

巡检点	巡检内容	备注
值班房	① 设备运转,保养记录	1 点
材料房	① 各种易损配件规格数量足;② 各类棕绳备用数量够	2 点
场地	① 井架绷绳八道,卡子紧固,松紧合适;② 大门钢丝绳长度够,滑轮合适,固定牢靠	2 点
封井器	① 主体清洁,固定牢、闸门灵活好用	1 点
钻台	① 吊钳重锤悬挂牢,活动自如,卫生清洁;② 吊环吊卡完好,拴有保险绳;③ 转盘螺丝全,紧固,油质好,数量够,护罩固定牢固;④ 冬季井架围布齐全挂好	4 点
井架	① 梯子紧固好,栏杆齐全;② 井架螺丝齐全紧固;③ 立管平台固定紧固,栏杆齐全,水龙带连接紧固,不刺、不漏,拴有保险绳;④ 立管卡牢,紧固胶皮垫齐全,上吊、下垫,不磨井架;⑤ 二层平台栏杆齐全、梯子固定牢固,横架固定紧固(拴有保险绳)不碰游车;⑥ 操作台牢固,兜绳、钻杆绳齐全、完好,所用钩子拴好保险绳;⑦ 保险绳带皮拴牢靠;⑧ 钻杆排列整齐;⑨ 天车台固定牢固,护罩齐全、无变形,润滑好。⑩ 井架照明灯齐全(防爆灯固定牢靠),照明条件好	10 点
游动系统	① 游动滑车护罩齐全,固定牢,滑轮润滑好;② 大钩钩口开关灵活,保险绳牢靠;③ 沙龙头各固定螺丝紧固,水龙头油量够、油滑好;④ 上扣器固定牢靠,拴有保险绳且合格;⑤ 水龙头带保险绳、标准、合格	5 点

八、井口工岗

井口工(内、外钳工)负责按照安全操作规程和工序质量标准进行井口作业,并填写各项资料;负责井口使用工具的管理、保养和交接,以及井口的清洁卫生工作和井口装置的维护、保养。

1. 岗位职责

① 负责井口内侧操作工作,如吊钳、提井环、锚头、棕绳的准备工作。

② 配合司钻作业,合理使用钻台上的各种工具,不得违章作业。

③ 协同内钳工做好井口操作,如吊卡、吊环、管钳等准备工作,严禁违章作业。

④ 负责井口的钻具排列,要求每排单根相等,对使用的各类工具认真检查,发现问题及时处理。

2. 岗位资质要求

从事井下作业工作时间 2 年以上,或本岗位工作时间实习 1 年以上,熟练掌握本岗位操作技能,熟知 H_2S 防护知识(表 2-16)。

表 2-16 井口工岗位资质能力基本要求表

项目	基本要求
一线累计工作时间	2 年以上
本岗累计工作时间	1 年以上
职业资格等级	初级工及以上
技能培训	每年不少于 120 学时
持证情况	持有有效的井控证、司钻操作证和 HSE 培训证
岗位能力	熟练掌握本岗位操作技能,熟知 H_2S 防护知识

3. 标准化工作内容

① 检查转盘、绞车、各种链条、各离合器、护罩,及时进行整修、保养、保护。

② 对钻工具(如吊钳、卡瓦、安全卡瓦、钻头盒)、钻台、梯子、栏杆、气、水检查及修理。

③ 水刹车的摘挂、保养、检查、供水、放水及清洁工作。

④ 内钳操作,钻进时接单根准备、巡回检查设备、搞好设备。

⑤ 外钻操作以及对钻台手工具、黄油枪、黄油筒、机油筒的检查及管理。

⑥ 做好起下钻及接单根的准备工作,起钻时排好工具。

⑦ 丝扣油的配制及保管,对下井钻具要认真检查,并涂好丝扣。

⑧ 打水,搞好水泵和电、气葫芦的维护保养工作。

⑨ 钻台手工具的交接、使用、保管,并负责钻台搞好规格化工作。

⑩ 钻台上、下及钻机的清洁卫生及保养工作。

⑪ 内、外钳大小销子,钳尾绳及钳尾绳卡子的检查,做到安全可靠。

4. 巡回检查要求

(1)检查路线

值班室→大钳→绞车→井口工具→钻台上、下→手工具→高架水罐及水泵。

(2)检查项点

按照巡查路线要求,井口工巡回检查涉及 7 项、32 点(表 2-17)。

表 2-17　井口工岗巡回检查项目及关键点要求表

巡检点	巡检内容	备注
值班房	① 修井机保养记录;② 各种用具、工具完好、清洁	2 点
大钳	① 钳牙完好、齐全,黄油润滑良好,灵活好用;② 钳尾绳夹子固定可靠,钳尾绳断丝不超过 5 丝	2 点
绞车	① 各离合器、螺丝齐全、紧固,摩擦片销子齐全;② 各盘链条油润滑,链条及大小销齐全;③ 保养及时,润滑好,黄油齐全,挡圈固定润滑;④ 各轴及钻机固定螺丝齐全、紧固,护罩齐全、固定可靠;⑤ 水刹车保养及时,冬季防水防冻;⑥ 水刹车牙嵌花键润滑好;⑦ 防碰天车可靠	7 点
井口工具	① 卡瓦灵活好用,卡瓦牙完好无缺,手柄齐全紧固,不滑不松;② 安全卡瓦大小销子连接牢靠,灵活好用;③ 钻头盒无裂痕,摆放整齐	3 点
钻台上、下	① 钻台上、下及梯子的清洁;② 钻台提升短节;③ 水管线不刺、不漏;④ 丝扣油及刷子清洁泥沙;⑤ 接头摆放整齐,涂好丝扣油;⑥ 指重表清洁;⑦ 钻台清洁;⑧ 大钳或液压钳灵活好用;⑨ 井口工具及保管	9 点
手工具及辅助工具	① 链钳;② 管钳;③ 钻杆构子;④ 钻头盒子;⑤ 各种卡子	5 点
高架水罐及水泵	① 水量;② 水管线连接紧密,不刺、不漏;③ 水泵及电机不缺油,电路架设正规;④ 闸刀使用保险丝完好	4 点

九、场地工岗

场地工负责下井管柱的拉送、排放及检查清洗工作,废旧管料的分类保管,井场管材、工具的管理和维护保养,规范摆放。井口工不在岗时,执行井口工岗位职责。

1. 岗位职责

① 负责作业现场规划和管理,搞好井房内的卫生及小工具、取暖设备、照明设备、电缆的维护管理工作。

② 负责管具的拉排、清理,做到钻具排放在管架上,下井管具必须涂丝扣油。

③ 负责井场卫生的清理。

2. 岗位资质要求

本岗位工作时间实习或工作 1 年以上,熟练掌握本岗位操作技能,熟知 H_2S 防护知识(表 2-18)。

表 2-18　场地工岗位资质能力基本要求表

项目	基本要求
本岗累计工作时间	实习或 1 年以上
职业资格等级	初级工及以上
技能培训	每年不少于 120 学时
持证情况	持有有效的井控证、司钻操作证和 HSE 培训证
岗位能力	熟练掌握本岗位操作技能,熟知 H_2S 防护知识

3.标准化工作内容

① 使用小滑车在起下油管过程中起拉、送油管,保护油管及下井工具丝扣。

② 起油管时,将小滑车置于靠井口的轨道端头,由操作人员把起出的油管尾部放入小滑车中央,操作人员用管钳咬住油管本体使小滑车向下滑行,滑行速度要与游动滑车下放速度同步。

③ 下单根时,推送油管及滑车人员一定要盯住井口,推送速度不能太快也不能太慢,要与游动滑车上提速度同步。

④ 负责井场钻具、工具、套管、材料的防腐并排列整齐,场地按标准保持平整、清洁,检查下井钻具水眼,绳套按标准拴牢。

⑤ 协助泥浆工搞好泥浆筛、除沙器、除泥器、搅拌器、砂泵的管理及正常操作、维护、保养和清洁工作。

⑥ 搞好值班内、外的卫生,废料要分类存放。

4.巡回检查要求

(1)检查路线

值班房→材料房→管具→节流防喷管汇→振动筛→泥浆槽→工具→水泵→井场。

(2)检查项点

按照巡查路线要求,井口工巡回检查涉及 9 项、20 点(表 2-19)。

表 2-19 场地工岗位资质能力基本要求表

巡检点	巡检内容	备注
值班房	① 各种用具、工具完好、清洁	1 点
材料房	① 材料及各种配(备)件摆放整齐	1 点
管具	① 按下井顺序排列,母接头一条线;② 数量准确,好坏钻具分开;③ 水眼畅通,丝扣清洁	3 点
节流放喷管汇	① 安全可靠,仪表准确,各闸门灵活好用	1 点
振动筛	① 卫生清洁,筛布上及振动筛附近无积沙;② 各部件齐全、紧固;③ 各弹子盘保养好,运动无杂音,电源接地良好不漏电	3 点
泥浆槽	① 不漏泥浆,槽内无积沙;② 槽外清洁,不跑泥浆;③ 泥浆沉沙池平整规格	3 点
工具	① 数量够,完好、清洁、摆放整齐;② 钻杆护丝无损坏或丢失	2 点
水泵	① 水泵上水好,盘根不刺、不漏,上水头清洁;② 马达接线牢固,规格合乎安全用电规定;③ 水泵运转正常	3 点
井场	① 场地平整、清洁,符合标准化要求;② 废料集中摆放;③ 井场排水沟畅通	3 点

十、泥浆工岗

泥浆工(坐岗工)负责压井技术措施的贯彻执行,管理好压井液及加重材料,防止污染环境;负责单井压井的实施,严格按单井压井液设计要求进行作业,坐岗期间遇特殊情况及时采取有效防范措施,并向司钻或副队长汇报。

1.岗位职责

① 负责检查压井液性能的测试和记录,定期检查核验压井液测定仪器工作,总结、分析单井压井设计执行情况。

② 负责循环系统,加重材料及补充压井液的原料配置。

③ 按设计和工程进度,提前做好压井液体及加重材料的储备计划。

2. 岗位资质要求

本岗位工作时间实习或工作 1 年以上,熟练掌握本岗位操作技能,熟知 H_2S 防护知识(表 2-20)。

表 2-20　泥浆工岗位资质能力基本要求表

项目	基本要求
本岗累计工作时间	实习或 1 年以上
职业资格等级	初级工及以上
技能培训	每年不少于 120 学时
持证情况	持有有效的井控证、司钻操作证和 HSE 培训证
岗位能力	熟练掌握本岗位操作技能,熟知 H_2S 防护知识

3. 标准化工作内容

① 负责填写坐岗观察记录,发现异常及时汇报。

② 按照设计要求管好压井液,做到性能符合要求;负责压井加重材料的管理,做到合理使用,填写清楚记录,掌握储备数量。

③ 遇到压井液性能变化应认真分析原因,进行现场小型试验,及时处理,并向值班干部汇报。

④ 做到压井液资料齐全准确,负责泥浆仪器、工具的使用、维护和清洁。

⑤ 协助场地工搞好压井液净化工作,及时排除积沙。

⑥ 负责循环罐所有开关箱电机、电缆的管理和使用。

⑦ 搞好设备(振动筛、除沙器、除泥器、搅拌器等)的正确操作、维护保养、清洁工作。

4. 巡回检查要求

(1) 检查路线

值班房→泥浆房→泥浆槽→药品池→加重漏斗→循环罐→开关箱。

(2) 检查项点

按照巡查路线要求,井口工巡回检查涉及 7 项、12 点(表 2-21)。

表 2-21　泥浆工岗位资质能力基本要求表

巡检点	巡检内容	备注
值班房	① 了解井深和地层技术措施,明确泥浆性能及要求	1 点
泥浆房	① 压井液性能记录、处理方案及加药量;② 各仪器完好;③ 各种工具、用具齐全、清洁	3 点
泥浆槽	① 压井液净化,测量压井液性能	1 点
药品池	① 压井液药品配方及药量;② 加药量大小	2 点
加重漏斗	① 加重漏斗管线齐全,闸刀灵活好用,喷嘴畅通;② 搅拌器马达完好,运转正常	2 点
循环罐	① 振动筛、除沙器、除泥器、搅拌器、砂泵等工作正常,使用良好	1 点
开关箱	① 开关箱固定牢靠;② 接线规则、接地良好,电缆线接头连接紧密、无裸露线头	2 点

第三节 人员队伍评估

作业队评估采取 1 000 分制,A 级≥900 分,B 级≥800 分,C 级≥700 分、<800 分。

一、岗位人员评分标准

队伍组织机构健全,人员配备到位,满足生产需要。岗位人员评分总分 300 分,评分标准详见表 2-22。

表 2-22 岗位人员基本素质评分标准表

岗位	序号	审核内容	分值	审核评分标准
队长 40 分	1	文化程度	8	大专或以上得满分,中专得 6 分,中专以下得 2 分
	2	一线累计工作时间	8	6 年及以上得满分,5~6 年得 6 分,4~5 年得 4 分,4 年以下不得分
	3	本岗累计工作时间	4	3 年及以上得满分,2~3 年得 3 分,1~2 年得 2 分,1 年以下不得分
	4	技术职称	4	助理级及以上得满分,技术员得 2 分,技术员以下不得分
	5	技能培训每年不少于 120 学时	4	达到要求得满分,少于 120 学时不得分
	6	持有有效的井控证和 HSE 培训证	8	持有效证件得满分,无井控证取消该队资质审核资格,缺其他证扣 2 分
	7	岗位能力达到申请条件要求	4	达到申请条件要求得满分,1 项达不到要求扣 1 分,3 项达不到要求不得分
副队长 30 分	8	文化程度	5	中专或以上得满分,高中得 3 分,高中以下得 1 分
	9	一线累计工作时间	5	5 年及以上得满分,4~5 年得 4 分,3~4 年得 3 分,3 年以下不得分
	10	本岗累计工作时间	4	3 年及以上得满分,2~3 年得 3 分,1~2 年得 2 分,1 年以下不得分
	11	技术职称	4	技术员得满分,技术员以下得 1 分
	12	技能培训每年不少于 120 学时	4	达到要求得满分,少于 120 学时不得分
	13	持有有效的井控证和 HSE 培训证	4	持有效证件得满分,无井控证取消该队资质审核资格,缺其他证扣 1 分
	14	岗位能力达到申请条件要求	4	1 项达不到要求扣 1 分,3 项达不到要求不得分
技术员 80 分	15	文化程度	16	1 人大专以上得 8 分,中专得 5 分,技校(高中)得 2 分,高中以下不得分
	16	一线累计工作时间	16	1 人 5 年及以上得 8 分,4~5 年得 6 分,3~4 年得 4 分,2~3 年得 2 分,1 年以下不得分
	17	本岗累计工作时间	12	1 人 3 年及以上得 6 分,2~3 年得 4 分,1~2 年得 2 分,1 年以下不得分

表 2-22(续)

岗位	序号	审核内容	分值	审核评分标准
技术员 80 分	18	技术职称	12	1 人工程师以上得 6 分,助理工程师得 4 分,技术员得 2 分,技术员以下不得分
	19	技能培训每年不少于 120 学时	8	1 人达到要求得 4 分,少于 120 学时扣 4 分
	20	持有有效的井控证和 HSE 培训证	8	均持有效证件得满分,无井控证取消该队资质审核资格,缺其他证扣 1 分
	21	岗位能力达到申请条件要求	8	1 人 1 项达不到要求扣 1 分,3 项达不到要求扣 4 分
大班司机 (机械大班) 20 分	22	文化程度	4	中等职业学校及以上(含技校、高中)得满分,初中以下得 1 分
	23	一线累计工作时间	4	6 年及以上得满分,5~6 年得 2 分,4~5 年得 1 分,4 年以下不得分
	24	本岗累计工作时间	3	3 年及以上得满分,2~3 年得 2 分,1~2 年得 1 分,1 年以下不得分
	25	职业资格等级	2	中级工及以上得满分,初级工得 1 分,初级工以下不得分
	26	岗位技能培训每年不少于 120 学时	2	达到要求得满分,少于 120 学时不得分
	27	持有有效的井控证、HSE 培训证和其他相应岗位证件	2	持有效证件得满分,1 证无效扣 2 分,缺证不得分
	28	岗位能力达到申请条件要求	3	1 项达不到要求扣 1.5 分,2 项达不到要求不得分
司钻 (班长) 50 分	29	文化程度	8	1 人中等职业学校及以上(含技校、高中)得 2 分,初中得 1 分,2 人初中以下不得分
	30	一线累计工作时间	8	1 人 6 年及以上得 2 分,5~6 年得 1 分,4~5 年得 0.5 分,4 年以下不得分
	31	本岗累计工作时间	8	1 人 3 年及以上得 2 分,1~3 年得 1 分,1 年以下不得分
	32	岗位技能培训每年不少于 120 学时	4	1 人少于 120 学时扣 1 分,2 人达不到要求该项不得分
	33	持有有效的井控证、司钻操作证和 HSE 培训证	8	1 名司钻持有效证件得 2 分,缺井控取消该队资质审核资格,缺其他证或证过期不得分
	34	职业资格等级	8	1 人中级工及以上得 12 分,初级工及以下不得分
	35	岗位能力达到申请条件要求	6	1 人 1 项达不到要求扣 1.5 分,2 人各 1 项达不到要求该项不得分
作业机手 30 分	36	文化程度	4	1 人中等职业学校及以上(含技校、高中)得 1 分,初中得 0.5 分,2 人初中以下不得分
	37	一线累计工作时间	8	1 人 5 年及以上得 2 分,4~5 年得 1 分,4 年以下不得分
	38	本岗累计工作时间	4	1 人 3 年及以上得 1 分,1~3 年得 0.5 分,1 年以下不得分

表 2-22(续)

岗位	序号	审核内容	分值	审核评分标准
作业机手 30 分	39	岗位技能培训每年不少于 120 学时	2	1 人少于 120 学时扣 0.5 分,2 人达不到要求该项不得分
	40	持有有效的井控证、司钻操作证和 HSE 培训证	6	1 名持有效证件得 1.5 分,缺证或证过期不得分
	41	职业资格等级	4	1 人中级工及以上得 1 分,初级工及以下不得分
	42	岗位能力达到申请条件要求	2	1 人 1 项达不到要求扣 1 分
其他岗位人员 50 分	43	岗位技能培训每年不少于 120 学时	10	1 人达不到要求扣 0.5 分,扣完为止
	44	持有有效的井控证(副司钻、井架工)、HSE 培训证和其他相应岗位证件	10	1 人达不到要求扣 0.5 分,井架工无井控证或持过期井控证扣 2 分,3 人缺上岗证本项不得分
	45	职业资格等级	12	1 人无初级及以上职业资格证书扣 1 分,扣完为止
	46	岗位能力达到申请条件要求	10	1 人 1 项达不到要求扣 0.5 分
	47	常驻井人员中有经过急救培训的	8	有 2 人经过培训得满分,1 人得 4 分
合计			300	

二、管理及业绩评分标准

各项规章制度健全,岗位责任制落实到位。严格遵守外事纪律及所在国家和地区的有关法律、法规,尊重当地民风习俗。队伍管理及业绩评分总分 400 分,评分标准详见表 2-23。

表 2-23 队伍管理及业绩评分标准表

项目	序号	审核内容	分值	审核评分标准
规章制度 120 分	1	组织机构健全	10	机构健全得满分,1 项不全扣 2 分
	2	现场有质量、HSE 管理以及环境管理体系程序文件,并按要求严格执行	15	体系程序文件齐全得满分,1 项不齐全或未记录扣 3 分
	3	有井控管理规定和本地区井控实施细则,并严格执行	15	严格执行得满分,发现 1 处有问题扣 1 分
	4	有安全、环保事故应急预案	10	有得满分,没有不得分
	5	岗位责任制等管理制度健全,并能得到严格执行	20	制度健全且严格执行得满分,缺 1 项扣 2 分
	6	有设备管理制度,并能严格执行	10	有得满分,没有不得分。发现 1 处问题扣 1 分
	7	有设备操作、保养规程,并能严格执行	20	有规程得满分,发现问题扣 2 分
	8	生活管理制度健全并严格执行	5	有得满分,没有不得分,发现 1 处问题扣 1 分
	9	现场有大修行业的相关标准	15	有得满分,没有不得分,配备不全的酌情扣分

表 2-23（续）

项目	序号	审核内容	分值	审核评分标准
基础资料 80分	10	有 HSE 作业计划书、HSE 作业指导书、HSE 现场检查表,并有效运行	20	有且有效运行得满分,没有不得分,发现 1 处问题扣 2 分
	11	有正式的大修设计(或甲方送修书)、工程设计文本	10	有得满分,没有不得分
	12	安全活动、培训例会记录	5	有得满分,没有不得分
	13	大修班报、井史、下井工具、钻杆(油管)等记录齐全、整洁、及时、准确	10	有得满分,没有不得分,发现 1 处问题扣 1 分
	14	打开油气层前有申报和验收,并有记录	15	有得满分,没有不得分,发现 1 处问题扣 2 分
	15	主要设备运转保养记录准确、齐全、清楚	10	合格得满分,1 项不符合扣 1 分
	16	有各种应急演习的文本及演习记录	10	有得满分,没有不得分,发现 1 处问题扣 1 分
业绩 200分	17	施工一次成功率≥95%	20	≥98%得满分,<98%但≥96%的得 16 分,<96%但≥95%的得 12 分,<95%不得分
	18	生产时效≥60%	20	≥85%得满分,<85%但≥70%的得 16 分,<70%但≥60%的得 12 分,<60%不得分
	19	安全无较大以上事故	20	无事故的得满分,有一般事故的得 12 分,有较大事故的得 5 分,有较大以上事故的不得分
	20	环保无较大以上事故	20	无事故的得满分,有一般事故的得 12 分,有较大事故的得 5 分,有较大以上事故的不得分
	21	本地区同井型同井别作业井口数	30	高于平均水平 10%得满分,不高于平均水平 10%且不低于平均水平 30%的得 25 分,低于平均水平 30%以下且不低于平均水平 60%的得 20 分,低于平均水平 60%不得分
	22	近三年施工中创国家或本地区工作指标,并获甲方相关的评价证书	30	有 1 项得 20 分,2 项得 25 分,3 项得 30 分,没有不得分
	23	具有高难度井、超深井、煤层气井、小井眼井、欠平衡井、高含硫井、科学试验井等施工经历的	30	有 1 项得 10 分,2 项得 20 分,3 项得 30 分,没有不得分
	24	重合同、守信用、讲诚信(以行业协会受理的举报情况为依据)	30	三年内没有同行业队伍举报的或举报后经查无事实依据的得满分,否则不得分
合计			400	

三、主要设备设施评分标准

主体设备、工具及附件配套齐全、合理。主要设备设施评分总分 200 分,评分标准详见表 2-24。

表 2-24 主要设备设施评分标准表

审核项目	序号	审核内容	分值	评分标准
修井机综合性能	1	配套情况	50	按《大修井队设备设施评估标准》配备得满分,缺 1 关键部件不得分,缺 1 主要部件扣 3 分,1 个部件不按标准配备扣 1 分
	2	投产年限	40	≤6 年得满分,7～9 年得 36 分,10～12 年得 30 分,13～15 年得 20 分,超过 15 年每超 1 年加扣 2 分(以井架底座、绞车、修井机发动机年限长的计算)
井架及底座	3	承载能力	15	符合原设计得满分,检测后性能降一等级扣 3 分,低于最低等级不得分
绞车	4	刹车形式	10	液压盘式刹车得满分,带式刹车得 7 分
	5	辅助刹车	5	配备高于水刹车的刹车得满分,水刹车得 3 分,无辅助刹车不得分
	6	防碰天车	10	配两种防碰形式以上得满分,一种防碰得 8 分,防碰天车失灵不得分
	7	自动送钻	5	带自动送钻得满分,无自动送钻得 3 分
天车/游车/大钩/水龙头	8	探伤检测	15	3 年内的新设备不需探伤报告,得满分;3 年以上每台件关键部位缺探伤报告扣 3 分
安全消防设施	9	修井机要害部位	30	符合安全规定满分,有 1 处不符合扣 5 分
	10	消防设施	10	按相关标准配套得满分,1 项不符合扣 1 分
生活设施	11	满足现场需要	10	符合 HSE 要求得满分,有 1 处不符合扣 1 分
合计			200	

四、井控管理评分标准

HSE 管理制度健全,考核目标明确,管理记录齐全、规范。应急预案及演练计划具有针对性、切实可行,并有活动记录。井控管理评分总分 200 分,评分标准详见表 2-25。

表 2-25 井控管理评分标准表

审核项目	序号	审核内容	分值	审核评分标准	
现场管理40分	1	按要求坐岗并记录	8	有且落实的得满分,发现1处问题扣1分,没有不得分	
	2	按要求进行防喷演习,并有记录	8	有且落实的得满分,发现1处问题扣1分,没有不得分	
	3	建立队干部值班制度,并坚持执行	8	有且落实的得满分,发现1处问题扣1分,没有不得分	
	4	建立井控例会制度,并有记录	8	有且落实的得满分,发现1处问题扣1分,没有不得分	
	5	井控设备定期保养制度,并有检查保养记录	3	有且落实的得满分,发现1处问题扣1分,没有不得分	
	6	每次井口安装后有现场试压记录	4	有记录的得满分,发现1处问题扣1分,没有不得分	
	7	有统一正规井控记录文本	1	有且落实的得满分,没有不得分	
井控设施管理60分	8	按井控规定、本油田实施细则以及井控设计要求配齐安装井控装置	18	配备齐全、安装正确得满分,发现1处问题扣1分,扣完为止	
	9	现场井控装备有维修检测报告及试压记录	8	有报告得满分,没有不得分	
	10	现场井控装备在检验有效期内	8	在有效期内得满分,不在有效期内不得分	
	11	液面报警装置	4	安装并灵敏准确的得满分,发现1处问题扣0.5分,扣完为止	
	12	远控房、司控台气压油压达到规定要求	6	发现1处问题扣1分,扣完为止	
	13	防喷器液压管线不渗不漏	4	发现1处问题扣1分,扣完为止	
	14	气井或含硫化氢地区 配备液气分离器	2	按设计配备得满分,有1处存在问题扣0.5分	在不含硫化氢的地区修井,大修井队在此项评价中得12分
	15	按规定安装硫化氢检测探头,配备点火装置	2	配置齐全、位置正确得满分,否则不得分	
	16	便携式有毒有害气体检测仪按要求配备	4	按规定配备得满分,否则不得分	
	17	正压呼吸器按要求配备	4	按规定配备得满分,否则不得分。	
合计			100		

第三章 井下作业安全管理体系

体系是企业或组织用于建立方针、目标以及实现这些目标过程的相互关联和相互作用的一组要素。体系管理是通过事前识别与评价,确定在活动中可能存在的危害及后果的严重性,从而采取有效的防范手段、控制措施和应急预案来防止事故的发生,或把风险降到最低程度,以减少人员伤害、财产损失和环境污染的有效管理方法。

体系管理要求覆盖企业内部管理各个方面,做到"横向到边、纵向到底",用一套制度支持全方位管理,既能满足多个体系标准认证要求,又能促进各项管理职能有机融合,形成集合协同优势,充分利用有限资源,建立自我完善的运行机制,有利于提高企业整体管理的效率和效果,实现企业的方针和目标。

第一节 安全管理体系概述

管理体系是健康(Health)、安全(Safety)和环境(Environment)管理体系的简称。其中,H(健康)是指人身体无疾病,在心理上保持一种完好的状态;S(安全)是指在劳动生产过程中,努力改善劳动条件、克服不安全因素,使劳动生产在保证劳动者健康、企业财产不受损失、人民生命安全的前提下顺利进行;E(环境)是指与人密切相关的、影响人生活和生产活动的各种自然力量或作用的总和。

管理体系特点:一是自愿原则,是企业自愿采用的管理标准;二是系统管理原理(戴明模式),HSE管理体系是一个持续循环和不断改进的结构,即"计划→实施→检查→持续改进"的结构;三是由相互联系的若干要素组成,这些要素中领导和承诺是核心,方针和战略目标是方向,组织机构、资源和文件作为支持,规划、实施、检查、改进是循环链过程。

管理体系是将实现环境、健康与安全管理的组织机构、职责、做法、程序、过程和资源等要素,通过先进、科学、系统的运行模式有机地融合在一起,相互关联、相互作用的动态管理体系。企业建立 HSE 管理体系,一般分为五个步骤,如图 3-1 所示。

一、确立安全管理方针目标

企业应当提出符合国家法律法规、国家标准、行业标准,符合企业安全价值理念的安全方针政策。企业在确立安全方针政策并设立工作目标后,必须采取一系列的措施来贯彻方针政策,并制订适合企业发展和实际生产过程的安全管理工作计划。具体措施有:

一是建立推动安全管理体系不断持续改进的中长期规划和年度工作措施。其内容应包括持续改进的方法、对象、实施日期、实施人、监督人等内容。其中,持续改进的方法包括内部审核、管理评审、第三方审核、客户审核和政府部门的检查等。要通过审核发现体系存在的问题和不足,从而达到持续改进、不断完善的效果。中长期规划的时间跨度可以是 3 年、5年、10 年等,企业应根据自身运营情况进行合理的设定。

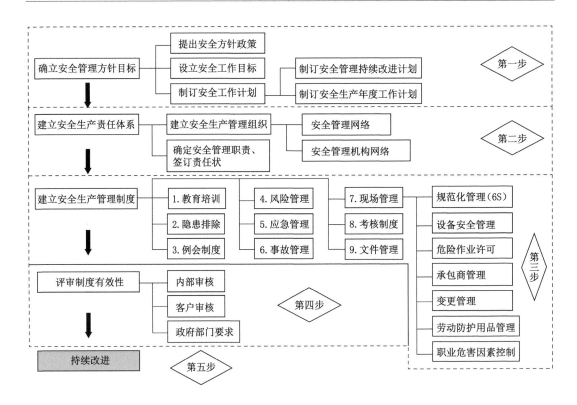

图 3-1　安全管理体系建立流程图

二是企业的安全管理机构或专兼职安全管理人员应根据企业总体年度计划和年度生产、维护计划,制订当年的安全工作年度计划并指出本年度安全工作的重点,对计划中的各项工作内容应规定具体的实施时间、方式、人员等内容,并确定追踪这些计划完成的人员等。

二、健全安全生产责任体系

一是建立健全安全生产责任体系(图 3-2),首先应建立安全管理组织网络(图 3-3),确定企业负责人、车间(部门)负责人、业务部门负责人、班组长等各层级主要责任人的安全职责,将安全责任层层分解、层层落实。

二是在某些高危行业如化工、建筑等,或人数较多(法定 300 人)、规模较大的企业,应建立专门的安全管理机构及其网络,并应对该网络中的人员在消防、设备、现场等方面的安全监管内容进行分工,落实其监管责任。

三是在组织网络和安全管理人员确定后,应根据其各自工作情况确定各人的安全管理职责,建立层层安全生产责任制,并签订责任状。

(一)企业负责人主要安全职责

企业负责人是本单位安全生产的第一责任人,既要支持安全分管负责人开展工作,又要督促分管车间或业务部门负责人做好分内的安全工作,其主要安全生产职责如下:

① 贯彻执行安全生产方针、政策、法规和标准,审定、颁发本单位的安全生产管理制度,提出本单位安全生产目标并组织实施,定期或不定期召开会议,研究、部署安全生产工作。

② 牢固树立安全第一的思想,在计划、布置、检查、总结、评比生产时,同时计划、布置、

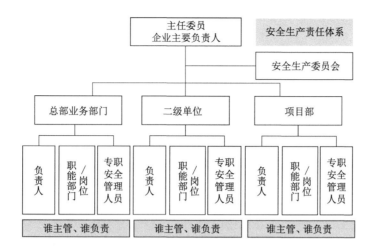

图 3-2　某企业安全生产责任体系图

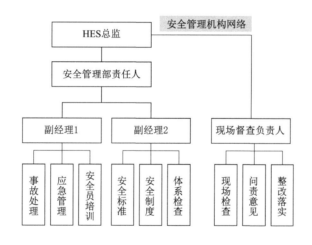

图 3-3　某企业安全管理机构网络图

检查、总结、评比安全工作,对重要的经济技术决策,负责确定保证职工安全、健康的措施。

③ 审定本单位改善劳动条件的规划和年度安全技术措施计划,及时解决重大隐患,对本单位无力解决的重大隐患,应按规定权限向上级有关部门提出报告。

④ 在安排和审批生产建设计划时,将安全技术、劳动保护措施纳入计划,按规定提取和使用劳动保护措施经费,审定新的建设项目(包括挖潜、革新、改造项目)时,遵守和执行安全卫生设施与主体工程同时设计、同时施工和同时验收投产的"三同时"规定。

⑤ 组织对工伤事故的调查分析,对所发生的工伤事故或者安全事件进行原因分析,提出防范对策,并进行登记、统计和报告。

⑥ 组织有关部门对职工进行安全技术培训和考核。坚持新工人入厂后的"三级"安全教育和特种作业人员持证上岗作业。

⑦ 组织开展安全生产竞赛、评比活动,对安全生产的先进集体和先进个人予以表彰或奖励。

⑧ 接到安全生产监督管理部门发出的《整改指令书》后,在限期内妥善解决问题。

⑨ 有权拒绝和停止执行上级违反安全生产法规、政策的指令，并及时提出不能执行的理由和意见。

⑩ 主持召开安全生产例会，定期向职工代表大会报告安全生产工作情况，认真听取意见和建议，接受职工群众监督。

（二）安全管理机构主要安全职责

安全生产管理机构是对安全生产工作进行管理和控制的部门，主要责任是确定安全生产责任制、安全生产管理规章制度、安全生产策划、安全生产培训教育、安全生产档案等。

① 总结安全生产工作的总体情况，拟订安全生产工作年度计划，发布安全生产信息。

② 制定安全生产规章制度、标准和安全政策。

③ 组织安全教育、培训和考核，并对教育、培训和考核的效果进行评估，发现问题，不断改进。

④ 监督检查重大危险源、重要环境因素的监控和重大事故隐患的整改工作。

⑤ 组织、协调工伤事故的调查、处理和统计、分析，找出事故原因，提出防范措施，分析事故趋势，提出预防对策。

⑥ 保证安全生产投入的有效实施，统计、报告安全投入的使用情况，并提出下一年度安全费用需求。

⑦ 组织审核有关安全技术措施、操作规程等安全文件，并在实施后追踪落实情况和执行效果，收集反馈信息，提出改进方案。

⑧ 组织开展安全生产检查，制订年度检查计划，到期召集有关部门和人员参加检查，汇总检查问题点，确定问题点改善单位或个人，并追踪整改进度。

（三）部门（二级单位）负责人主要安全职责

部门（二级单位）负责人应负责领导和组织本单位的安全工作，对本单位的安全生产负总的责任。

① 在组织管理本单位生产过程中，具体贯彻执行安全生产方针、政策、法令和本单位的规章制度，对本单位职工在生产中的安全健康负全面责任。

② 在企业负责人和相关部门的配合下，制定各工种安全操作规程，检查安全规章制度的执行情况，保证工艺文件、技术资料和工具设备等符合安全方面的要求。

③ 在进行生产、施工作业前，制定和贯彻作业规程、操作规程的安全措施，并经常检查执行情况。

④ 组织制定临时任务和大、中、小修的安全措施，经业务主管部门审查后执行，并负责现场指挥。

⑤ 经常检查生产建筑物、设备、工具和安全设施，组织整理工作场所，及时排除隐患，发现危及人身安全的紧急情况，立即下令停止作业，撤出人员。

⑥ 经常向职工进行劳动纪律、规章制度和安全知识、操作技术教育，对特种作业人员，要经考试合格，领取操作证后方准独立操作，对新工人、新调换工种人员在其上岗工作之前进行安全教育。

⑦ 发生重伤、死亡事故，立即报告本单位负责人，并组织抢救，保护现场；对轻伤事故，负责查清原因和制定改进措施。

⑧ 召开本单位安全生产例会，对所提出的问题应及时解决，或按规定权限向有关领导和部门提出报告，组织班组安全活动，支持车间安全员工作。

⑨ 教育职工正确使用个人劳动保护用品。

（四）班组长安全主要职责

贯彻执行企业对安全生产的指令和要求，全面负责本班组的安全生产工作。

① 认真执行有关安全生产的各项规定，带头并督促员工遵守安全操作规程，对本班组工人在生产中的安全和健康负责。

② 根据生产任务、生产环境和工人思想状况等特点，开展安全工作。对新调入的工人进行岗位安全教育，并在熟悉工作前指定专人负责其安全。

③ 组织本班组工人学习安全生产规程，检查执行情况，教育工人在任何情况下不违章蛮干。发现违章作业，立即制止。

④ 经常进行安全检查，发现问题及时解决。对不能根本解决的问题，要采取临时控制措施，并及时上报。

⑤ 认真执行交接班制度。遇有不安全问题，在未排除之前或责任未分清之前不交接。

⑥ 发生工伤事故，要保护现场，立即上报，详细记录，并组织全班组工人认真分析，吸取教训，提出防范措施。

（五）员工安全主要职责

在生产作业过程中，严格遵守本单位的安全生产规章制度和操作规程，服从管理。

① 保证本岗位工作地点和设备、工具的安全、整洁，不随便拆除安全防护装置，不使用自己不该使用的机械和设备，正确使用保护用品。

② 学习安全知识，提高操作技术水平，积极开展技术革新，提出合理化建议，改善作业环境的劳动条件。

③ 及时反映、处理不安全问题，积极参加事故抢救工作。

④ 有权拒绝接受违章指挥，并对上级单位和领导人忽视工人安全、健康的错误决定和行为提出批评或控告。

三、建立安全生产管理制度

（一）建立完善的教育培训制度

安全制度落实与员工的安全意识息息相关，而员工的安全意识只有通过不断地教育和再教育才能慢慢形成。因此可以说，企业的安全管理是从对员工的教育开始的。完善的教育和培训体系应包括岗前教育、在岗培训、转岗培训、"四新"培训（新工艺、新技术或者使用新设备、新材料）、特种作业技能培训等。

一是要保持良好的教育和培训工作。企业应当制订相应的教育培训计划（图3-4）、确定教育培训流程（图3-5）、选定教育培训内容、明确考核测试方法和淘汰制度等。

二是岗前教育在整个教育培训体系中最为重要。岗前教育所担负的使命就是要将一名对企业的生产现场、设备操作、安全要点等内容一无所知的社会人员，转变为一名可以胜任岗位安全操作要求的合格工人。岗前教育的考核可根据各级教育的内容不同分开考核，也可以在各级教育完成后统一进行考核。考核应注意内容要有针对性、考核过程要有严肃性、考核淘汰制度要贯彻执行等问题。

通过三级教育方式的岗前培训（表3-1），员工应当可以基本掌握岗位技能和相应的安全知识和技能。但仍应加强每年的在岗教育和培训，或者转岗的岗位知识、技能、安全要点的重新培训，或者"四新"培训等。

培训内容或课程	参加培训人员	培训形式	2022年											
			1月	2月	3月	4月	5月	6月	7月	8月	9月	10月	11月	12月
岗位技能														
岗位安全操作规程、相关规章制度	全体员工	讲座	■				■				■			
特种车辆的范畴、安全注意事项及典型案例	全体员工	讲座		■				■				■		
消防安全知识培训教育	全体员工	讲座、考试			■				■				■	
职业卫生知识	全体员工	宣传、讲座				■				■				■
安全常识管理制度														
国家安全生产法律法规知识	全体员工	讲座	■					■						
安全生产月应急救援专题培训	全体员工	讲座					■			■				
安全作业规范要求及节后复工安全注意事项	全体员工	讲座、考试							■				■	
法律法规获取与更新	全体员工	宣传、讲座								■			■	
公司HSE架构及程序														
作业安全操作规程	全体员工	讲座	■				■							
安全应急设施管理程序	全体员工	讲座			■						■			
危化品管理程序	全体员工	讲座、考试							■					
承包商安全管理程序	全体员工	宣传、讲座												■

图 3-4 某企业岗位培训计划样表图

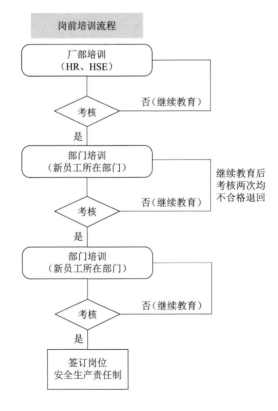

图 3-5 某企业岗位培训流程图

表 3-1　某企业三级教育培训内容表

分级	一级(厂级)	二级(部门)	三级(班组)
教育培训内容	安全生产法律法规	生产概况	岗位安全操作规程
	公司概况	危险因素及防范措施	本岗位涉及的生产设备、安全设施和使用的劳保用品等
	安全要点	各岗位可能存在的危害和预防措施	岗位间协同作业须知和注意点
	安全生产技术情况	各岗位安全职责	岗位典型案例和应急处理方法
	安全生产管理情况	岗位安全操作规程、操作标准等	各级主管的应急联络方式等
	公司各项安全管理制度	岗位劳保用品的使用	
	劳动纪律、工作纪律等	典型异常及其应急处理措施	
	案例和教训		

对于一些需要操作特种设备的岗位,岗位员工必须通过特种作业培训,取得相应的特种作业操作许可证方可上岗。

为了加强岗前教育的力度,确保教育效果,一般把岗前教育分为厂级、部门和班组三级,每一级教育都需要经过考核合格方能进行下一步教育直至上岗操作。

(二)建立内部的隐患排查制度

安全隐患是因公司违反安全生产法律、法规、规章、标准、规程和安全生产管理制度的规定,或者因其他因素在生产经营活动中存在可能导致事故发生的物的危险状态、人的不安全行为和管理上的缺陷。

安全检查是指为了消除隐患、防止事故发生、改善劳动条件而开展的各项安全检查活动,旨在发现和寻找存在或潜在的不安全因素,并进行记录。安全检查主要分为周期性检查和针对性检查。其中,周期性检查主要有年度检查、季度检查、月度检查、周检查和日常检查等;针对性检查主要有全面检查、专项检查等,专项检查主要是针对消防、危险品、特种设备、劳保用品等专项安全方面的检查。

开展检查需要通过检查准备、检查计划、检查实施、统计汇总、整改落实、效果追踪等步骤(图 3-6)。隐患治理是为了纠正和改善不安全因素,消除危害而开展的各项工作,使之符合安全要求。

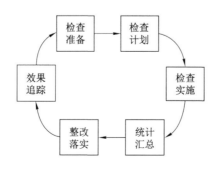

图 3-6　隐患排查基本步骤图

企业可以结合本企业生产实际对各检查步骤的主要内容和要求进行相应调整,详见表 3-2。

表 3-2　某企业隐患排查内容表

检查步骤	主要内容和要求
检查准备	1. 确定对象、目的、任务; 2. 查阅法规、标准、规程; 3. 了解对象的安全情况
检查计划	1. 确定内容、方法、步骤; 2. 制作检查表或检查提纲; 3. 准备检测工具、仪器等
检查实施	1. 现场观察; 2. 员工询问; 3. 仪器测量; 4. 文件查阅
统计汇总	统计检查内容,汇总问题条目
整改落实	提出整改建议,落实整改人员,限定整改时间
效果追踪	追踪整改进度,持续不断改善

在开展安全检查的整个工作步骤中,检查实施步骤使用的检查表(图 3-7)作为记录检查结果、汇总问题条目、提出整改建议的依据,十分重要。检查表设计得好坏直接决定了最终的检查效果,因此,设计一张合理、完善的检查表就成了一项十分重要的工作。

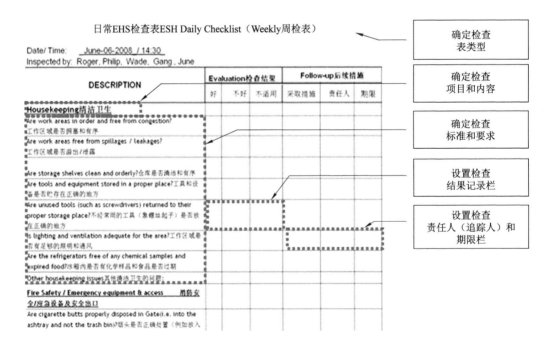

图 3-7　某企业隐患排查检查表样图

制作检查表应注意的是：检查项目和内容应根据企业生产实际合理设置，可以通过组织员工进行讨论等方法来确定；检查的标准和要求应便于识别、判断，以便填写检查结果（如可用是、否、有、无、好、不好等）；检查表的项目和内容应根据生产现场布局变化、设备变动、生产异常等情况不断修订。

（三）建立规范的安全例会制度

安全例会在企业的安全管理过程中有十分重要的作用。它是企业的安全管理从生产现场到决策部门、从安全部门到全厂范围的纽带。它是落实安全责任、解决安全投入、解决安全问题的重要过程，通过它企业的负责人可以下达各项安全指令，安全管理部门（或人员）可以通报企业内的各种安全问题并督促改善，部门主要负责人能够时常受到安全教育、提高安全认识。因此，建立安全例会制度是十分必要的，它是企业安全管理过程的重要组成部分，见表 3-3。

表 3-3　某企业安全例会制度内容表

程序	内容
会议目的	1. 落实"安全第一、预防为主"的安全生产工作方针； 2. 建立良好的安全信息交流平台； 3. 采取有力的安全技术措施，将安全工作做得更好
会议范围	1. 明确规定了安全生产会议安全目的、形式、内容、要求； 2. 适用于本单位安全生产会议
会议内容	1. 以本单位安全生产的承诺、方针、目标为中心，检查落实情况； 2. 通报本单位安全生产月度检查情况及整改措施完成情况； 3. 检查以前安全会议确定的事项的落实情况； 4. 各班组及主管人员汇报本班组关于安全生产需要解决的问题； 5. 每位员工在会上可以提出安全管理的合理化建议及查找目前生产过程当中存在的安全隐患； 6. 形成决议，供下次会议检查落实情况
会议要求	1. 本单位每月召开一次安全生产会议，生产作业场所每周开一次生产会议，总结一周的生产安全情况； 2. 安全生产会议由安全生产责任人主持，有关生产部门和相关人员参加； 3. 每年的年初或年末要组织一次安全工作会议，总结全年安全工作情况及布置来年的工作计划和方案
会议记录	1. 安全生产会议要形成会议记录，如安全生产例会记录和班组例会记录； 2. 会议提出来的问题要有落实措施，下次会议要对上次会议提出来的问题进行检查

建立企业安全例会制度主要应考虑的几个方面有：

① 确定各级别例会召开的时间间隔。如厂级例会每半年召开一次，安全委员会（即安全网络）例会每月一次，班组安全例会每周一次等。

② 确定参加例会的人员。参加例会的人员应包括企业主要负责人、安全管理机构人员、各部门负责人等有关人员，如有必要可将参会人员范围扩大。

③ 确定例会主题和议程。安全管理机构应负责确定每次例会的主题和议程，其内容可以包括学习国家安全生产法律法规、国家标准、行业标准，讨论企业安全发展问题，解决日常安全监管中发现的突出问题，协调各部门安全工作问题，调配安全生产资源，总结上一阶段的安全生产工作和布置下一阶段安全生产工作等。

（四）建立闭环的风险管理制度

风险管理是研究风险发生规律和风险控制技术的学科,通过危害辨识、风险评价,并在此基础上优化组合各种风险管理技术,以最经济合理的方式消除风险导致的各种灾害后果,包括危害辨识、风险评价、风险控制等一整套系统而科学的管理方法,即运用系统论的观点和方法去研究风险与环境之间的关系,运用安全系统工程的理论和分析方法去辨识危害、评价风险,然后针对企业存在的风险做出客观而科学的决策,以确定处理风险的最佳方案。

风险管理主要是通过危险辨识、风险评价和风险控制来完成。危险辨识、风险评价和风险控制的主要步骤(图 3-8)如下:

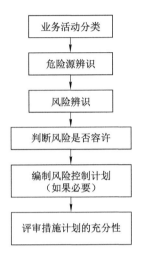

图 3-8　风险管理的基本程序图

1. 业务活动分类

根据生产管理中人员、机器、原料、方法和环境五个方面要素,编制业务活动表,内容包括厂房、设备、人员和程序,并收集有关的信息。

2. 危险源辨识

辨识与各项业务活动有关的所有危险源,考虑谁会受到伤害及如何受到伤害。要辨识危险源就必须先了解危险源的分类。危险源可以按照能量以外释放理论、广义划分以及危险源性质划分不同的类型。而在实际操作中,由于操作难易程度不同,较多采用的是按危险源性质分类的方法,见表 3-4。

表 3-4　危险源性质分类表

危险源性质	危险因素举例
物理性	噪声、振动、辐射、温度、坠落、撞击
化学性	气体、烟雾、烟尘、蒸汽、液体
生物性	昆虫、细菌、病毒
心理、生理性	长时间工作而产生的抑郁、孤独等
行为性	搬(举)重物、工位不当、长期加班
其他	承包商活动、访客活动等

分清危险源的种类后,可以通过安全检查表法、事件树分析法、危险与可操作性分析等方法对危险源进行辨识和分析。下面就举例说明如何进行危险源辨识。

(1)安全检查表法

安全检查表法(Safety Check List,SCL)是依据相关的标准、规范,对工程、系统中已知的危险类别、设计缺陷以及与一般工艺设备、操作、管理有关的潜在危险性和有害性进行判别检查的方法,见表3-5。安全检查表适用于工程、系统的各个阶段,是系统安全工程的一种最基础、最简便、广泛应用的系统危险性评价方法。

表 3-5 某企业电杆及其周边线路安全检查表

检查项目	检查内容	检查方法	是/否	备注
电杆及附件	1. 电杆无倾斜、断杆、腐烂、下陷; 2. 横担无倾斜、弯曲、松动; 3. 绝缘子无损坏,瓷轴无破裂及放电现象	现场检查		
架空线路	1. 无穿越危险场所(0级、1级场所30 m,2级场所1.5倍杆高); 2. 无障碍物碰线; 3. 线路弧度符合规定; 4. 防雷设施完好	现场检查		
电缆	1. 埋地电缆走向标桩牢固、明显; 2. 埋地电缆处无挖掘痕迹、无生物或腐蚀物堆放; 3. 电缆头无渗油,绝缘良好	现场检查		
检查及接地	1. 月检查、季节性测试齐全、完整; 2. 塔杆接地、重复接地良好,接地电阻值≤10 Ω	现场检查 查阅记录 测试		

安全检查表必须由专业人员、管理人员和实际操作者共同编制。为使安全检查表起到辨识危险和安全检查的作用,其编制依据是:

一是国家、地方的相关安全法规、规定、规程、规范和标准,行业、企业的规章制度、标准,以及企业安全生产实际状况及操作规程。

二是上级、行业和单位(企业)领导关于安全生产的要求。

三是国内外同行业、企业事故案例及经验教训,以及结合本企业的实际情况有可能导致事故的危险因素。

四是行业及企业安全生产的经验,特别是本企业安全生产的实践经验、引发事故的各种潜在不安全因素及成功杜绝或减少事故发生的原因经验。

(2)事件树分析法

事件树分析法(Event Tree Analysis,ETA)是安全系统工程中常用的一种归纳推理分析方法。它是一种按事故发展的时间顺序由初始事件开始推论可能的后果,从而进行危险源辨识的方法。这种方法将系统可能发生的某种事故与导致事故发生的各种原因之间的逻辑关系用一种称为事件树的树形图表示(图3-9)。

事件树分析法从初始事件开始,按事件发展过程自左向右绘制事件树,用树枝代表事件

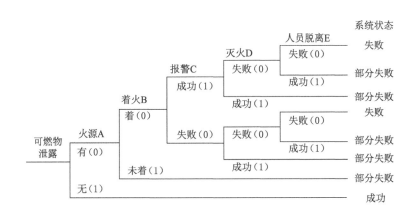

图 3-9　油罐区火灾事件树分析图

发展途径。

一是考察初始事件一旦发生时最先起作用的安全功能,把可以发挥功能的状态画在上面的分枝,不能发挥功能的状态画在下面的分枝。

二是依次考察各种安全功能的两种可能状态,把发挥功能的状态(又称成功状态)画在上面的分枝,把不能发挥功能的状态(又称失败状态)画在下面的分枝,直至达系统故障或事故为止。

三是当遇到一些与初始事件或与事故无关的安全功能,或者其功能关系相互矛盾、不协调的情况,需用工程知识和系统设计的知识予以辨别,然后从树枝中去掉,即构成简化的事件树。

(3)危险与可操作性分析

危险与可操作性分析(Hazard and Operability Study,HAZOP)是一种定性的风险分析方法,是危化品从业单位排查事故隐患、预防重大事故的重要工具和有效手段。通过分析生产运行过程中工艺状态参数的变动、操作控制中可能出现的偏差变化对系统的影响和可能导致的后果,找出出现变化的原因,识别出设备或系统内及生产过程中存在的潜在危险、危害因素和操作性问题,并针对变动与偏差的后果提出合理保护措施,减少事故发生的频率及可能的后果(表 3-6)。

HAZOP 分析采用标准引导词,结合相关工艺参数等,按流程进行系统分析。其基本步骤如下:

一是按流程进行系统分析,将连续的工艺流程分成许多的节点。

二是针对每个节点列出可能导致工艺或操作上偏离正常工作条件的偏差原因,分析每一个原因会造成的最终结果。

三是对问题的严重性和现有安全设施的充分性进行评估,并提出应该采取的安全保障措施。

表 3-6 某企业原油管道系统的危险与可操作性(HAZOP)分析过程表

引导词	可能原因	后果	当前保护	现场人员建议
进口压力高	来油压力高	无明显安全后果		
进口压力低	给油泵停或排量不够	气蚀现象,产生噪声和振动,泵性能下降	入口汇管低压报警,低低停泵,与变电所联系启动给油泵	
	进口阀误关或排量不够		压力开关	
	进口管线凝管			
	管道泄漏			
出口压力高	出口阀误关或故障	泵体温度升高、泵内气蚀、密封损坏,出口压力过高,管线破裂,阀门损坏,原油泄漏,次生火灾	机泵监视器,可燃气体报警器	建议考虑在出站处加装压变冗余,高压卸压阀冗余的可能性
	出站阀门误关		出口汇管压力高报、高高停机,出站压力高、高高停机、高压卸压阀、出站压力开关,可燃气体报警器	
出口压过低	入口压力低	无明显安全后果	泵温度高报,泵振动高报	
	泵故障(叶轮脱落或磨损、电机转速不够、效率不够)			
	泵出口管线或阀泄漏			
	旋转方向错误			
	进口漏气			
	泵体内有气体,吸入管路未充满油			
逆流	停泵时,单流阀不严且泵出口阀未关严	泵损坏		
排液量少	来油量少,供油不足	泵性能下降,产生气蚀		
	泵出口阀误关小,未全开	无明显安全后果		
	泵故障			
	泵出口单流阀卡阻			
高温	泵轴承磨损	泵损坏	温度高报,高高报保护停机	
	润滑油不合格,油位低			
	停泵且伴热温控失效			
	泵出口阀未开,憋压			
	泵气蚀			
	机组未找正			
	转子动平衡不好			

表 3-6(续)

引导词	可能原因	后果	当前保护	现场人员建议
低温	停泵且伴热失效	泵腔内油凝固	日常巡检维护	
高振动	转子质量不平衡	产生噪声,损坏泵零部件,泵性能下降甚至无法正常工作	振动高报	
	机组中心不正			
	支承部件缺陷			
	泵内有空气、气蚀			
	入口流量低于设计最小流量			
	泵叶轮进入异物			
	地脚紧固件松动			
	泵入口管线或叶轮堵塞			
	泵机组进出口管线固定不牢			
泄漏	机械密封端面磨损损坏	泵性能下降,泄漏油造成环境污染,甚至造成火灾、爆炸等事故	泄漏开关,报警停机	
	轴承损坏		日常巡检	
	平衡管连接接头松动			
	泵机组振动大			
	油质脏,有沙粒,密封面不清洁			

3. 风险评价工具

对各项危险源有关的风险做出主观评价,应考虑控制的有效性及一旦失败所造成的后果。因此,需要应用评价工具进行评级,为制定管控措施提供支持。

作业条件危险性分析评价法(Likelihood Exposure Consequence,LEC)是给三种因素的不同等级分别确定不同的分值,再以三个分值的乘积 D(Danger,危险性)来评价作业条件危险性的大小,见表 3-7~表 3-9。

表 3-7　事故事件发生的可能性(L)判定准则表

分值	事故、事件或偏差发生的可能性
10	完全可以预料
6	相当可能;或危害的发生不能被发现(没有监测系统);或在现场没有采取防范、监测、保护、控制措施;或在正常情况下经常发生此类事故、事件或偏差
3	可能,但不经常;或危害的发生不容易被发现;现场没有检测系统或保护措施(如没有保护装置、没有个人防护用品等),也未做过任何监测;或未严格按操作规程执行;或在现场有控制措施,但未有效执行或控制措施不当;或危害在预期情况下发生
1	可能性小,完全意外;或危害的发生容易被发现;现场有监测系统或曾经做过监测;或过去曾经发生类似事故、事件或偏差;或在异常情况下发生过类似事故、事件或偏差

表 3-7(续)

分值	事故、事件或偏差发生的可能性
0.5	很不可能,可以设想;危害一旦发生能及时发现,并能定期进行监测
0.2	极不可能;有充分、有效的防范、控制、监测、保护措施;或员工安全意识相当高,严格执行操作规程
0.1	实际不可能

表 3-8　暴露于危险环境的频繁程度(E)判定准则表

分值	频繁程度	分值	频繁程度
10	连续暴露	2	每月一次暴露
6	每天工作时间内暴露	1	每年几次暴露
3	每周一次或偶然暴露	0.5	非常罕见地暴露

表 3-9　发生事故事件偏差产生的后果严重性(C)判定准则表

分值	法律法规及 其他要求	人员伤亡	直接经济损失 /万元	停工	公司形象
100	严重违反法律法规和标准	10 人以上死亡,或 50 人以上重伤	5 000 以上	公司停产	重大国际、国内影响
40	违反法律法规和标准	3 人以上 10 人以下死亡,或 10 人以上 50 人以下重伤	1 000 以上	装置停工	行业内、省内影响
15	潜在违反法规和标准	3 人以下死亡,或 10 人以下重伤	100 以上	部分装置停工	地区影响
7	不符合上级或行业的安全方针、制度、规定等	丧失劳动力、截肢、骨折、听力丧失、慢性病	10 万以上	部分设备停工	公司及周边范围
2	不符合公司的安全操作程序、规定	轻微受伤、间歇不舒服	1 万以上	1 套设备停工	引人关注,不利于基本的安全卫生要求
1	完全符合	无伤亡	1 万以下	没有停工	形象没有受损

　　通过以上三个对照表,可以将发生事故的可能性、人体在这种危险环境中的暴露程度以及发生时候的后果分别进行量化,三个因素的分值的乘积量化风险等级,可以容易地判断出风险的危险程度。D 值的对照表见表 3-10。

表 3-10　风险等级判定准则(D)及控制措施表

风险值	风险等级		应采取的行动/控制措施	实施期限
>320	1 级	极其危险	在采取措施降低危害前,不能继续作业,对改进措施进行评估	立刻
160～320	2 级	高度危险	采取紧急措施降低风险,建立运行控制程序,定期检查、测量及评估	立即或近期整改

表 3-10(续)

风险值	风险等级		应采取的行动/控制措施	实施期限
70～160	3级	显著危险	可考虑建立目标、建立操作规程,加强培训及沟通	2年内治理
<70	4级	轻度危险	可考虑建立操作规程、作业指导书,但需定期检查	有条件、有经费时治理

运用LEC法进行风险评价,D值越大说明作业条件危险性越大,需要增加安全措施,或改变发生事故的可能性,或减少人体暴露于危险环境中的频繁程度,或减轻事故损失,直至调整到允许范围。其基本步骤如下(图3-10):

一是判断计划的或现有的控制措施是否足以控制并符合法律和组织的要求。

二是编制风险控制措施计划以处理评价中发现的和需要重视的任何问题。

三是针对已修正的控制措施重新评价风险,并检查风险是否可容许。

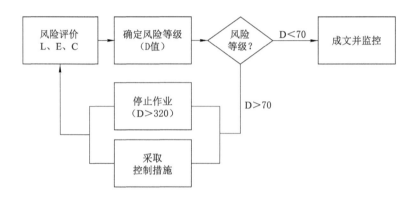

图 3-10　LEC法进行风险评价的流程图

(五)建立有效的应急管理制度

应急管理是企业安全生产管理的重要方面,能否做好这项工作直接关系到发生重大事故或灾害时能否迅速、有序、有效地开展应急救援行动,从而减少人员伤亡、财产损失及环境损害。

1.应急预案的编制

建立应急管理制度,首先要编制事故应急救援预案,进而对应急救援预案进行宣传和演练,同时要加强应急装备的管理,保证其正常使用(图3-11)。

预案编制程序如下:

一是要成立预案编制小组。该小组成员可以从有关业务部门、专业技术部门中选择,同时成员所承担的任务应尽可能与日常工作相一致。同时,小组要确定领导人或者负责人,负责预案编制的总体过程,推动和领导整改预案编制工作,通过召开工作会议的方式协调和解决编制过程中出现的问题,确保预案编制顺利进行。

二是要进行资料收集和初始评估。其内容主要包括:① 适用的法律、法规和标准;② 企业生产工艺、设备设施等情况;③ 企业的安全记录、事故情况;④ 国内外同类企业的事故资料;⑤ 地理、环境、气象资料;⑥ 当地政府及周边企业的应急预案等。通过这些资料的收集,预案编制小组可以将应急救援预案编制得更可靠、更完善,从而提高应急的效率。

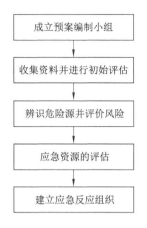

图 3-11 事故应急预案编制程序图

三是要对企业内部进行危险辨识和风险评价。该部分内容可参考《风险管理制度》中的相关内容,目的是确定企业内部所有可能发生紧急情况的危险点,并有针对性地将应急措施编制到预案中去。

四是对企业的应急资源进行整体评估。该过程主要通过对企业内部在应急过程中可动用的资源如人力、通信能力、灭火能力、毒物控制和检测设备、个人防护设备信息、医疗设备、电力设施、专用工具、交通运输设备以及当地气象资料等内容的评估,突出薄弱环节,加强资源准备,从而增强应急响应的能力。

五是进行预案编制工作。在进行了上述准备工作后即可进行预案的编制工作。预案编制完成后,应通过审核方可实施,并应以文件形式发布。

除此以外,编制预案时同时应将预案中涉及的重要内容和信息以直观图表的方式予以表示,并作为预案附件一同存放,预案如有更新,应随同预案进行更新。该附件一般包括危险源登记表和分布图,应急机构、人员通信一览表,外部机构通信方式一览表,应急指挥图,医疗机构一览表,应急设备物资一览表,应急专家名录以及应急物资供应企业名录等。

2. 应急预案的实施

应急预案实施主要包括开展预案的宣传、进行预案的培训,落实监督各部门职责,应急资源的准备,组织预案演练和定期评审并更新预案,使应急预案成为日常安全管理的一部分。

(1) 预案宣传培训

企业通过员工会议、开展应急知识竞赛或公告等形式,对预案进行宣传,达到"人人心中有预案、发生事故不慌乱"的效果。同时,要开展不同岗位员工的培训工作,见表 3-11。

表 3-11 预案培训工作内容表

培训人员	培训内容
应急指挥人员	现场平面及区域布局、撤离路线以及如何协调应急队伍之间的活动
应急救援人员	各自在应急组织中的位置和职责,参与的程度、方式和步骤等
企业员工	如何在紧急情况下报警,如何应对紧急情况,如何使用防护设备和报警设备,如何识别指挥信号、疏散路线,以及如何自救与互救等

（2）应急演练

应急演练是应急管理的重要环节，在应急管理工作中有着十分重要的作用（图 3-12）。通过开展应急演练，可以实现评估应急准备状态，发现并及时修改应急预案、执行程序等相关工作的缺陷和不足；评估突发公共事件应急能力，识别资源需求，澄清相关机构、组织和人员的职责，改善不同机构、组织和人员之间的协调问题；检验应急响应人员对应急预案、执行程序的了解程度和实际操作技能，评估应急培训效果，分析培训需求。

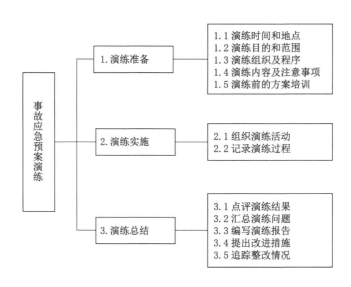

图 3-12　事故应急演练基本程序图

（3）应急物资管理

应急物资是在事故即将发生前用于控制事故发生，或事故发生后用于疏散、抢救、抢险等应急救援的工具、物品、设备、器材、装备等一切相关物资。加强应急装备的管理应从以下两个方面进行：

一是应急装备的准备。为保证应急救援的顺利开展，应准备充足、完整的应急救援设备或物品。应急物资必须实行分区、分类存放和定位管理，以保护物资的质量。

二是应急装备的登记管理。在将应急装备准备就绪后，为了能够在应急响应时发挥各种装备的作用，必须加强管理。主要装备应通过登记建档的方式进行管理，并在登记表中列出需要设备设施的日常维护，联络方式，图、表的更新完善，并确定其维护、更新期限及责任人等内容，确保各项装备时刻处于可用状态，保证紧急情况下的使用（表 3-12）。

表 3-12　应急物资的储备管理内容表

类别	名称
通信设备	固定电话、移动电话（卫星电话）、对讲设备等
报警设备	报警系统、事故报告程序图等
急救设备	急救药品、器具、设备等
抢修设备	工程车辆、登高设备、维修工具、备用品等

表 3-12(续)

类别	名称
消防设备	灭火器材、灭火水源等
防护设备	防护服、防护罩、防护眼镜、呼吸器具等
测量设备	测距、测温、测有害物的设备
图标	应急响应组织结构图、通信联络一览表、企业平面图
联络表	政府部门、企业主管、关键岗位人员等的联络表
其他物资	应急服装、标志、旗帜、警戒线等

（4）事故应急响应

在突发事件发生时，按照快速反应机制，及时获取充分准确的信息，提高应对和防范风险与事故的能力，确保事故发生后能迅速、有序地控制和处理事故，最大限度地减少造成的损失和环境影响（图 3-13）。

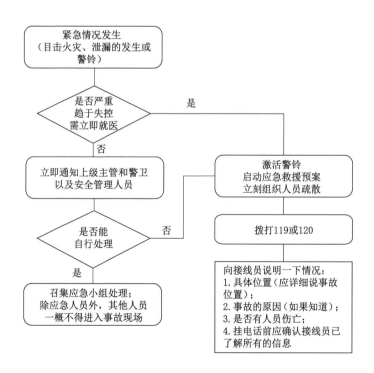

图 3-13 事故应急响应通用程序图

（六）建立闭环的事故管理制度

事故造成的后果可能包含多种分类，可根据事故分类判断流程来判断事故的分类，并根据事故各类别后果的等级进行修正（表 3-13）。

表 3-13　事故分类等级表

类别	名称
特别重大事故	造成 30 人以上死亡,或者 100 人以上重伤(包括急性工业中毒,下同),或者 1 亿元以上直接经济损失的事故
重大事故	造成 10 人以上 30 人以下死亡,或者 50 人以上 100 人以下重伤,或者 5 000 万元以上 1 亿元以下直接经济损失的事故
较大事故	造成 3 人以上 10 人以下死亡,或者 10 人以上 50 人以下重伤,或者 1 000 万元以上 5 000 万元以下直接经济损失的事故
一般事故	造成 3 人以下死亡,或者 10 人以下重伤,或者 1 000 万元以下直接经济损失的事故

事故处置基本流程为(图 3-14):

一是事故报告要求,发生 1 人重伤以上事故,应按流程上报至当地安全生产监督管理部门。

二是重伤、死亡事故调查处置,需配合政府部门调查,并按照国家有关法律、法规组织处理赔偿等善后事宜。开展全体员工的警示教育,根据事故原因、提出防范对策,落实整改措施,追究有关责任人,并进行公告。

三是轻伤事故或未造成伤亡的未遂事故,由企业自行组织事故调查小组,查清事故原因,提出防范对策,落实整改措施,并组织开展培训教育。

四是企业应进行所有明确伤害事故、可记录(损工或医疗)事故、未遂事故以及危险因素的统计和分析。发现事故趋势和集中发生部位,改善生产现场。同时,对所有有关事故的统计、分析、处置、公告、培训等材料都应统一归档保存,以备查阅。

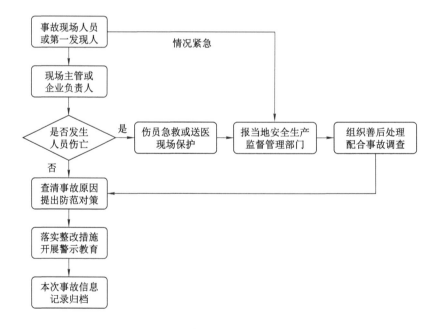

图 3-14　事故处置基本流程图

（七）建立规范的现场管理制度

落实"安全第一、预防为主"的安全生产方针,保证企业运营和各项工作有秩序进行,增强员工的安全意识,落实各项安全措施,确保员工人身和企业财产的安全。企业需建立健全制度,规范现场直接生产作业活动,杜绝一切事故的发生。

1. 规范化管理工具

企业现场的规范化管理就是要对生产现场的各种要素进行规范,消除各种生产现场安全隐患,改善现场作业环境,提高现场的安全度。同时,通过安全行为观察,可以利用广大的员工发现安全隐患和危险因素,从而通过整改消除危险因素,获得生产现场的安全。

（1）"6S"现场管理方法

"6S"现场管理是现代科学工厂行之有效的现场生产管理理念和方法,其作用是现场管理规范化、日常工作部署化、物资摆放标识化、厂区管理整洁化、人员素养整齐化、安全管理常态化,简称为"6S"现场管理(表3-14)。

表 3-14　"6S"现场管理基本内涵表

名称	内容
整理 Seiri	将工作场所的任何物品区分为有必要和没有必要的,除了有必要的留下来,其他的都清理掉。目的:腾出空间,空间活用,防止误用,塑造明媚的工作场所
整顿 Seiton	把留下来的必要的物品依规定位置摆放,并放置整齐加以标示。目的:工作场所一目了然,消除寻找贵重物品的时间,整整齐齐的工作环境,消除过多的积压物品
清扫 Seiso	将工作场所内看得见与看不见的地方清扫干净,保持工作场所干净、亮丽。目的:稳定品质,减少工业伤害
清洁 Seiketsu	将整理、整顿、清扫进行到底,并且制度化,经常保持环境处在整洁美观的状态。目的:创造明朗现场,维持上述"3S"推行成果
素养 Shitsuke	每位成员养成良好的习惯,并遵守规则做事,培养积极主动的精神。目的:促进良好行为习惯的形成,培养遵守规则的员工,发扬团队精神
安全 Security	重视全员安全教育,每时每刻都有防护第一的观念,防患于未然。目的:建立起安全生产管理的环境,所有的生产管理工作亦须建立在安全的前提下

"整理、整顿、清扫、清洁、素养、安全"并不是各自独立、互不相关的要素内容,它们之间是一种相辅相成、缺一不可的关系。整理是整顿的基础,整顿是整理的巩固;清扫是显现整理、整顿的效果;通过清洁和素养使企业形成一个整体的改善气氛;整理、整顿、清扫、清洁是为了有效地控制现场的物和事的要素,通过整理、整顿、清扫、清洁形成一个安全的现场生产环境,如图3-15所示。

（2）STOP™安全观察与沟通

STOP™安全观察与沟通项目(Safety Training & Observation Program)是一种以行为为基准的观察程序。通过训练企业员工在日常工作中对于个人的不安全行为和周遭的不安全环境状况采取行动,帮助员工改进不安全行为,提高安全意识,培养安全习惯,以达到提升企业安全绩效的目的。它是专为各级管理人员设计的,包括各级管理层,乃至第一线班组长及维修负责人(表3-15)。

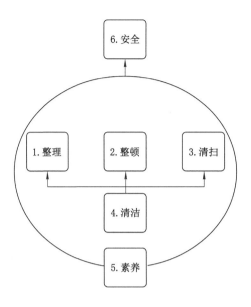

图 3-15 "6S"管理要素关系图

表 3-15 安全观察与沟通项目表

名称	步骤
决定	要注意员工如何遵守程序,准备进行一次安全观察
停止	停止手上的其他工作,在距员工较近的地点止步
观察	按照 STOP 卡所列观察内容和顺序,观察员工如何进行工作,并特别注意工作的进行与安全程序
沟通 (行动)	与被观察人员进行面对面交流,特别注意他们是否知道并了解工作程序和操作规程,非责备原则
报告	利用安全观察卡来完成报告

安全观察与沟通项目需要重点关注的是观察和沟通两个关键步骤。

观察原则:一是观察者对员工的安全表现负责,设立对员工的最低安全标准;二是安全与其他要素同等重要,对不安全行为立即纠正,并采取行动防止其再次发生;三是让员工了解不安全行为的危害性。

沟通原则:一是了解工作区各种不同工作所涵盖的各种安全事务,提出问题并聆听回答,采取询问的态度,非责备原则;二是双向交流,赞赏他的安全行为,鼓励他持续的安全行为,了解他的想法和安全工作的原因;三是评估他对自身角色和责任的了解程度,找出影响他们想法的因素,培养正面与员工进行交谈的工作习惯。

2. 设备的安全管理

设备的安全管理是企业安全管理的重要工作之一。生产系统是一个"人-机-环境"系统,系统中任何一个环节出现故障都可能引发事故。要实现设备安全的最根本途径是设备的本质安全化。

设备的危险和有害因素主要分为机械性危险和非机械性危险两类,可建立相应的各项设备安全管理制度,以消除各种危险因素(表3-16)。

表 3-16　设备的危险和有害因素表

机械性危险	非机械性危险
静态危险	触电
直线运动危险	灼烫和冷冻
旋转运动危险	振动
打击危险	噪声
振动危险	电离辐射
飞出物打击危险	非电离辐射

现代安全管理理论认为物(设备、设施、工装夹具、材料、产品等)的不安全状态和人的不安全行为的运动轨迹交叉是发生生产安全事故的主要原因,而设备又是物的主要组成部分(图3-16)。

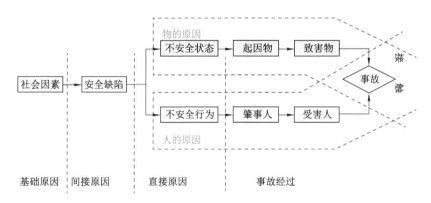

图 3-16　设备事故轨迹交叉理论图

因此,加强设备本质安全管理,消除设备的不安全状态,使设备达到本质性安全就可有效防止机械伤人等事故的发生。具体包括四个方面:

一是要建立设备档案制度。所有新设备入厂使用前都应对其建立有针对性的安全操作规程、维护保养制度、安全检查制度、设备信息文件等内容。

二是要建立上岗培训制度。所有使用新设备的员工或者新员工使用设备,都应对其进行安全教育和培训,告知设备的危险和有害因素,操作该设备的注意事项和安全操作规程以及设备异常的处理方法等。

三是要建立安全性检查、检验制度。设备应定期或不定期进行检查,检查应指定检查内容、检查时间间隔、检查人、责任人等。如有问题应及时制定应对措施。

四是要建立设备维修、维护和保养计划。企业内部的设备应由专门的设备管理部门进行管理,并应对所有设备制订维修、维护和保养计划,使设备始终处于安全运行状态。

3. 危险作业的管理

危险作业是指生产任务紧急特殊,不适于执行一般性的安全操作规程、安全可靠性差、容易发生人身伤亡或设备损坏、事故后果严重、需要采取特别控制措施的特殊作业。企业加强危险作业的管理,可以减小危险作业所带来的风险,有效控制事故的发生,从而最大限度地保证作业安全。

按照行业标准划分,一般分为8种危险作业:动火、进入受限空间、高处、吊装、临时用电、动土、检维修、盲板抽堵等。不同企业可结合具体情况,对作业方式、岗位及作业环境的具体分析,将那些容易发生事故、相对危险的作业认为是危险作业(表3-17)。

表3-17　危险作业分类表

名称	内容
受限空间作业	一切通风不良、容易造成有毒有害气体积聚和缺氧的设备、设施和场所都叫受限空间(作业受到限制的空间),在受限空间的作业都称为受限空间作业
临时用电	除按标准成套配置的,有插头、连线、插座的专用接线排和接线盘以外的,所有其他用于临时性用电的电缆、电线、电气开关、设备等组成的供电线路为非标准配置的临时性用电线路
动火作业	直接或间接产生明火的工艺设备以外的禁火区内可能产生火焰、火花或炽热表面的非常规作业,如使用电焊、气焊(割)、喷灯、电钻、砂轮等进行可能产生火焰、火花和炽热表面的非常规作业
高处作业	凡在坠落高度基准面2 m以上(含2 m)有可能坠落的高处进行作业,都称为高处作业
设备检修作业	设备检修作业是指对公司内的各类设备进行的大、中、小修与抢修作业
盲板抽堵作业	在设备抢修或检修过程中,设备、管道内存有物料(气、液、固态)及一定温度、压力情况时的盲板抽堵,或设备、管道内物料经吹扫、置换、清洗后的盲板抽堵
吊装作业	在生产和检修、维修过程中利用各种吊装机具将设备、工件、器具、材料等吊起,使其发生位置变化的作业过程
动土作业	挖土、打桩、钻探、坑探、地锚入土深度在0.5 m以上;使用推土机、压路机等施工机械进行填土或平整场地等可能对地下隐蔽设施产生影响的作业

对于危险作业,企业要制定危险作业审批制度,要求利用风险管理的方法对危险作业过程面对的风险进行辨识、评价、控制,制订出书面作业的方案,使从事该项作业的人员清楚并得到授权,只有取得危险作业许可证,方可进行危险作业。

4. 承包商安全管理

承包商是在企业作业现场,按照双方协定的要求、期限及条件向企业提供服务,或在合同约定情况下由业主和操作者雇佣来完成某些工作或者提供服务的个人及团体(表3-18)。

表3-18　承包商基本分类表

名称	内容
短期承包商	承包短期高度专业化工程或施工时间较短工程的承包商
长期承包商	总承包商,同业主长期、稳定合作的承包商
临时承包商	突发性的工程或项目,比较紧急的业务,而现有的承包商因专业或人力限制无法承担的工作,由公司临时紧急委托

承包商作为企业生产经营过程中活动在企业生产现场的人员,给企业生产现场带来了诸多的不确定危险因素,如不进行有效地管理,将对企业的安全生产产生巨大的威胁,因此,对一些承包商活动较多的企业,承包商的安全管理就显得尤为重要(图 3-17)。

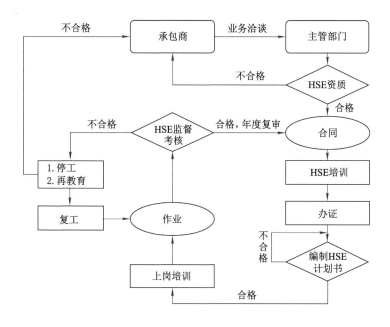

图 3-17 某企业承包商管理流程图

承包商安全管理主要包括 9 个主要方面,企业可根据实际生产情况制订,见表 3-19。

表 3-19 承包商安全管理内容表

承包商管理项目	主要内容
承包商的基本要求	1. 营业能力和经营范围是否符合要求(营业执照); 2. 施工管理能力和队伍素质(资质等级证书); 3. 安全管理能力和安全措施(安全许可证); 4. 签订合同书,并有安全条款
安全风险抵押管理	企业应根据实际发包情况决定是否采用承包商的安全风险抵押金制度
人员安全培训教育	1. 企业安全管理部门或人员应对承包商作业人员进行入厂安全教育培训; 2. 培训内容:国家有关安全法律法规、企业安全管理制度、承包商作业场所的危险因素以及应急措施等; 3. 培训方式:授课、观看录像、实地讲解、考核等
双方安全职责义务	1. 发包方:负责对承包商作业人员进行安全教育,提供安全的操作环境,告知作业场所危险因素,指派专人进行监护等; 2. 承包商:认真接受安全教育、预先做好防范措施、指派专人进行安全管理、危险作业申报审批等

表 3-19(续)

承包商管理项目	主要内容
施工前的安全要求	1. 明确双方第一负责人； 2. 确定人员、制定安全措施、制定安全管理制度和监护制度； 3. 做好作业现场的安全防范措施，设置安全警示标志、警戒线等； 4. 特种作业人员持证上岗，劳动防护用品佩戴整齐
施工单位安全管理	1. 严格执行国家、发包方的各项安全管理制度； 2. 危险作业要经过审批，取得许可后方可上岗； 3. 劳动防护用品佩戴齐全等
发包单位安全监管	1. 指派专人对作业现场进行监督管理； 2. 掌握工程进度，保持与承包商的良性沟通； 3. 发现承包商的不安全行为，应立即制止，并停止作业； 4. 协助承包商做好安全防范措施和安全施工方案
临时使用员工管理	1. 对临时工，作业前应交清安全注意事项和安全措施； 2. 指派专人进行指挥、监护； 3. 为临时工备足必要的劳动保护用品(如安全帽、安全带、安全网、手套以及安全着装等)； 4. 告知临时工作业场所存在的危险因素以及防范措施和应急措施等
现场的检查与考核	对违章违纪、发生事故及违反安全施工规定的按有关规定处罚

5. 生产变更的管理

由于各种原因对生产计划进行修改甚至重新规划，这一类修改或者变化叫变更。企业的生产工艺、设备设施、操作规程、安全报警联锁装置等变更后，往往会带来一系列的连锁效应，并且这些效应的最终效果往往是不可预知的，因此，企业特别是化工等高危行业的企业应加强变更管理，建立相应规章制度来管控变更的全过程。

变更有整体变更和局部变更两大类，主要包括人员、设备、材料和方法四个方面，企业可根据实际生产情况制定相应的管理制度(表 3-20)。

表 3-20 生产变更管理内容表

分类	主要内容
人员	1. 未熟悉作业者投入或新人投入； 2. 工程以外的人投入或现场内作业者投入； 3. 因合理化而改变或关键岗位人员变更
设备	1. 设备的新规、更新、机种变更或设备改造； 2. 模具新设、更新、增设，或设备增设； 3. 治具改造、由专线改为混线、基准面变更； 4. 设备治具、定位稍等调整

表 3-20(续)

分类	主要内容
材料	1. 配方比率或配方量变更； 2. 材料来源厂商或材料来源(材质)变更； 3. 切削油(液)、涂装、润滑油、电镀材料等的变更； 4. 工具设计变更或构成零件设计变更
方法	1. 加工场地变更或作业顺序变更； 2. 以管理工程图为基准的作业变更； 3. 施工单位变更或施工程序废除； 4. 施工内容、工艺或场所变更

生产变更的管理,主要涉及申报审核、评估评价、变更执行和效果评估四个方面,企业可根据实际生产情况制定相应的管理制度(图 3-18)。

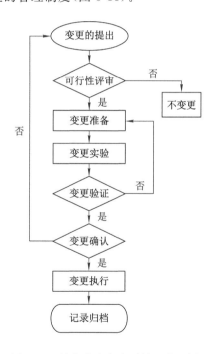

图 3-18　某企业生产变更管理流程图

一要建立变更申报、审核、审批制度。变更的申请按统一的要求填写《变更申请表》,由专人进行管理,逐级上报主管部门,由其组织有关人员按变更原因和实际生产的需要确定是否需要变更。

二要制订变更方案并进行评估。变更审批通过以后,应对变更项目进行评估,制订变更方案,变更方案经审核后,可开始执行变更。

三要严格按照变更方案执行变更,并对变更过程进行监控。变更执行前应制订变更执行计划,指定变更负责人、监护人,准备设备工具,做好防范措施,然后执行变更。

四要对变更后的效果进行评估确认。变更后应由使用人、负责人、安全管理人员等部门人员共同确认变更效果,并进行记录,签字存档。

6. 劳动防护用品的管理

劳动防护用品是指劳动者在生产活动中,为保证安全健康,防止事故伤害或职业性毒害而佩戴使用的各种用具的总称。在某些情况下,如发生中毒事故或设备检修时,合理使用个人防护用品,可起到重要的防护作用。

常用的劳动防护用品主要包括安全帽、防静电服、耳塞、防护镜、防尘口罩、防毒面具、防护手套、安全带、防砸鞋、逃生器等(表 3-21)。

表 3-21　劳动防护用品分类表

类别	相关要求	备注
呼吸防护	要考虑是否缺氧、是否有易燃易爆气体、是否存在空气污染等因素之后,选择适用的呼吸防护用品	
听力防护	根据《工业企业职工听力保护规范》选用护耳器,提供适合的通信设备	
头部防护	佩戴安全帽,适用于环境存在物体坠落的危险、环境存在物体击打的危险时	头部
身体防护	系好安全带,适用于需要登高(2 m 以上)、有跌落的危险时	安全带
眼/面部防护	佩戴防护眼镜、眼罩或面罩,适用于存在粉尘、气体、蒸汽、雾、烟或飞屑刺激眼睛或面部时,佩戴安全眼镜、防化学物眼罩或面罩(需整体考虑眼睛和面部同时防护的需求);焊接作业时,佩戴焊接防护镜和面罩	
手部防护	佩戴防切割、防腐蚀、防渗透、隔热、绝缘、保温、防滑等手套,可能接触尖锐物体或粗糙表面时,防切割;可能接触化学品时,选用防化学腐蚀、防化学渗透的防护用品;可能接触高温或低温表面时,做好隔热防护;可能接触带电体时,选用绝缘防护用品;可能接触油滑或湿滑表面时,选用防滑的防护用品,如防滑鞋等	防护手套
足部防护	佩戴防砸、防腐蚀、防渗透、防滑、防火花的保护鞋,适用于可能发生物体砸落的地方;可能接触化学液体的作业环境要防化学液体;注意在特定的环境穿防滑或绝缘或防火花的鞋	防护鞋
身体防护	保温、防水、防化学腐蚀、阻燃、防静电、防射线等,适用于高温或低温作业要能保温;潮湿或浸水环境要能防水;可能接触化学液体要具有化学防护使用;在特殊环境注意阻燃、防静电、防射线等	防护服

劳动防护用品是员工人身安全的最后一道防线。因此做好劳保用品的管理工作十分重要。做好劳动防护用品的管理工作主要应做好以下几个方面:

一是要做好劳动防护用品的源头管理工作,做好劳动防护用品的选购工作。购买劳动防护用品特别是特种劳动防护用品应到具有国家特种劳动防护用品生产资质(取得特种劳动防护用安全标志)或经营资质(省级特种劳动防护用品经营单位)的企业或单位购买,并应当经过企业技术部门验收,方可发放给员工使用。

二是要做好劳动防护用品的使用培训工作。说明必须佩戴的理由、防护用品的性能,培训个人劳动防护用品基本知识,并组织演练佩戴个人劳动防护用品。

三是加强劳动防护用品各环节的管理,为员工提供符合国家标准、行业标准和国家有关规定的劳动防护用品。建立劳动防护用品台账,特别是发放台账,以便于出现问题时进行追溯(表 3-22)。

表 3-22 某企业劳动防护发放样表

发放名称		发放时间	
发放人		实发数量	
领用人姓名	所属部门	防护用品名称	防护用品数量
备注			

7. 职业危害的控制

职业病危害因素是指对从事职业活动的劳动者可能导致职业病的各种危害因素,主要包括职业活动中存在的各种有害的化学、物理、生物等因素以及在作业过程中产生的其他职业有害因素(表 3-23)。

表 3-23 常用职业危害因素分类表

因素	内容
物理因素	生产环境的主要构成要素:不良的物理因素,或异常的气象条件如高温、低温、噪声、振动、高低气压、非电离辐射(可见光、紫外线、红外线、射频辐射、激光等)与电离辐射(如 X 射线、γ 射线)等
化学因素	生产过程中使用和接触到的原料、中间产品、成品及这些物质在生产过程中产生的废气、废水和废渣等都会对人体产生危害,也称为工业毒物。毒物以粉尘、烟尘、雾气、蒸汽或气体的形态遍布于生产作业场所的不同地点和空间,接触毒物可对人产生刺激或使人产生过敏反应,还可能引起中毒
生物因素	生产过程中使用的原料、辅料及在作业环境中可能存在某些致病微生物和寄生虫,如炭疽杆菌、霉菌、布氏杆菌、森林脑炎病毒和真菌等
社会因素	国家的经济发展速度、国民的文化教育程度、生态环境、管理水平等因素都会对企业的安全、卫生的投入和管理带来影响。另外,如职业卫生法制的健全、职业卫生服务和管理系统化也是十分重要
其他因素	如劳动组织和作息制度的不合理,工作的紧张程度等;个人生活习惯的不良,如过度饮酒、缺乏锻炼等;劳动负荷过重,长时间的单调作业、夜班作业,动作和体位的不合理等都会对人产生影响

职业危害因素识别的原则:一是全面识别的原则,从项目的工程内容、工艺流程、流料流程、维修检修等方面入手;二是主次分明的原则,要去粗取精、主次分明、把握重点;三是定性与定量相结合的原则(表 3-24)。

表3-24 常用职业危害因素识别方法表

类别	内容
经验法	经验法是评价人员依据其掌握的相关专业知识和实际工作经验,借助经验和判断能力直观地对工作场所存在或产生的职业病危害因素进行辨识分析的方法。该方法主要适用于一些传统行业中采用传统工艺的建设项目的评价
类比法	类比法是利用相同或类似工程职业卫生调查和监测、统计资料进行类推,分析评价对象的职业病危害因素。该方法主要适用于已有相同或相似企业的建设项目中职业病危害因素的识别
检查表法	对设计的工厂、车间、工段、装置、设备、生产环节、劳动过程的相关要素以检查表的方式进行逐项检查,辨识分析各环节可能产生或存在的职业病危害因素。可单独应用于一些工艺简单的项目,也可与其他方法联合使用
工程分析法	对识别对象的生产流程、生产设备布局、化学反应原理、原辅材料及其杂质种类含量等进行分析,推测生产过程中固有的、潜在的、可能产生的各种职业危害因素,主要用于新工程、新工艺、新技术、新材料等项目不易找到类比对象时
调查检测法	在对工作场所进行职业卫生学调查基础上,应用采样分析仪器对可能存在的职业病危害因素进行鉴别分析。适用于存在混合性、不确定因素的项目

通过危害因素辨识和风险评估结果,制定控制措施应从两个方面着手:一是从客观因素着手,尽量用无污染、无危害的原料替代有害原料,从源头实现本质安全,或者从基础设施、生产工艺、生产设备上进行改进,实现生产过程危害物质的有效控制,降低生产过程职业危害因素对人的影响;二是从主观因素方面考虑,加强职业卫生法律法规的学习与宣传教育,全面提升员工的整体素质和职业健康意识,同时注意配备完善的职业健康防护设施及个体防护器具,加强生产过程职业危害监测,用间接的方法实现职业危害因素的控制与预防。

8. 建立安全绩效考核的制度

安全绩效考核制度是确保公司安全生产方针和目标的顺利达成,各项安全管理规章制度的有效落实,加强各部门各责任人的安全观念的有效方式(图3-19)。

一是建立安全绩效指标体系。开展绩效考核制度首先要建立绩效管理指标体系,将安全管理内容和目标量化为指标,有利于考核的实施。

二是考核的实施。安全绩效的考核分为四个层次,包括公司安全管理部门对其他各业务部门、分公司(厂)、基层部门的考核,分公司(厂)对各基层部门的考核,各基层部门对班组的考核,以及各班组对班组员工的考核。考核结果汇总整理后,由考核单位提出奖惩意见报上一级主管单位;安全绩效考核可以按企业实际情况实行季度考核、年中考核和年终考核相结合的办法;安全绩效考核应确定考核等级。

三是安全绩效奖惩。安全绩效考核完成后,应按照考核结果对各单位进行奖惩处理,从而达到保持和强化正确的安全行为,控制和消除不良安全行为的目的。

9. 建立安全文件归档的制度

安全管理体系文件的管理是维持体系有效运行的重要内容,是企业是否能够做好安全管理工作的重要证明。因此,企业应在做好上述的安全管理工作后,对安全管理体系的各种记录、文件等进行统一的分类、分级管理(表3-25)。

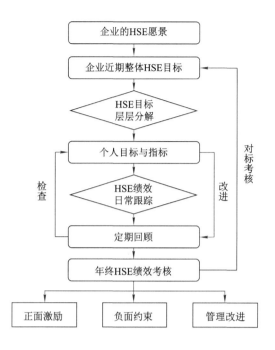

图 3-19 某企业安全绩效考核管理流程图

表 3-25 安全管理体系文件分类表

类别	内容
安全方针	国家有关安全生产法律法规、标准规范及其他要求;上级主管部门安全生产文件、批复文、领导指示材料及会议资料等
安全生产	公司安全生产文件、安全生产管理制度、安全操作规程、安全会议记录材料、安全学习资料、领导指示材料等
安全检查	安全生产工作计划、总结、报告各种安全活动记录、安全管理台账、事故报告、安全通报等
安全投入	供应商、承包商相关材料;安全设施检测、校验报告、记录等;安全、职业卫生评价报告

企业在安全管理体系建立并实施后,应做好以上各项文件的收集、汇总、整理、归档等工作,使所有的安全工作有记录、可追溯。安全管理体系的文件主要分为四个层次:

一是企业安全管理的方针、政策,企业负责人及各级别人员的安全职责等内容。

二是企业的各项安全管理制度文件。

三是生产现场的安全操作规程、注意事项等。

四是安全管理过程中的所有安全管理制度实施的记录、台账等资料。

10.建立安全体系评审机制

体系审核是指体系的符合性、有效性。通过验证生产活动和有关结果是否符合组织计划的安排,确认组织安全管理体系是否被正确、有效实施,以及管理体系内的各项要求是否有助于达成组织的安全方针和目标。按照评审方式可分为内部审核、第三方审核和政府部门审核等形式(表 3-26)。

表 3-26　安全管理体系评审分类表

比较项目	安全管理体系审核			安全管理体系评审
	内部审核	第三方	政府审核	（管理评审）
评价目的	确定符合管理体系要求的程度			确保安全管理体系持续的适宜性、有效性、充分性
	内部改进	认证/注册	监管要求	
执行者	管理者代表负责,安全机构内部审核员或外聘审核员	第三方派出审核人员	政府部门或指定机构	最高管理者,有关管理层人员参加
评价依据	审查认可（验收）评审准则,安全机构安全手册、程序文件、适用法律法规、标准	审查认可（验收）评审准则,安全机构适用的法律法规和标准;安全机构安全手册	审查认可（验收）评审准则,安全机构适用的法律法规和标准;安全机构质量手册	用户及其他相关方的需求和期望、质量方针和目标
对象	部门、过程、活动的审核			安全机构的安全管理体系,包括安全方针、目标及相关方期望
	安全管理体系运行状况			
评价方法	通常组建审核组,由审核员使用检查表,系统、独立地获得客观证据与审核准则对照,形成审核结论			通常由最高管理者以会议或征求意见的形式进行
结论	使用审核发现评定管理体系的符合性、有效性,并识别改进的机会			发现安全管理体系（包括方针、目标）适宜性、有效性和充分性问题,确定改进管理体系的机会

一是内部审核。可以通过企业内部选拔审核员,组织进行内部审核。内部审核一般每年进行一次,必要时可适当增加审核次数。

二是第三方审核。审核之前做好相应的准备工作,配合第三方对企业安全管理体系进行审核,记录审核时发现的问题和异常,制订改善计划,并落实整改。

三是政府部门审核。根据政府部门的要求进行检查。检查之前做好相应的准备工作,配合政府部门对企业安全管理体系以及相关内容的监督检查,记录政府部门提出的问题点,并制订整改计划,落实整改。

四是根据内部审核、第三方审核、政府部门检查的结论和建议,本着持续改进的原则,不断完善安全生产管理体系,实现动态循环。

第二节　井下作业安全体系

油田分公司逐步探索形成了"组织结构扁平化、工程施工市场化、服务保障社会化、生产运行集约化、作业装置自动化、经营管理流程化、基础管理信息化"的具有中国石化特色的现代油田公司管理模式。

一、油田企业 HSE 体系框架

油田公司高度重视 HSE 工作,始终以 HSE 管理体系有效运行为主线,持续推进油田公司 HSE 管理系统化、规范化。

HSE 方针:以人为本、安全第一、预防为主、综合治理。

HSE 愿景:零伤害、零污染、零事故。

（一）HSE 理念

1. HSE 管理理念

① HSE 先于一切、高于一切、重于一切。

② 一切事故都是可以预防和避免的。

③ 对一切违章行为零容忍。

④ 坚持全员、全过程、全天候、全方位 HSE 管理。

⑤ 安全环保源于设计、源于质量、源于责任、源于能力。

2. HSE 禁令

安全生产禁令:

① 严禁违反操作规程擅自操作。

② 严禁未到现场安全确认签批作业。

③ 严禁违章指挥他人冒险作业。

④ 严禁未经培训合格独立顶岗。

⑤ 严禁违反程序实施变更。

生态环境保护禁令:

① 严禁无证或不按证排污。

② 严禁擅自停用环保设施。

③ 严禁违规处置危险废物。

④ 严禁违反环保"三同时"。

⑤ 严禁环境监测数据造假。

3. 保命条款

① 用火作业必须现场确认安全措施。

② 高处作业必须正确系挂安全带。

③ 进入受限空间必须进行气体检测。

④ 涉硫化氢介质的作业必须正确佩戴空气呼吸器。

⑤ 吊装作业时人员必须离开吊装半径范围。

⑥ 设备、管线打开前必须进行能量隔离。

⑦ 电气设备检维修必须停验电并上锁挂牌。

⑧ 接触危险传动、转动部位前必须关停设备。

⑨ 应急施救前必须做好自身防护。

（二）体系手册构成

油田公司 HSE 管理体系手册包括领导、承诺和责任,策划,支持,运行过程管控,绩效评价,改进等 6 个一级要素(图 3-20)。

领导、承诺和责任:各级领导应充分发挥 HSE 工作核心推动作用,推进 HSE 管理体系

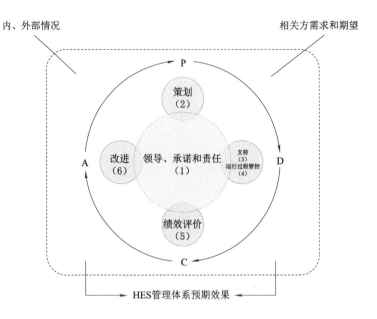

图 3-20　HSE 管理体系要素运行关系图

与企业管理深度融合,引领全员尽职尽责,持续改进 HSE 绩效。

策划:在组织策划 HSE 工作时,应全面考虑公司内、外部环境,充分识别需应对的 HSE 风险,并将风险识别管控贯穿于体系各个要素。

支持:以有效管控风险为目标,保障 HSE 管理体系所需资源投入,提升员工意识和能力,保持良好的内、外部沟通,为 HSE 管理体系运行提供有力支持。

运行过程管控:风险管控贯穿于生产经营全过程,通过完善管理制度和技术标准,严格执行管理流程,落实各方责任,确保风险可控、受控。

绩效评价:有效开展绩效监测、分析和评价,定期组织 HSE 管理体系审核和管理评审,把握规律,寻求不断改进的机会。

改进:开展事故事件和不符合溯源分析,落实纠正措施,持续改进,不断提升 HSE 管理体系的适宜性、充分性与有效性。

（三）HSE 管理体系文件架构

HSE 管理体系文件由《HSE 管理体系手册》、安全环保责任制、HSE 管理制度、相关专业管理制度及标准、操作规程和《岗位手册》组成,其中《HSE 管理体系手册》是纲领性文件,HSE 管理制度和标准是执行性文件,操作规程和《岗位手册》是操作性文件(图 3-21)。其模型如下:

① 位于顶层的是《HSE 管理体系手册》,明确了 HSE 方针、管理愿景、管理要求。

② 位于第二层的是油田公司 HSE 管理制度与标准,明确了每一项具体业务的管理职责、要求与流程。各部门根据油田公司 HSE 管理体系文件要求,结合所属领域 HSE 风险管控需要,建立健全管理领域内的专业管理制度和标准。

③ 位于第三层的是操作规程和岗位手册,明确了 HSE 管理制度、标准、指南在具体岗位的操作要求。各基层单位根据油田公司 HSE 管理体系文件要求,建立健全基层文件。

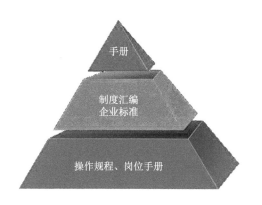

图 3-21　HSE 管理体系模型图

二、井下作业体系

在油田公司 HSE 管理体系之下,井下作业专业是按照"市场化运行、项目化管理、社会化服务"的方针,以甲乙方合同制为主线,实现市场化运营,保障了井下作业安全平稳(图 3-22)。

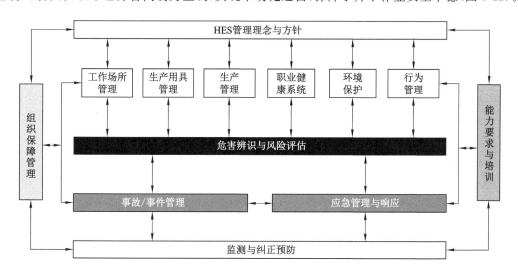

图 3-22　HSE 管理体系系统图

为实现井下作业安全管理全覆盖,业务管理人员立项开展了井下作业业务域分析研究,井下作业业务域可划分为实物和动作两类概念:实物是对业务域中"物"的表征,如设计、工具、设备;动作是对业务域中"动"的表征,如施工、管理、经营。这些概念以人为载体,在生产经营活动中相互关联。

(一)井下作业系统评价

按照《油田公司 HSE 管理体系手册》指引,通过开展立项研究,优选了安德森模型进行井下作业系统安全状态诊断,对涉及的危险线索的来源及可察觉性、运行系统内的拨动(机械运行过程及环境状况的不稳定性),以及控制和减少这些拨动使之与人的行为过程相一致性进行分析,并提出相应的改进提升措施(图 3-23)。

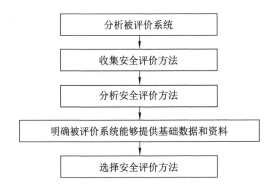

图 3-23　系统评价的基本流程图

（二）井下作业专业特点

从环境、设备、人员和管理多个维度进行现状分析，井下作业专业具有点多、面广、线长、风险高等特点，主要表现在以下五个方面：

① 自然环境方面。工区远离城市，人烟稀少，自然环境恶劣，大半年时间为风沙天气，管辖区块多、油藏类型多、开发层系多，应急救援距离远。

② 作业对象方面。油气藏具有高温、高压、高含硫、超稠、超深的特点，油藏温度高达 130～180 ℃，平均油藏压力 60 MPa 以上，主力区块原油密度为 0.98 g/cm³，局部地区高达 1.04 g/cm³，井深 4 200～8 408 m，部分油区硫化氢含量高（最高达 34 000 ppm）。

③ 作业设备方面。XJ750 以上作业主体设备 29 台，其中服役 15 年以上设备 17 台，占 60%。防喷器的品牌多达 14 个，管汇等井控设备的品牌多达 26 个，个别生产厂已不存在，检验、检修管理难度大，给统一检维修带来困难。

④ 作业人员方面。人员技能生疏，从业人员不足，技能素质下滑；现场施工人员平均年龄 40 岁，身体状况、文化程度、工作经历等从业条件已经弱化。

⑤ 现场管理方面。承包商自主管理能力不足。目前工区共有井下承包商 19 家，来自中石化、中石油、民营企业，各承包商的安全管理力量、安全投入、设备管理均存在较大差异，增加了安全的管理难度。

1. 安全风险评价方法

选择安全评价方法应遵循充分性、适应性、系统性、针对性和合理性的原则。任何一种安全评价方法都有其适用条件和范围，在安全评价中如果使用了不适用的安全评价方法，不仅浪费工作时间，影响评价工作正常开展，而且导致评价结果严重失真，使安全评价失败。因此，在进行安全评价时，应该在认真分析并熟悉被评价系统的前提下选择安全评价方法。

常见的使用方法：作业危害分析（JHA）、安全检查表（SCL）、预先危险分析（PHA）、危险与可操作性分析（HAZOP）、危险指数法、失效模式与影响分析（FMEA）、故障树分析（FTA）、事件树分析（ETA）、道化学火灾爆炸指数评价方法、作业条件危险性评价法（LEC）、事故后果模拟分析方法等。表 3-27 列出了常见评价方法的使用范围。

表 3-27　常见评价方法的使用范围表

各生产阶段	评价方法					
	设计	试生产	工程实施	正常运转	事故调查	拆除报废
安全检查表(SCL)	★	●	●	●	★	●
预先危险分析(PHA)	●	●	●	●	★	●
作业危害分析(JHA)	★	●	●	●	●	●
危险与可操作性分析(HAZOP)	★	●	●	●	●	★
危险指数法(RR)	●	★	★	●	●	★
故障树分析(FTA)	★	●	●	●	●	★
事件树分析(ETA)	★	●	●	●	●	★
道化学火灾爆炸指数评价方法	★	★	★	●	●	★
作业条件危险性评价法(LEC)	★	●	●	●	●	★
事故后果模拟分析方法	★	●	●	●	●	★

注:"●"表示适用,"★"表示不建议采用。

油田企业可以根据需要和评价人员的素质选择有效、可行的风险评价方法进行危害识别和风险评价。井下作业系统正常运转期间结合其专业特点,常用的方法有三种:

(1)安全检查表(SCL)

使用范围:安全检查表的对象是设备、设施、作业场所和工艺流程等,检查的项目是静态物,而非活动。安全检查表可用于对物质、设备、工艺、作业场所或操作规程的分析,为防止遗漏,在制定安全检查表时通常要把检查对象分割成若干个子系统,按子系统的特征逐个编制安全检查表,在系统安全设计或安全检查时,按照安全检查表确定的项目和要求,逐项落实安全措施,保证系统安全。

优点:容易理解、便于掌握,评价过程简单。

缺点:依靠经验,带有一定的局限性;安全评价结果的差异;安全评价结果缺乏可比性。

(2)作业危害分析(JHA)

使用范围:作业危害分析主要用于日常作业活动的风险分析,辨识每个作业步骤的危害;也可用于作业步骤清晰的检维修作业活动中。利用该分析方法要达到的目的:根据风险分析结果,制定控制措施,编制作业活动安全操作规程,控制风险;对已经存在的安全规程进行补充完善,从而防止从事此项工作的人员受到伤害,也不能使他人受到伤害,不能使设备和其他作业系统受到影响或伤害。

优点:容易理解、便于掌握,评价过程简单。

缺点:适用于设计阶段使用,依靠经验,带有一定的局限性;安全评价结果缺乏可比性。

(3)作业条件危险性评价法(LEC)

使用范围:作业条件危险性分析法简单、综合性强,被大多企业所采用。它是在危害因素辨识的基础上,利用三种因素加权计算出每一种危害因素所带来的风险大小(主要评价操作人员伤亡风险大小)。LEC法风险等级的划分都是凭经验判断,难免带有局限性,应用时要根据实际情况进行修正。

优点:简单易行,危险程度的级别划分比较清楚、醒目。

缺点:适用于正常运行阶段,主要是根据经验来确定三个因素的分数值并划定危险程度分级,具有一定局限性。

这三种常用评价方法都适合于具体的井下施工作业进行评价,缺乏系统宏观性问题诊断和把握。

目前,大多企业在辨识方面做了大量工作,分析得非常透彻,但是没有很好地开展风险控制策划工作,因而造成识别、评价工作与目标指标、管理方案、运行控制、应急计划、监视测量、与法律法规等条款脱节或不一致,进而造成整个体系管理工作与实际工作脱节。

2.井下作业系统模型

系统理论:把人、机械和环境作为一个系统(整体),研究人、机、环境之间的相互作用、反馈和调整,从中发现事故的致因,揭示出预防事故的途径。

按照工程领域分析方法,井下作业系统以"安全-技术-成本"为坐标轴,构建成"三位一体"的空间概念模型。三条管理主线,以安全为底线,互为边界条件,协同发展,保障领域内的修井业务活动,都是规范化运行(图3-24)。

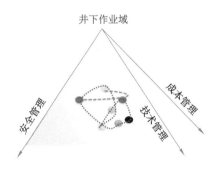

图3-24 井下作业系统概念模型图

系统研究内容:

① 机械的状况、环境的状况。

② 人的特性状况。

③ 人对系统中危险信号的理解。

④ 机械的特性与人的特性匹配性。

⑤ 人的行为响应时间与系统允许的响应时间关系。

系统理论认为:事故的发生是来自人的行为与机械特性之间的失配或不协调,是多因素互相作用的结果。因此,需要抓住要素进行综合分析。

3.系统风险评价方法

(1)瑟利模型(图3-25)

在事故的发展过程中,人的决策可以分为三个阶段,即人对危险的感觉阶段、认识阶段和响应阶段。在这三个阶段中,若处理正确,则可以避免事故和损失,内容包括:危险构成和危险输出。

瑟利模型是针对具体危险而言的。图3-25中的6个问题中,前两个问题都是与人对信息的感觉有关的,第3~5个问题是与人的认识有关的,最后一个问题与人的行为响应有关。这6个问题涵盖了人的信息处理全过程,并且反映了在此过程中有很多发生失误进而导致

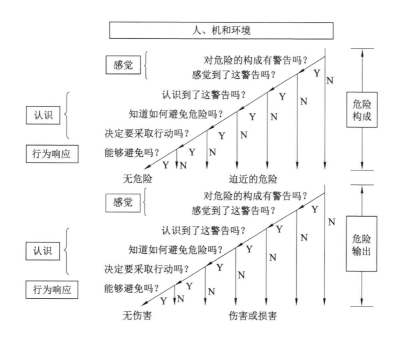

图 3-25 瑟利评估模型图

事故的机会。

瑟利模型的启示：一是要想有效防止事故的发生，关键在于发现和识别危险；二是危险的可接受性问题，正确处理安全与生产的辩证关系；三是为了防止事故，应具备及时采取避免危险行为的能力。

（2）安德森模型

安德森模型是对瑟利模型的扩展和修正，即：该模型在瑟利模型之上增加了一组问题，涉及的是危险线索的来源及可察觉性、运行系统内的拨动（机械运行过程及环境状况的不稳定性），以及控制和减少这些拨动使之与人的行为过程相一致。安德森模型是针对整个系统提问；而瑟利模型仅仅是针对某一具体的危险线索提问。

安德森模型对改进事故调查、事故预防，对有关事故的基本研究均指明了方向：一是对事故调查的指导，将运行系统的正常情况和反常情况进行对比分析；二是对事故预防的指导，保障机械和操作者的可靠性；三是对基本研究的指导，致力于改善和发展观察、记录系统运行的方法和确定危险线索所用的方法（图 3-26）。

4. 系统安全提升措施

油田企业将井下作业面临的四个方面的安全风险问题代入模型进行解析，逆向思考并建立了井下作业安全管理体系模型。根据井下作业市场化运行特点，以网格化管控思路细化每个节点的工作内容和工作标准，落实"关注承包商就是关注我们自己"的管理理念，突出问题导向，严把市场准入，加强教育培训，强化监管责任，从严问责考核，强化落实各油气生产单位的管理主体责任，持续提升井下作业承包商自主管理能力，确保实现油田企业井下作业安全生产"零事故"目标，不断完善管理系统，从而形成油田公司模式下的井下作业承包商安全管理长效机制。

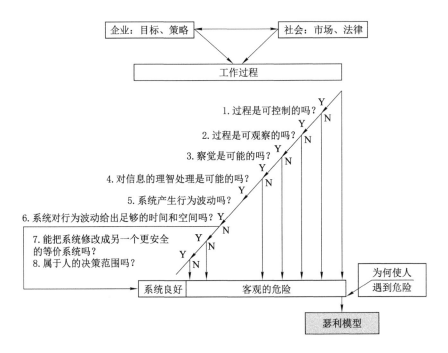

图 3-26　安德森评估模型图

按照"统一标准、统一管理、统一要求、统一考核"的原则,油田企业将井下作业承包商纳入统一管理,改变以包代管,甲乙方共筑"12345"专项提升管理体系,即:压实生产单位各个层级安全管理责任,紧盯人员安全技能和设备本质安全两个关键环节,落实三个方面安全管理专项整治,聚焦四个方面安全管理问题,开展五个方面安全管理专项提升工作(图 3-27)。

(1) 完善制度标准,夯实安全管理基础

一是完善"零容忍"机制。按照零容忍的要求,制定"低老坏"和违章必停的"十停工""十不准"清单,赋予现场监督和检查人员停工整改权力,同时将违反"十停工""十不准"条款的纳入 HSSE 业绩考核。

二是完善井下作业实施细则制度。修订井控管理实施细则,建立现场施工人员技能实操考核标准,完善井下作业承包商员工动态管理制度,完善设备更新淘汰管理标准,重点是制定人员休假管理制度、主体设备降级标准和井控设备淘汰标准,努力实现标准、制度全覆盖。

三是进一步完善标准化设计,在施工分类井控专篇和 QHSSE 专篇基础上,重点开展单井作业井况分析和风险评价,提升单井专篇的针对性和适用性。逐步建立设计、方案问题追究和考核机制。

四是提升标准化现场建设。作业现场管理从平面布置、设备设施摆放、警示标识、能量隔离等方面进一步规范。

五是进一步提升作业现场信息系统的远程实时传输和异常报警远程决策处理的功能提升监控和管理手段。

(2) 从严源头管理,提升自主管理能力

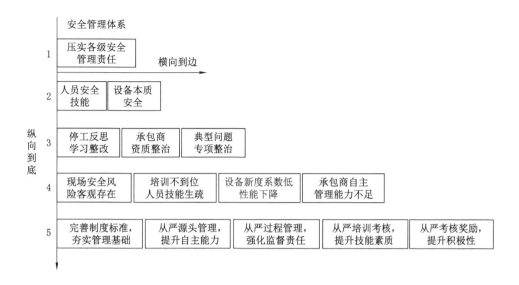

图 3-27　井下作业提升管理体系模型图

一是推行井下作业安全网格化管理,层层压实安全管理责任。油田公司对各井下作业承包商基层队伍安全管理体系的建设进行指导、监督、检查。

二是督促井下作业承包商完善安全生产组织机构,配齐配强专业技术和安全管理人员,完善各级全员安全生产责任制,明确主要负责人、业务负责人等主要管理人员安全职责,建立项目部负责人检查、带班、驻井等安全工作清单,强化安全引领力。

三是强化井下作业承包商风险管控能力,组织井下作业承包商对照作业清单开展风险辨识工作,重点对高压气井作业、解卡作业、射孔作业、穿换井口作业、吊装作业等高风险作业进行 JSA 分析,形成风险清单,落实管控措施和责任,针对较大及以上风险,必须采取工程措施,降低风险等级。

四是开展井下作业承包商帮扶管理。针对下达督察令、业绩排名靠后的承包商,进行督导和帮扶,通过标准解读、现场诊断、业务指导和经验交流等方式,帮助承包商提升 HSE 管理水平。

五是抓实设备检测,持续保障本质安全,超过 15 年修井机降级使用或更换,防喷器和节流管汇按照大厂家优先原则,逐步淘汰防喷器厂家和压井节流管汇厂家。

(3)从严过程管理,强化监督管理责任

一是强化地质设计、工程设计、施工设计的分级审批制度落实,加强设计变更安全管理,严格井下作业承包商施工设计审查,高压气井作业、检维修试压等复杂作业必须提供高风险作业清单及管控措施,解卡作业、射孔作业、穿换井口等特殊作业必须明确作业工序、JSA 分析、设备性能、人员资格和应急措施,从设计源头确保本质安全。

二是建立重点高风险工程设计联合审查机制,邀请井下作业承包商专家参与分公司设计审查,以上工作由油气开发管理部牵头,各油气生产单位负责。

三是从严开工验收管理,建立开工验收问责倒追机制,凡是发现属于开工验收问题的按照"谁签字、谁负责"的原则严肃追责。

四是严格技术交底和现场检查,做到"六不开工",即施工环境、条件、工序、危险因素、控制措施、操作规程和应急措施交接不清不开工,无视频监控或监控覆盖不全不开工,不设警戒隔离、防护设施不到位、现场杂乱不开工,存在可燃有毒气体的区域以及存在窒息风险的作业无环境气体实时检测不开工,安全帽、安全带、空气呼吸器等个体防护用品配备不全、不能正确使用不开工。

五是从严落实井下作业监督责任,落实现场监督安全责任,完善监督手册、工作清单和考核标准,同时完善关键环节监督清单,实行驻厂旁站监督,确保井控设备检维修、工具入井和试压等关键环节监督到位。

六是完善承包商安全检查表,明确"低老坏"、重复性、严重性问题扣分标准,加大视频回放检查抽查力度,加强检查发现问题隐患的闭环管理,从严日常检查、季度检查、专项检查考核扣分管理,并按照"四不两直"的要求对井下作业承包商开展检查。

(4)从严培训考核,提升人员技能素质

一是建立完善安全培训机制,加强对公司职工的安全技能和安全知识的系统培训。针对当前安全生产任务繁重、职工人员紧张的实际,公司采取以会带训、半脱产培训等简单实用、灵活方便的学习形式进行安全教育。在技术培训上,本着干什么学什么、缺什么补什么的原则,落实具体的培训计划。一般工种侧重于岗位技能的应知应会培训;安全管理人员及要害岗位工种的培训,侧重于安全法律法规、操作技能和安全专业知识的培训,提高他们对事故的处理能力和对突发事故的应变能力,切实增强培训学习的针对性、主动性和实效性。对薄弱人员及时开展安全预防性教育,有重点有步骤地进行培训和帮教,从而使职工能够干标准活、干放心活。

二是推进岗位人员实操验证考核,通过对"应知应会"内容进行考核认证达到线上岗位操作要求,提升人员个人综合操作水平,加强人员对业务、流程及设备的掌握程度。

三是从严井下作业承包商关键岗位人员季度考核,进一步完善考试题库,每季度对项目部负责人、安全负责人、关键技术岗位等人员进行考试,考核不合格的离岗培训。

(5)从严考核奖励,提升安全文化水平

一是建立可行的目标考核机制,让各级人员始终保持一种丝毫不放松、不麻痹的思想状态和责任感。油田公司要制定安全考核目标,同样,井下作业承包商也要根据自身特点下达相应的安全考核目标。同时要把能否实现安全目标与班组和个人工资、奖金挂钩考核,作为班组和个人评选先进的否决条件,真正实现严格考核,避免形式化。

二是把"人本"管理以及精神文明建设作为安全工作的主线,推行人性化安全管理,从抓思想、提认识、转观念入手,突出安全主题,不断丰富和提升安全文化。建立以"抓安全就是抓效益""安全只有起点,没有终点"等为内容的安全文化体系,不断提高干部职工的安全意识。

三是充分利用各种会议及网络、宣传栏、安全知识竞赛、技术比赛、劳动竞赛、安全座谈,以及征集安全漫画、安全警句格言等活动,营造浓厚的安全氛围,促使员工积极学业务、练本领、掌握安全技能,使"我要安全"变成员工的共识和自觉行为,有效地提升整体安全文化水平。

5. 系统提升管理效果

油田企业通过开展井下作业安全管理模型的研究与应用,全面提升了井下作业系统管理水平,将"环境-人员-设备-管理"四个维度的 12 项指标全面提升至 95％以上,安全风险再评价级别均评定为低(表 3-28)。取得的认识有以下几个方面:

一是通过井下作业安全管理模型的研究与应用,能够有效控制井下作业安全风险和减少事故隐患,全面提升了安全生产管理水平,为油田公司管理体制和机制不断完善提供了有力支撑。

二是利用安德森模型开展井下作业系统安全状态诊断,能够直观反映主要矛盾,为改善安全管理指明了方向,通过逆向创新构建"12345"井下作业安全管理体系,全面开展管理提升工作,能够指导安全管理体系持续完善。

三是井下作业安全管理模型的研究与应用是管理方法的一项变革,任何新事物的出现都需要一个建立→完善→推广的过程,只有通过实际应用查找不足,才能从提高理论依据和推广适应范围的角度不断丰富该方法的内涵。

表 3-28 安全管理要素指标再评价表

分类	指标名称	之前	风险级别	目前	风险再评级
环境	开工验收一次通过率	75％	低	95％	低
	施工视频远传覆盖率	96％		100％	
	数据监控实时传输率	73％		100％	
人员	实操验证考核通过率	73％	高	100％	低
	岗位人员考试合格率	76％		100％	
	现场人员配置达标率	81％		100％	
设备	主体设备检测及时率	98％	高	100％	低
	设备维护保养及时率	89％		100％	
	设备故障维修停工率	3％		100％	
管理	标准化现场的达标率	87％	中	100％	低
	后勤管理保障及时率	70％		95％	
	操作人员培训及时率	81％		100％	

三、作业安全体系管理重点

在油田公司 HSE 管理体系之下,风险管控是井下作业安全系统有效运行的核心。通过对生产活动及相关过程进行危险源的辨识和风险评价,判定出一般风险和重大风险并制定相应的控制措施,进行持续性的检查、监督和动态管理,以此达到预防事故的基本要求。

(一)危险源辨识

危险源辨识应以所有的业务活动以及服务产生影响的职业健康安全风险为依据,辨识与各项业务活动有关的所有危险源。需要重点强调的是危险源辨识≠隐患排查。危险源辨识是为了明确所有可能产生或诱发事故的不安全因素,辨识的首要目的是对危险源进行预先控制。危险源辨识应依据相关法律法规及有关规定标准,结合实际情况考虑作业过程中存在的六种类型影响因素、三种时态和三种状态(表 3-29～表 3-31)。

表 3-29　作业过程中存在的六种类型影响因素表

类别	内容
工况因素	作业场所或对象复杂危险,如高温、高压、高含硫化氢
设备因素	设备设施缺陷、负荷超限、维护保养不到位
人员因素	健康状况异常,从事禁忌作业,心理异常、辨识能力缺陷等
工艺因素	易燃易爆、自燃、有毒、腐蚀性物质等
管理因素	指挥错误、操作错误、监护错误等
环境因素	噪声、振动、电磁辐射、运动物、明火、高低温物质、粉尘

表 3-30　作业过程中危险源存在的三种时态表

类别	内容
过去时态	以往发生的,已经造成职业健康安全危害,并且有可能对现在存在遗留的危害
现在时态	现在正在发生着,或过去到现在仍持续发生的
将来时态	现在尚未发生,但目前正进行规划或将来可能发生的(潜在法规要求的)

表 3-31　作业过程中危险源存在的三种状态表

类别	内容
正常状态	在标准作业条件下及周期性作业下的操作行为活动,如常规操作、设备正常的运转等
异常状态	在非标准作业条件下及非周期性作业下的操作行为活动,如特殊作业、非计划性的停电等
紧急状态	不定期出现,不可预见或可预见但发生频率较低的情况,如突发性自然灾害、设备严重故障等

　　划分作业活动是充分辨识危险源的基础,作业活动应从"人、机、物、法、环"五个方面考虑,主要包括不安全行为、不安全状态和管理存在的缺陷等几个方面(图 3-28)。

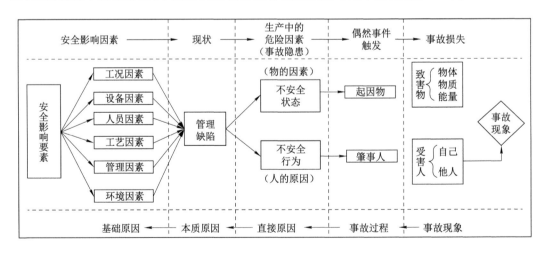

图 3-28　井下作业安全事故影响因素图

(二)高风险作业井评估

　　施工设计阶段:典型"三高"油气井修井作业,必须进行单井作业风险评估工作,并提出合理化建议,保障直接作业现场安全。具体以单井为例进行介绍。

1. 井筒基本状况

(1) 井筒基础数据

Q1 井(图 3-29)位于 1 号主干断裂带北部。2017 年 7 月 27 日开钻,2018 年 1 月 8 日完钻,井深 8 225.4 m(斜)/7 772.5 m(垂),完钻层位 O_{1-2y},完井方式常规测试+酸化。初期油压 38.77 MPa、套压 13.71 MPa,初期产液量 66.1 t/d。基础数据详见表 3-32。

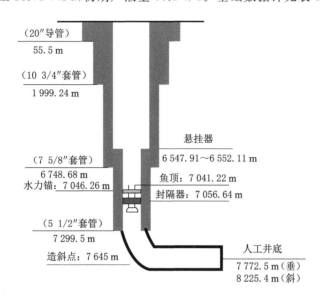

图 3-29　Q1 井井身结构图

表 3-32　Q1 井基础数据表

井别	水平井	完钻时间	2018 年 1 月 8 日	10 3/4″套管下深	1 999.24 m
完钻垂深	7 768.16 m	完钻斜深	8 225.4 m	5 1/2″套管下深	7 299.5 m
完井层位	完井井段	人工井底	8 225.4 m	7 5/8″套管下深	6 748.68 m
O_{1-2y}	7 299.5~8 225.4 m	完井方式	裸眼	固井质量	良好

井内落鱼:(自上而下)2 7/8″FOX 油管残体×4.06 m+5 1/2″水力锚×0.57 m+2 7/8″FOX 油管 1 根×9.57 m+5 1/2″PHP-2 封隔器×1.77 m+2 7/8″EU 油管 5 根×47.95 m+2 7/8″多级球座×0.2 m+2 7/8″管鞋×0.13 m(理论鱼顶深度:7 041.22 m,井内落鱼长度:64.55 m)。

(2) 作业工序设计

方案设计:12 项工序(图 3-30),考虑井内管柱重量和抗拉强度,按照钻井机和修井机两种设备类型,进行解剖式风险评估。

2. 评价结果及建议

(1) 评价结果

在具有潜在危险性作业环境中的危险源进行安全评价,将本井的设备和工序逐项代入公式 $D=L×E×C$,得出以下评价结果:

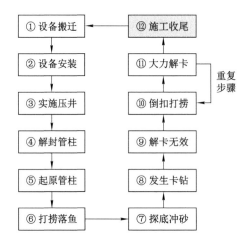

图 3-30　方案设计

修井机风险值高,修井机 D 值平均 86.6 分,钻井机设备 D 值平均 47.7 分(图 3-31)。

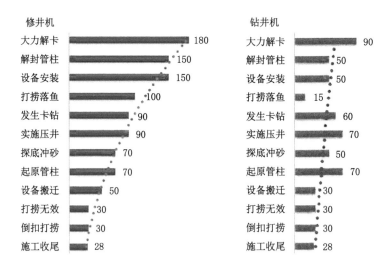

图 3-31　Q1 井工序评估结果图

修井机重大风险 1 项,较大风险 5 项,一般风险 6 项,低风险 0 项。钻井机重大风险 0 项,较大风险 1 项,一般风险 10 项,低风险 1 项(图 3-32)。

(2)评价建议

一是设备选型方面,针对 Q1 特超深井(>7 000 m)作业,修井设备风险高于钻机设备,因此本井推荐钻机施工。

二是大力解卡工序属于"三重一险"工序,需要严格执行现场领导带班制度。

三是新区块进入开发阶段,工程技术配套工作亟待加强,从管理层到操作员,安全风险认知亟待加强。

(三)常态化的安全自查

现场施工按照标准化管理和规范化检查的要求,制定安全检查表对设备、设施、作业场

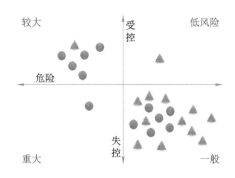

图 3-32 Q1 井风险管理状态矩阵图

所的项目进行检查,逐项落实安全措施,保证系统安全。

1. 现场安全检查表

安全检查表(表 3-33)分析可用于对物质、设备、工艺、作业场所或操作规程的分析,为防止遗漏,在制订安全检查表时通常要把检查对象分割成若干个子系统,按子系统的特征逐个编制安全检查表。根据风险评价结果及经营运行情况等,确定不可接受的风险,制定并落实控制措施,将风险尤其是重大风险控制在可以接受的程度。

表 3-33 井下作业修井机安全检查样表

单位: 设备名称: 区域: 分析日期:

分析人员: 审核人: 审核日期:

类型	检查内容	分类	L	S	R	建议改正/控制措施
修井机与钻台	修井基础应平整、坚固,钻台底座与基础接触无悬空	主要				
	刹车系统灵活可靠,刹把有防滑链,紧急制动反应灵敏	主要				
	刹带无变形、无裂纹,顶丝本体完好,刹车片磨损剩余厚度不应超过顶丝上平面;水刹车灵活好用,水位调节阀有效,水箱及管路不漏水	主要				
	防碰天车装置灵活好用,防碰距离不小于 2.5 m	主要				
	大钩保险销完好,耳环螺栓应紧固。吊环无损伤、变形,等长并与游车相匹配	主要				
	死绳不得拖挂在井架上,余绳不少于 1 m,死绳头用 5 个配套绳卡卡固	主要				
	游动滑车处于最低位时滚筒余绳不少于 15 圈	主要				
	逃生器悬挂体用悬挂绳穿过 U 形环缠绕在井架二层操作平台上方 2.5～3.5 m 的井架上,并用卸扣固定在人容易逃离的位置	主要				
	新开发的区块、气井、气液比大于 200 m³/t 的井应安装司钻控制台,司控台接口做防尘保护措施,控制系统油路、气路密封良好	主要				
	操作台仪表齐全,各种阀门开关灵敏可靠、不渗漏	次要				
	井架安装防坠落装置,上井架入口处有安全标示,防坠器、差速器灵活好用	次要				

安全检查表的主要作用:一是根据不同的单位、对象和具体要求编制相应的安全检

查表,可以实现安全检查的标准化和规范化;二是使检查人员能够根据预定的目的去实施检查,避免遗漏和疏忽,以便发现和查明各种问题和隐患;三是依据安全检查表检查,是监督各项安全规章制度的实施、制止"三违"的有效方法;四是安全检查表是安全教育的一种手段。

2. 安全检查的过程

现场检查时,要根据要点中所提出的内容逐一进行核对,并做出相应回答。如果在检查中发现现场的操作与检查内容不符时,则说明已存在着事故的隐患,应该马上整改,按检查表的内容实施。

(1)检查结果

某井检查1:修井机滚筒左侧刹带和刹车块厚度分别为 10 mm 和 14 mm,刹把在完全松开的状态下刹带与刹车毂之间的间隙为 7 mm。

存在问题:违反了 SY/T 6680—2021 中的要求,详见表3-34。

整改要求:根据作业危害分析(JHA)进行评价,风险度值为 12 分,为重大风险,应采取紧急措施降低风险,建立目标指标或运行控制程序,定期检查、测量及评估。

表 3-34 某井现场安全检查表 1

检查项目	检查标准	未达到标准的主要后果	现有的控制措施	L	S	R	建议改正/控制措施
修井机滚筒左侧刹车	SY/T 6680—2021	刹车失灵,提升期间易溜钻形成事故	每班检查	3	4	12	立即整改,更换刹车块,并调整达准

某井检查2:修井机辅助吊钩沟口闭锁装置损坏;钢丝绳磨损严重存在断丝;滑轮槽变形且磨损严重。

存在问题:副吊钩沟口闭锁装置损坏,不符合 SY/T 6605—2018 中的规定;钢丝绳断丝、锈蚀、变形等不符合 SY/T 6666—2017 中的规定;滑轮磨损不符合 SY/T 6605—2018 中的规定,详见表3-35。

整改要求:根据作业危害分析(JHA)进行评价,风险度值为 16 分,为重大风险,应采取紧急措施降低风险,建立目标指标或运行控制程序,定期检查、测量及评估。

表 3-35　某井现场安全检查表 2

检查项目	检查标准	未达到标准的主要后果	现有的控制措施	L	S	R	建议改正/控制措施
修井机提升装置	SY/T 6605—2018 SY/T 6666—2017	吊装期间易发生掉落事故	每班检查	4	4	16	立即整改,更换吊钩闭锁装置、钢丝绳和滑轮

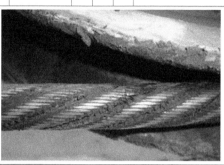

某井检查 3:修井机井口放喷流程管线未固定,防喷管线丝扣(磨平)损坏,且防喷管线存在渗漏。

存在问题:违反了 SY/T 5964—2019 中的要求,详见表 3-36。

整改要求:根据作业危害分析(JHA)进行评价,风险度值为 12 分,为重大风险,应采取紧急措施降低风险,建立目标指标或运行控制程序,定期检查、测量及评估。

表 3-36　某井现场安全检查表 3

检查项目	检查标准	未达到标准的主要后果	现有的控制措施	L	S	R	建议改正/控制措施
修井机井口放喷流程	SY/T 5964—2019	放喷期间易发生刺漏形成事故	每班检查	3	4	12	立即整改,更换防喷管线,规范固定后试压达准

（2）整改建议

一是本井现场立即停工整改,并由检查人员进行问题整改复查,合格后方可开工。二是按照举一反三的工作要求,以本井为典型案例,要求所有修井队伍对以上问题开展专项自检自查。

（四）评估结果的应用

1. 强化资料的分析

井下作业安全管理是一个动态循环的过程，不是运行一次就完结，而是要周而复始地进行。一个循环完了，解决了一部分的问题，可能还有其他问题尚未解决，或者又出现了新的问题，再进行下一次循环，在使用过程中会不断积累经验和方法，形成工作有计划、落实有记录、检查有改进、循序渐进、持续改善、不断完善的工作机制，从而达到消除隐患、减少事故的管理目标。

① 通过常态化的安全自查工作，形成了井下作业"十大隐患"问题清单（表3-37），明确了下步工作的重点。

表 3-37　井下作业"十大隐患"问题清单表

专业	识别数量	十大风险隐患			
井下作业	161	1. 起重吊装	2. 压裂作业	3. 风沙事故	4. 井口溢流
		5. 高处作业	6. 触电危害	7. 闪爆事故	8. 硫化氢环境
		9. 射孔作业	10. 职业病		

② 通过高风险作业井评估，形成了规范化的风险控制程序。对与可容许风险有关的运行和活动，通过有效措施保障其处于有效控制状态；对重大风险相关的运行和活动，应采取适当的方法和措施降低其风险等级，最终使其变成可承受的风险（图3-33）。

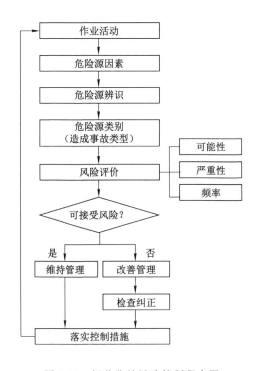

图 3-33　规范化的风险控制程序图

2. 风险管控的措施

作业施工过程中,每班都要建立班组 HSE 管理交接班记录,开展隐患评估活动,将事故消灭在萌芽状态。同时,对施工过程中存在的有较大危及人员、设备安全的作业进行重点管控。

(1) 设备搬迁(表 3-38)

表 3-38 井下作业设备搬迁风险管控表

名称	序号	内容
隐患风险评估	1	路况差会造成车损人亡的大事故
	2	紧急刹车时,车上货物与人相互挤压造成伤亡
	3	颠簸路面行驶时,易造成值班房颠覆
风险削减措施	1	勘察所经路线状况,对道路要进行清理或垫平,对年久失修损坏和坍塌严重的路段要进行修补压实,防止重型车辆颠覆
	2	搬迁中应遵守有关交通规则,严禁人货混装,值班房内的物品应放置平衡,拖运时严禁值班房内坐人
	3	颠簸路面要减速行驶

(2) 压(洗)井(表 3-39)

表 3-39 井下作业压(洗)井风险管控表

名称	序号	内容
隐患风险评估	1	压井不成功易造成井喷
	2	漏失易造成油层污染
	3	高压爆裂易发生人身伤亡事故
风险削减措施	1	压井前,先用嘴子或闸门控制放喷,压井中途不能停泵,以免压井液气侵
	2	用泥浆压井时,压井前应先替入井筒容积 3 倍的清水,待出口见水后,再替入泥浆,以防止泥浆被气侵
	3	替入泥浆后,要控制进口与出口泥浆密度差小于泥浆密度的 2%
	4	为保证油层不污染,应避免压井时间过长
	5	压井前应对所有压井管线试压,试验压力为工作压力的 1.5 倍
	6	压井时不应在高压区内穿行,如出现刺漏,应停泵放压后再处理;开关高压闸门应侧身操作;在压力升高时,严禁施工人员跨越压井管线
	7	压井时,井口四通顶丝要上紧,拧紧各部位螺栓
	8	现场准备好防喷闸门及所有接头

(3) 下钻作业(表 3-40)

表 3-40　井下作业下钻作业操作风险管控表

名称	序号	内容
隐患风险评估	1	操作失误,吊环易挤伤手指或弹起伤人
	2	吊卡、吊环疲劳强度降低,承压后断裂伤人
	3	月牙销失灵或油稠,造成关闭不严,油管、抽油杆掉下伤人
	4	吊卡销子不配套或插不到位,外力作用下易弹出掉落
	5	顿钻伤人及管柱落井伤人事故
风险削减措施	1	提放管柱过程中,井口人员应站在井口两侧安全范围内,管柱下方不准站人
	2	选择吊卡必须与管柱匹配,安全销子灵活好用
	3	提单根时,吊卡开口必须朝上
	4	吊卡销子要安全可靠
	5	要调整好刹车,确保灵活好用

（4）起钻作业（表 3-41）

表 3-41　井下作业起钻作业操作风险管控表

名称	序号	内容
隐患风险评估	1	操作失误,吊环易挤伤手指或弹起伤人
	2	吊卡、吊环疲劳强度降低,承压后断裂伤人
	3	月牙销失灵或油稠,造成关闭不严,油管、抽油杆掉下伤人
	4	吊卡销子不配套或插不到位,外力作用下易弹出掉落
	5	井内管柱遇卡易发生事故
	6	单吊环管柱落井伤人事故
风险削减措施	1	提放管柱过程中,井口人员应站在井口两侧安全范围内,管柱下方不准站人
	2	选择吊卡必须与管柱匹配,安全销子灵活好用
	3	提单根时,吊卡开口必须朝上
	4	吊卡销子要安全可靠
	5	起管柱前先检查地锚、绷绳以及井架基础、拉力表是否符合要求。起钻时先缓慢试提,注意指重表变化
	6	井口操作人员、司钻要集中精力配合好

（5）液压动力钳操作（表 3-42）

表 3-42　井下作业液压动力钳操作风险管控表

名称	序号	内容
隐患风险评估	1	尾绳断脱,绳卡紧固不牢,易造成事故
	2	更换钳牙或检修时,误碰操作杆,造成人员人身伤害
风险削减措施	1	液压动力钳灵活好用、安全可靠
	2	悬吊的液压动力钳钢丝绳直径应不小于 13 mm,两端各用 3 个绳卡固定牢靠
	3	液压动力钳尾绳用 $\phi16$ mm 以上钢丝绳,卡在井架腿上,两端各 3 个绳卡,背钳必须使用背钳固定保护器

（6）射孔及测试联作（表 3-43）

表 3-43   井下作业射孔及测试联作风险管控表

名称	序号	内容
隐患风险评估	1	射孔炮弹搬运不当、发生碰撞,易爆炸伤人
	2	射孔过程中,容易发生井喷事故
	3	井口大螺丝不全或上不紧,易造成井喷失控
	4	测试仪组装过程中易发生碰撞损坏时钟,造成测试失败
	5	起下钻过程中易发生坐封,造成跳槽等事故
	6	起下钻过程中会产生撞天车或顿钻事故,造成人员伤害和设备损坏
	7	下测试仪过程中可能发生井喷
风险削减措施	1	射孔前,必须装好防喷大闸门,法兰螺丝要上紧,紧固均匀,闸门开关灵活好用
	2	动力设备运转正常,中途不得熄火,司钻不准离开操作控制台
	3	射孔施工时,非操作人员不准在井口停留
	4	射孔过程及施工完后,应有专人观察井口,防止井喷。测试仪组装过程要求避免剧烈碰撞,做到轻提慢下
	5	下测试仪过程中要求司钻注意力集中,一岗、二岗密切配合,防止管柱旋转
	6	施工前司钻认真检查通井机各部位运转情况,刹车是否灵活好用
	7	起下测试仪过程中必须装封井器做好防喷措施

（7）挤水泥（表 3-44）

表 3-44   井下作业挤水泥风险管控表

名称	序号	内容
隐患风险评估	1	施工速度过慢易造成"插旗杆"或"灌香肠"
	2	水泥不合格也能造成"插旗杆"或"灌香肠"导致注灰失败
	3	井况不明易造成"插旗杆"或"灌香肠"导致注灰失败
	4	计算、计量不准确易造成"插旗杆"或"灌香肠"导致注灰失败
	5	设备中途熄火会造成注灰失败
	6	拌灰过程中灰尘对人体健康有害
风险削减措施	1	严密组织、精心施工,各部位准备好后方可施工
	2	注灰前灰样必须化验,合格后方可施工
	3	认真调查井况,看是否有外溢、渗漏等情况,选择合适的压井液和适量隔离液
	4	认真计算,认真计量,统一施工,严禁水泥车中途无通知打水
	5	设备认真检查,中途不准熄火,一旦设备失灵要立即反洗井
	6	配备必要的防尘物品,如口罩等

（8）压裂（表 3-45）

表 3-45　井下作业压裂风险管控表

名称	序号	内容
隐患风险评估	1	压裂时压力较高易掀开井口采油树造成事故
	2	压裂时压力较高,高压区易发生刺漏
	3	开关高压闸门时,闸门有可能飞出
	4	放喷时压力较大,易造成事故
风险削减措施	1	井口必须更换成干式采油树,各部位上紧后再用四条绷绳、地锚绷紧
	2	压裂时要进行试压,试压压力要高于工作压力,管线无刺漏为合格。高压管汇区施工时严禁站人或跨越
	3	开关闸门时应侧身操作
	4	放喷必须采用硬管线,不得带死弯头,出口用地锚固定

（9）探底冲砂（表 3-46）

表 3-46　井下作业探底冲砂风险管控表

名称	序号	内容
隐患风险评估	1	油壬对接不紧固,刺漏造成污染
	2	水龙带未系保险绳,水龙带脱开掉落砸伤地面人员及损坏设施
	3	弯头不灵活,上油管扣时油壬松扣,刺漏造成伤人及污染事故
	4	出口用水龙带未固定,水龙带跳动造成污染或砸伤人员
	5	出口管线有 90°直弯头或未固定好,管线跳起造成人员伤害或污染事故
	6	冲砂不彻底或换单根时间长,造成砂埋油管
	7	探砂面加压过大,造成砂堵油管
风险削减措施	1	各油壬完好,且要砸紧
	2	水龙带系安全绳,安全绳必须牢固
	3	弯头灵活好用
	4	出口管线严禁用软管线
	5	出口管线严禁有 90°直弯头,出口管线必须固定牢固
	6	冲砂至出口含砂小于 0.2%,换单根时动作要迅速
	7	探砂面加压不能超过 20 kN;探砂面后油管尾部要起至原砂面以上方可停工
	8	严格按操作规程执行

（10）打捞（表 3-47）

表 3-47　井下作业打捞风险管控表

名称	序号	内容
隐患风险评估	1	冲洗打捞时,加压过大,使水泥车憋压,造成水龙带憋坏
	2	打捞时,不听从指挥,盲目上提,造成人员受伤及设备损坏
	3	拉力表失灵,解卡时不能准确掌握上提负荷,造成设备损坏和人员伤亡
	4	解卡时,地锚、绷绳、死绳、绳卡、大绳未检查,上提解卡时造成设备损坏或人员伤亡

表 3-47(续)

名称	序号	内容
风险削减措施	1	打捞冲洗时,加压负荷不超过 30 kN,防止憋泵
	2	打捞时,必须有专人指挥
	3	拉力计必须完好,灵活好用
	4	打捞解卡前,对地锚、绷绳、死绳、绳卡、大绳进行检查加固,确保完好

四、作业突发性事件的处置

落实油田公司 HSE 体系管理文件的要求,按照突发事件的性质、严重程度、可控性、影响范围等因素对应急事件划分为油田公司级、厂级、基层单位级三个级别,每个层级要制订相应突发事件应急预案,在遇到紧急情况时启动响应程序(图 3-34)。

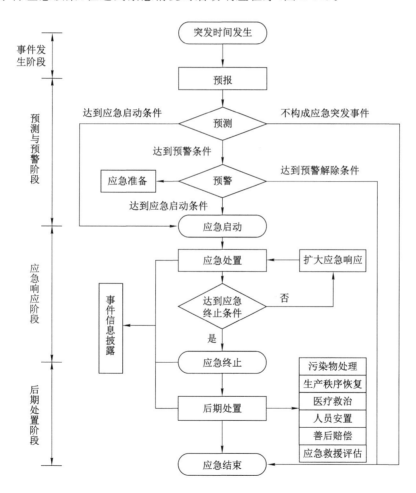

图 3-34　应急响应基本流程图

(一)井下作业应急程序

在综合应急预案的基础上编制的针对生产安全事故(包括井控事故、火灾爆炸、硫化氢逸散、危险化学品泄漏和中毒、油气管道泄漏等)的专项应急预案,适用于井下作业现场安全事故的应对工作(图 3-35)。

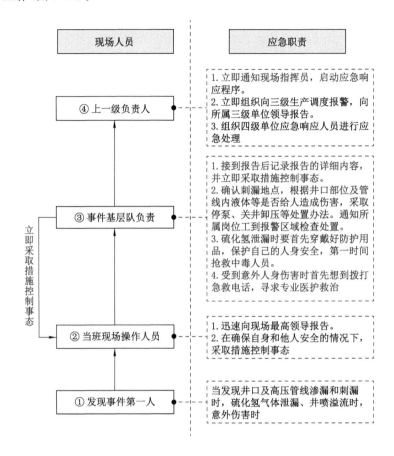

图 3-35 井下作业现场安全事故应急处置程序图

为提高井控事故应急处置反应速度,控制事态蔓延,降低人员、财产和环境损失程度,现场须成立应急处置小组(表 3-48),负责井控事故的前期状态控制工作,在第一时间对应急现场采取行之有效的控制及预防措施。同时,执行《井下作业现场井控事故应急处置程序》,并按程序要求及时汇报。

表 3-48 井下作业现场事故应急处置小组人员表

名称	人数	岗位
组长	1	现场负责人(队长)
组员	1	班长(司钻)
	1	副班长(副司钻)
	1	技术员
	2	一岗(内、外钳工)
	2	二岗(井架钳工)
	2	三岗(场地工、泥浆工)

（二）井下作业应急处置

（1）井控应急处置（表 3-49）

表 3-49　井控应急处置

步骤	处置	负责人	备注
现场发现	发现井涌	发现人	
报警	向班长报告：井喷情况及液体性质	发现人	
	向基层队报警：井喷情况及液体性质，有没有人员受伤，报警人××××	班长	
警戒	携硫化氢气体检测仪测试，划定警戒范围，使用隔离带隔离事故现场	副班长	
应急程序启动	由班长指挥开展应急抢险	班长	
	操作设备，停止作业	副班长	
	开套管闸门	技术员	
	井口操作，抢装关旋塞	井口工	
	关半全封，迅速使用远程装置控制液压防喷器关闭井控装置	井口工	
	关套管闸门	技术员	
	观察压力	技术员	
	修井机熄火、切断电源	副班长	
人员疏散	组织无关人员及施工人员立即沿上风向、到紧急集合点集中。组织现场非抢险小组人员（含施工人员）撤离，清点人数	班长	
信息传达	接到井涌通知	接电话人	
报警	向队长报告：井喷情况及液体性质	接电话人	
	向上一级应急响应中心及领导报告：井喷情况及液体性质，有没有人员受伤	现场负责人	
人员组织	根据井喷情况，准备应急物资	技术员	
	组织队上应急小组人员迅速赶赴现场	现场负责人	
应急程序启动	根据现场抢喷情况组织抢险	现场负责人	
	如井喷如果没有停止则队长指挥开展应急抢险，按照防井喷控制程序操作步骤快速组织实施关井	现场负责人	
现场勘探检查	如班组抢喷成功则由副队长检查封井器情况、井口螺丝的紧固情况，保证液压管网的正常压力	副班长	
	检查确认井口防喷器、旋塞阀、套管闸门	副班长	
接应救援	根据事态发展情况，打开消防通道接应消防、医疗、环境监测等车辆及外部应急增援	技术员	
报告	向上一级生产调度及领导报告：井涌处理情况，现场有没有人员受伤等情况	现场负责人	

注意：1. 进入有毒气体及可能中毒区域佩戴空气呼吸器，其他附近区域佩戴过滤式防毒面具。

　　　2. 人员疏散应根据风向标指示，撤离至上风口的紧急集合点，并清点人数。

　　　3. 施工人员疏散时，应检查关闭现场火源，切断临时用电电源。

　　　4. 应急关井处理时要迅速快捷，按照井挖"五、七"分工动作，及时到位。

（2）含硫化氢气体作业井应急处置（表 3-50）

表 3-50　含硫化氢气体作业井应急处置

步骤	处置	负责人	备注
现场发现	发现井涌	发现人	
发现异常	井口硫化氢气体报警仪红灯闪烁,并伴报警声音	发现人	
异常确认	判断井内有硫化氢气体,确定硫化氢气体含量	副班长	
	向班长汇报,操作人员佩戴空气呼吸器现场确认	井口工	
报警	向现场负责人报告:井口发现硫化氢气体、含量×××,现场有没有着火,有没有人员中毒,报警人×××	班长	
警戒	携可燃气体检测仪测试,划定警戒范围,用隔离带隔离	井口工	
应急程序启动	停止施工,副班长、一岗跑向就近正压式空气呼吸器存放点,佩戴好后实施关井,关闭井口控制装置	副班长	
	关闭套管防喷闸门	技术员	
	观察井口压力,用检测仪检测硫化氢的浓度(根据情况等待压井)	班长指定人员	
人员抢救	戴空气呼吸器转移中毒人员,并实施急救	副班长	
	如有中毒人员,要持续进行抢救,直到专业人员到达	班长	
人员疏散	组织现场与抢险无关的人员(含施工人员)撤离	班长	
流程调整	通过套管防喷管线出口,用火矩管点火(根据关井及压井情况决定)	班长	
信息传达	接到硫化氢泄漏通知	接电话人	
报警	向队长报告:井口发现硫化氢气体、含量×××,现场有没有着火,有没有发现人员中毒	接电话人	
	向上级应急响应中心及领导报告:井口发现硫化氢气体、含量×××,现场有没有着火,有没有发现人员中毒	现场负责人	
人员组织	根据泄漏情况,准备应急物资	技术员	
	组织队上应急小组人员迅速赶赴现场	现场负责人	
应急程序启动	根据现场控制情况组织抢险	现场负责人	
系统保障	监控水泥车及压井液备用情况,保证压井液充足	班长	
	佩戴好空气呼吸器,保证可靠保护	应急人员	
	检查确认井已压住,井场周围没有硫化氢气体存在	副班长	
	(必要时)打开大排风扇,吹散遗留井场的硫化氢气体	副班长	
接应救援	根据事态情况,打开消防通道接应消防、医疗、环境监测等车辆及外部应急增援力量	技术员	

注意:1. 在含有硫化氢气体区域进行施工作业,要每人佩戴便携式硫化氢气体检测仪,至少每口井准备 6 套正压式空气呼吸器。

2. 人员疏散应根据风向标指示,撤离至上风口的紧急集合点,并清点人数。

3. 施工人员疏散时,应检查关闭现场的用火火源,切断临时用电电源。

4. 硫化氢气体含量≤10 ppm 就要报警。

（3）火灾应急处置（表 3-51）

表 3-51　火灾应急处置

步骤	处置	负责人	备注
报警	发现人:大声呼喊着火了、着火了	发现人	
	向 119/120 报警。根据火势情况,用手机拨打就近消防电话	副班长	
	向基层队及大队领导报告	副班长	
应急程序启动	迅速组织当班人员灭火	班长	
切断泄漏源	远程切断并控制火灾发生源	副班长	
	搬离火灾附近的易燃物(若可能)	场地工	
人员疏散	组织现场与抢险无关的人员(含施工人员)撤离	副班长	
信息传达	接到火灾通知	接电话人	
报警	向上级报告:现场着火的情况	接电话人	
	向上级应急中心报告:现场着火的情况	现场负责人	
人员组织	根据火情,准备应急物资	技术员	
	组织队上应急小组人员迅速赶赴现场	现场负责人	
应急程序启动	根据现场控制情况组织灭火	现场负责人	
系统保障	根据火灾类型选择灭火方法。油品着火禁止用水灭火	副班长	
	使用干粉灭火器进行灭火	应急人员	
泄漏物	检查确认残留火已全部扑灭、污排阀已经关闭	现场负责人	
封堵回收	清扫污物,固体废物放在工业垃圾桶	技术员	
警戒	携可燃气体检测仪检测,划定警戒范围,用隔离带隔离	副队长	
接应救援	打开消防通道,接应消防、医疗、环境监测等车辆及外部应急增援	技术员	

注意:1. 按要求施工现场配备足额的灭火器材,一月一检查,专人负责,登记造册。
　　　2. 接触有毒介质的关阀人员、回收人员须穿防护服和戴过滤式防毒面具。
　　　3. 人员疏散应根据风向标指示,撤离至上风口的紧急集合点,并清点人数。
　　　4. 施工人员疏散时,应检查关闭现场火源,切断临时用电电源。
　　　5. 报警时,须讲明着火地点、着火介质、火势、人员伤亡情况。

（4）意外伤害应急处置（表 3-52）

表 3-52　意外伤害应急处置

步骤	处置	负责人	备注
报警	向班长报告:发现×××因故受到伤害,向 110/120 报警	发现人	
	向基层队报警:发现有人员受伤,报警人×××	技术员	
应急程序启动	由班长指挥开展应急救援,首先要开展紧急自救,同时拨打离井场最近的医院急救电话。保护好事发现场,控制事态,安排专人到就近路口应接救护车辆	应急人员	

表 3-52(续)

步骤	处置	负责人	备注
停止相关作业	在条件允许的情况下,关闭井口,动力熄火	副班长	
信息传达	接到伤害通知	接电话人	
报警	向上级报告:×××因为什么受到伤害、伤害情况、目前状况	接电话人	
	向上级应急中心报告:×××因为什么受到伤害、伤害情况、目前状况	现场负责人	
人员组织	组织队上应急小组人员迅速赶赴现场	现场负责人	
预防事态发展	修井机熄火,关闭井场电源(根据现场情况决定)	班长	
	关闭停止使用诱发伤害的机具,防止重复性伤害(根据具体情况决定)	副班长	
警戒	划定警戒范围,用隔离带隔离现场	班长	
接应救援	根据事态发展情况,打开消防通道接应消防、气防、环境监测等车辆及外部应急增援	应急人员	

注意:1. 是坠落物体伤害的首先把受伤人员移至安全舒适的地方。

2. 电气伤害首先切断电源。

3. 施工人员疏散时,应检查关闭现场火源,切断临时用电电源。

4. 请求上级救援时要报告清楚受伤人数、伤害部位、受伤原因等情况。

第四章 修井作业操作规程

现代科学管理最突出的特点是任务的观念。通过界定业务、工作或管理活动展开的顺序、步骤,或流转的次序,再界定工作方法与准则,制订任务计划并实施这些计划,以达成目标。

运用科学管理来代替传统的经验法则,实行工具标准化、操作标准化、劳动动作标准化等标准化管理。只有实行标准化,才能使工人使用更有效的工具、采用更有效的工作方法,从而达到最大的劳动生产率。而井下施工现场是各种作业要素的集合,是实施标准化管理的载体。

第一节 标准化管理推行意义

标准化是指在一定的范围内获得最佳秩序,以实际的或潜在的问题制定共同的和重复使用的规则的活动。现场管理的标准化就是将现场管理工作的内容具体化、定量化、规范化,实现现场规范化、布局科学化、培训经常化、生活秩序化的管理要求,从而提高劳动生产率。

一、价值规律基本原理

马克思继承、批判和发展了斯密和李嘉图关于劳动价值论和价值规律的理论。他创立了劳动二重性的学说,论证了价值是凝结在商品中的抽象劳动。他还研究了商品价值量形成的规律,对于决定商品价值量的社会必要劳动时间的内涵做了精确的论证,并且指出社会必要劳动时间决定商品价值,调节商品生产和商品交换,如同万有引力一样是不以人们意志为转移的客观规律,如图 4-1 所示。

1. 价值规律是客观规律

马克思在《资本论》中关于价值规律的表述最核心的内容是商品的价值量取决于社会必要劳动时间,即商品按照价值相等的原则互相交换。商品价格受供求关系等因素的影响,围绕价值上下波动,自发地调节生产,刺激生产技术的改进,加速商品生产者的分化。

2. 价值规律的基本内容

商品的价值量是由生产这种商品的社会必要劳动时间决定的。在货币出现以后,一切商品的价值都由货币来衡量,表现为价格。价值规律所要求的等价交换,也就表现为商品的价格应该与价值相符。价值规律的这一客观要求,作为不以人们意志为转移的必然趋势,支配着商品生产和商品交换的运动,调节着社会劳动在各生产部门间的资源分配,刺激着商品生产技术的进步,决定着商品生产者的优胜劣败。

3. 价值规律的表现形式

价格围绕价值上下波动正是价值规律作用的表现形式。商品价格时升时降,但商品价

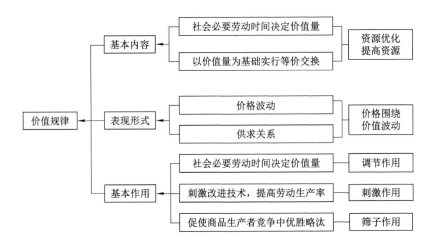

图 4-1   价值规律基本原理

格的变动总是以其价值为轴心。另外,从较长时期和全社会来看,商品价格与价值的偏离有正有负,可彼此抵消(图 4-2)。因此,总体上商品的价格与价值还是相等的。

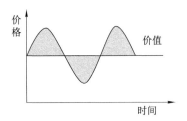

图 4-2   价值规律基础模型

一般情况下,影响价格变动的最主要因素是商品的供求关系。在市场上,当某种商品供不应求时,其价格就可能上涨到价值以上;而当商品供过于求时,其价格就会下降到价值以下。同时,价格的变化会反过来调整和改变市场的供求关系,使得价格不断围绕着价值上下波动。

(1)商品的本质

商品是用来交换的劳动产品。不同的商品生产者,由于主客观条件的差别,生产同一种商品所耗费的个别劳动时间是千差万别的。不等的个别劳动时间形成不等量的个别价值。商品的价值量不是取决于个别劳动时间,而是取决于社会必要劳动时间,即在社会现有的正常生产条件下,在社会平均的劳动熟练程度和劳动强度下制造某种使用价值所需要的劳动时间。

(2)交换的实质

商品交换实际上是商品生产者之间互相交换自己的劳动。只有各种商品都按照社会必要劳动时间决定的价值量进行交换,才能使交换成为互惠互利的事情。从长期的趋势来看,商品交换必然趋向于等价交换,商品的价格必然趋向于与其价值相符。

(3)个体的特质

商品的价值不是个体价值而是社会价值。每个生产者在生产商品时,并不确切知道究竟有多少人在生产同类商品,不知道有多少同类商品进入市场,也不知道市场对这种商品需求有多少。在这种条件下,商品价格对商品价值的不断背离是一个必要的条件,只有在这个条件下,商品价值才能存在。只有通过竞争的波动从而通过商品价格的波动,商品生产的价值规律才能得到贯彻,社会必要劳动时间决定商品价值这一点才能成为现实。

4. 价值规律的经济作用

（1）调节作用

价值规律调节生产资料和劳动力在各生产部门的分配。这是因为价值规律要求商品交换实行等价交换的原则,而等价交换又是通过价格和供求双向制约实现的。所以,当供不应求时,价格就会上涨,从而使生产扩大;供过于求时价格就会下跌,从而使生产缩减。价值规律就像一根无形的指挥棒,指挥着生产资料和劳动力的流向。当一种商品供大于求时,价值规律就指挥生产资料和劳动力从生产这种商品的部门流出;相反,则指挥着生产资料和劳动力流入生产这种商品的部门。价值规律的自发作用,也会造成社会劳动的巨大浪费,需要国家宏观调控。如图 4-3 所示。

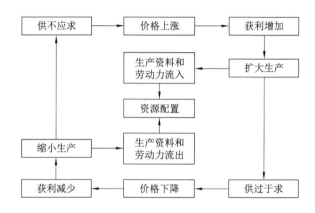

图 4-3 价值规律调节作用模型

（2）刺激作用

由于价值规律要求商品按照社会必要劳动时间所决定的价值来交换,谁首先改进技术设备,劳动生产率比较高,生产商品的个别劳动时间少于社会必要劳动时间,谁就获利较多。因而,同部门同行业中必然要有竞争,会刺激商品生产者改进生产工具、提高劳动生产率、加强经营管理、降低消耗,以降低个别劳动时间。如图 4-4 所示。

（3）筛子作用

在商品经济中存在竞争,竞争会促使商品生产者想方设法缩短个别劳动时间,提高劳动生产率,也会促使优胜劣汰。这是不以人的意志为转移的,如同筛子一样进行筛选。如图 4-5 所示。

二、修井作业价值规律

着眼于"油公司"模式下的修井作业管理,主要目的是使甲乙双方实现共赢,而实现这一目的的方式只能是提高劳动生产率。

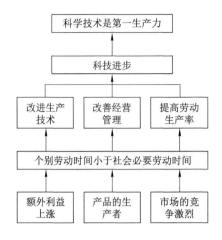

图 4-4　价值规律刺激作用模型

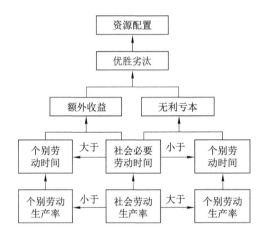

图 4-5　价值规律筛子作用模型

1. 油公司改革的举措

党的十八大以来,以习近平同志为核心的党中央多次对国有企业改革发展作出重要指示。深化国有企业改革,油田企业责无旁贷。油公司模式改革方案的目的就是确保增储上产,促进主营业务更加突出,队伍结构持续改善,人均劳动生产率、人工成本利润率等关键指标有效提高,人才创新活力全面激发等目标任务实现。

一方面,油田企业在汲取国内外先进油公司管理经验的基础上,结合国内油气田实际,进行体制机制的改革和完善,即重构管理体制、转换经营机制,最终达到提高油气田发展质量和效益的目的。通过推进油公司模式改革,进一步落实油气田企业坚持稳健发展,勇担责任使命,高质量推进综合性国际能源公司工作部署的重要举措。

另一方面,石油工程技术服务公司是为油公司提供工程服务和技术支持的石油企业。石油工程技术服务公司全面介入国内石油工程技术服务市场,企业市场主体意识不强,工作效率低,经济效益不突出,难以适应当前复杂激烈的国内外市场竞争的需要。

对于石油企业来说,实现综合经营整体效益好是高质量发展的核心。企业发展得好不好,不能只看规模拓展的速度,而是要看能否提供高质量的产品、技术服务和社会服务。油公司改革发展的方法遵循资本要投入少、资源配置效率高、生产环境成本低的基本规律。发展的结果是企业综合经营整体效益好,确保资本增值,把企业做优做强。

(1)转变经营思路、强化市场竞争

理念转变是向高质量转型的前提,没有新理念,就没有新举措。石油企业要从国家的利益出发,摆脱油价对我们的束缚,主动转变经营思路,倒逼加大改革的力度,提高生产效率,提高综合竞争力,而不是过多地寄希望于油价增长提高经营效益。

(2)降低生产成本、提高投资效益

降低生产成本、提高投资效益,对于油田企业的生存和发展具有重要现实意义。降本增效不仅是高质量发展的重要手段,也是高水平治理的重要任务。而管理和技术是实现降本增效的两个基本方面。技术是基础,管理是手段。掌握新技术,加上精细管理,将技术迅速转化为生产力,降本增效就会见到实效。

(3)体制机制改革、增强企业活力

深化企业体制机制改革的目的,就是要用新体制、新机制调动干部群众的积极性。通过改革转变经营理念,从计划经济思维模式转到市场经济思维模式,从规模建设型转到质量效益型,主动适应市场新秩序,推动经营方式的转变。

(4)改善创新环境、加大创新力度

改革的本质意义就是创新。现代企业发展越来越依赖于理论、制度、技术等领域的创新,企业的国际竞争力越来越多地体现在创新能力上,创新已经成为发展的第一推动力。石油企业的核心技术是买不来的,唯有立足自主创新,才能提升企业的综合竞争力,实现企业的可持续发展。

2. 价值规律指导变革

落实油公司的改革举措,运用价值规律分析。修井作业作为油公司开发生产的辅助专业,是在市场经济条件下按照等价交换原则,通过修井作业技术服务(有效施工时间)来保证油田开发过程中油气水井正常生产。修井作业价值规律基本原理如图 4-6 所示。

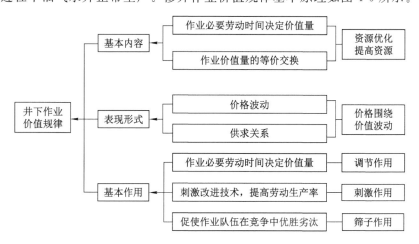

图 4-6 修井作业价值规律基本原理

通俗来讲,"价值"就是一种评价事物有益程度的尺度。而修井作业的价值,就是成本-安全-技术三个维度协同统一的衡量标准,从而实现价值量等价交换。修井作业价值规律评价结果见表 4-1。

表 4-1　修井作业价值规律评价的结果

类型	结果
作业时间＜有效施工时间	物超所值
作业时间＝有效施工时间	物有所值
作业时间＞有效施工时间	没有价值

(1) 市场现状及问题

以油田公司修井作业市场为例,大修队伍 37 支,小修队伍 19 支。其中,国有企业大修队伍 13 支,私营企业 24 支;国有企业小修队伍 2 支,私营企业 22 支。总体来看,国有企业队伍占比约 30%,修井作业市场缺少核心支撑力量,基础管理薄弱。

修井作业市场存在如下"价值博弈"问题:一是管理主线不明,"被动式管理"长期存在;二是标准执行存在偏差,业务流程不畅的现象客观存在;三是总结认识不够,"屡犯屡改"问题依然存在。

修井作业市场现状及问题见表 4-2。

表 4-2　修井作业市场现状及问题

类型	油公司(业主方)	修井作业队伍(承包商)
技术方面	甲方技术把控不够,方案设计水平有待提高	乙方技术支持力度不够,积极性不高
安全方面	甲方井控安全标准提高,要求人员培训力度加大	乙方施工人员流动大,熟练工人占比低
成本方面	甲方成本控制,工作量招标结算整体下浮	乙方成本投入增加,招标不接受下浮
监管方面	甲方监督管理人员不足,对于异常情况处置不及时	乙方自主管理的能力不足,存在"等、靠、要"的现象
质量方面	甲方对于质量追溯困难,尤其是落物的情况	乙方操作不当引发质量故障,存在侥幸心理

(2) 管理变革的思路

树立"系统抓、抓系统"的管理理念,坚持以核心价值为中心,充分发挥价值管理的导向和约束作用,使一切工作都向价值创造聚焦,把每个生产作业环节都打造成有质量有效益的价值链,提高修井作业创效能力。

修井作业价值管理工作要点见表 4-3。

表 4-3　修井作业价值管理工作要点

类型	工作要点
安全管理	督查、培训、治理
成本管理	工序、定额、市场、运营
技术管理	设计、报告、总结、标准、成果

修井作业价值管理工作思路如图 4-7 所示。

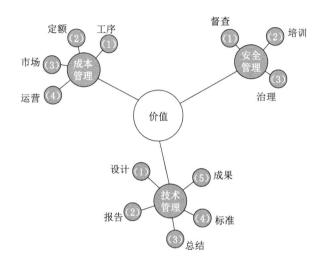

图 4-7　修井作业价值管理工作思路

（3）建立业务价值链

油公司在质量、技术、安全为前提的条件下，建立业务价值等式。

按照宏观到微观的顺序，甲方建立施工标准工序，乙方建立操作程序，从而实现修井作业业务价值量等式（图 4-8 和图 4-9）。

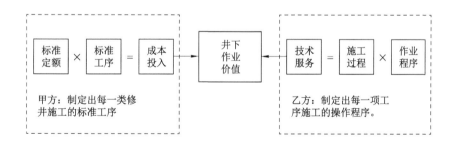

图 4-8　修井作业业务价值量等式（一）

三、建立标准化的方法

1. 重点工作内容

标准化现场管理应以"科学规划、规范整齐、环保达标、整体和谐"为原则，制定生产设施、生活设施、生产过程、环境保护等方面的操作规程，并以规程为抓手，全面推进操作的标准化。建立标准化程序的工作重点见表 4-4。

施工的标准工序：

类型

措施作业	维护作业
1. 压裂	1. 检泵
2. 酸化	2. 检管
3. 解堵	3. 机械排液
4. 防砂	4. 换封
5. 分注	5. 调配
6. 补孔改层	6. 封井
7. 调剖	7. 井况监测
8. 下电潜泵	8. 油气藏监测
9. 下水力泵	9. 稠油热采
10. 大修	10. 其他
11. 泵升级	
12. 泵加深	
13. 封窜堵漏	
14. 转轴	
15. 气举	
16. 机械堵水	
17. 化学堵水	
18. 改采	
19. 转注	
20. 其他	

内容

- 井型：水平井？直井？
- 流体性质：稀油？稠油？
- 井身结构：光管柱？带封隔器？
- 下泵类型：管式泵？杆式泵？电泵？

如：直井、稀油、光管柱、管式泵

工序

设计工序
1. 搬迁
2. 施工准备
3. 压井
4. 拆井口
5. 装防喷器
6. 起带原井油管
7. 下冲砂管柱
8. 探底冲砂
9. 下泵
10. 下抽油杆
11. 回收废液
12. 改建流程、试压
13. 施工收尾

工序施工操作标准：

1. 施工准备
（1）资料准备
（2）设备准备
（3）工具管柱准备
（4）修井液准备

2. 安全环保要求
（1）起下油管应有放喷、防掉装置，防井下落物、井喷事故。
（2）作业时应安装经检验合格，符合要求的重表及井控设备指
（3）井下工具和管柱均应经地面检验合格
（4）不应使用锚头绳上卸油管螺纹，不应用锤子敲击油管。
（5）起下油管应操作平稳，避免顿钻、斜扣、不应挂单吊环操作。
（6）随时观察修井机、井架、绷绳和游动系统的运转情况，发现问题立即停车处理，待正常后才能继续施工。
（7）遇卡时应慢慢上下活动，分析原因，进行妥善处理。
（8）施工人员各负其责，密切配合，服从专人指挥。
（9）施工前应有防触电、防火、防爆措施、按照规定配备消防器材。

3. 作业程序与质量控制
（1）起下油管程序与质量控制
（2）探砂程序与质量控制
（3）冲砂程序与质量控制
（4）洗井程序与质量控制

图 4-9　修井作业业务价值量等式(二)

表 4-4　建立标准化程序的工作重点

类型	要点
找出问题的真正原因	问题的原因和问题的现象是不同的。因此,当提出解决问题的方法实际执行后发现效果不佳时,务必要回头再检验一下已经找出的问题原因是否是真正的原因
找出解决问题的重点对策	解决问题的重点对策也许有很多,但真正的重点对策只有几项。因此,要能在许多对策中选出效果最好的几项重点对策
制订问题解决的行动计划	制订出周全的行动计划,才能整合人、财、物等各项资源,在一定的期间内有效率地解决问题

2. 程序实施步骤

若想要有效地解决问题,上述三个方面均不可遗漏,三者缺一不可。把握了上述三个方面重点,可以处理任何类型的问题。再借鉴外企、跨国公司的作业规范实施步骤,共分为 9 个步骤(表 4-5)。

表 4-5　建立标准化程序的实施步骤

实施步骤	要点
明确的目标、标准	明确的目标、标准,知道自己想要达成的目的或状态,才能发现有什么问题出现
发现问题点	积极地秉持问题意识及改善意识。掌握现状、调查现状、密切注意现状,随时注意可能的问题点,辨别问题的种类、差异
探求产生问题的原因	辨别问题的现象与产生现象的原因;针对问题点,找出真正的原因;整理归纳各项原因;找出几项最重要的原因
确定要解决的问题	根据要因分析的结果,发现要解决的课题很多,如果无法同时解决所有的问题,就要选出几项重要的问题进行解决
拟订对策	思考出针对要因的解决问题点的对策;针对客观环境产生的要因,找出降低影响或规避的方法。提出多项对策,以便选择最合适的应对方法
做出行动计划	明确作业项目、担当者、期限及行动进行的顺序
执行行动计划	注意执行时是否确实依据行动计划的内容进行,随时了解实施的状况
效果确认	调查执行的结果是否能有效地将问题解决;若问题仍然无法解决,要调查执行行动计划时是否有偏差,若没有偏差,表示对策无效,此时需回到步骤二和步骤三,重新再做。若问题已获解决,证明采取的行动有效,需将有效的行动标准化,以便能继续实施下去
标准化	将有效的行动形成书面标准,固定下来,以便他人更好地执行和运用;标准化作业书(标准类文件)要求简单易懂、好学易掌握、易操作,要求每个人都能够实施;培训标准化作业(标准类文件),让每个人都能遵守,养成良好的作业习惯

第二节　修井标准化

将修井作业中每一项独立的作业进行分类,逐项制定相应的规定、标准程序等要求,形成工作内容程序文件,即正确的工作方法,使岗位人员聚焦于各项工作流程的每个环节,并按照统一的工作规范和行为标准执行。

一、修井作业内容分类

1. 按时间节点划分

按照单井项目作业的时间点划分,可以将修井作业划分为搬迁准备、现场安装、施工作业和完工投产四个阶段。

表 4-6　修井作业施工的阶段划分

阶段	工作内容
搬迁准备	施工作业队伍满足所承接的修井作业项目要求。三项设计及安全应急预案等齐全并认真进行交底,按施工设计要求,备齐各种施工设备、工具器材、防喷和消防设施、化工原料等,且处于良好运转状态
现场安装	现场进行交接井。立井架、校正井架,将修井机、井架等流动系统设备、井口控制装置、各种容器、常用工具分类摆放好。拆改井口设施,安装井口控制装置,申报开工验收
施工作业	根据设计的工序内容逐一按标准施工。保证现场使用的工具、设备、材料质量,按时规范录取各项施工参数和资料,对现场出现的异常情况及时处置,做好施工期间的现场安全环保工作
完工投产	完工恢复井口及流程,并测试投产,环保交接井。做好施工资料整理和总结,做好现场施工收尾、放井架、设备拆卸及搬迁等工作

2. 按作业设备划分

按照单井项目的作业设备划分,可以将修井作业划分为小修(图 4-10)和大修两种类型(图 4-11)。

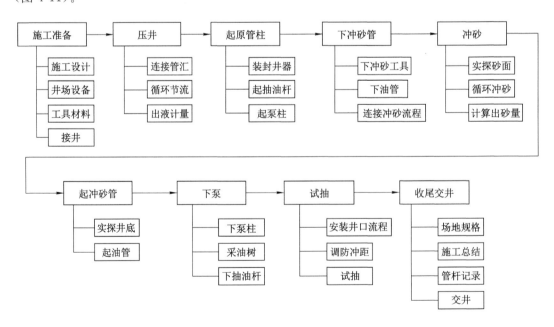

图 4-10　小修作业基本工艺流程

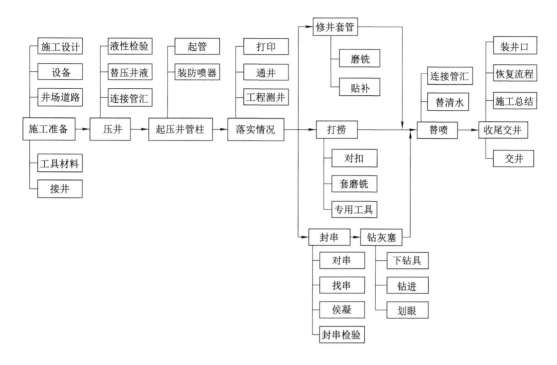

图 4-11 大修作业基本工艺流程

3. 按施工内容划分

按照单井项目操作的内容划分,可以将修井作业划分为起下作业、循环作业和旋转作业三种基本类型,见表 4-7。

表 4-7 修井作业施工的内容划分

类别	内容
起下作业	利用井架和修井机通过提升系统将井内管柱或杆柱进行起下施工
循环作业	利用泵进行洗井、冲砂、压井或压裂、酸化封堵等施工
旋转作业	利用转盘和钻柱及井下工具进行钻、磨、套、铣、捞、倒等施工

二、修井操作标准程序

结合现场工程实践,通过对修井作业内容进行划分,可以看出修井作业实际上就是以上三种作业内容划分的组合。下面按照时间顺序为主线,分四个方面建立操作规程。

(一)搬迁准备阶段标准化程序

施工作业队伍满足所承接的修井作业项目要求。三项设计及安全应急预案等齐全并认真进行交底,按施工设计要求,备齐各种施工设备、工具器材、防喷和消防设施、化工原料等,且处于良好运转状态。

1. 搬迁操作规程

(1)操作前准备

搬迁操作前准备内容见表 4-8。

表 4-8　搬迁操作前准备内容

类别	内容
劳动保护	正确穿戴劳保用品
风险识别	做好安全隐患及风险识别并制定消减措施,明确操作人与监护人
工具准备	活动扳手、钢丝钳、三角掩木等
防护设备	便携式 H_2S 检测仪、正压式呼吸器、风向标等
入场准备	作业井现场操作人员应了解所在施工区域的地理、地貌、气候等情况,作业施工单位应对现场操作工人进行 H_2S 的危害、安全事项、撤离程序等方面的技术交底和安全教育,确保其熟知逃生路线和安全区域
操作防护	含 H_2S 井作业进井场时,操作人员应配备正压式空气呼吸器和便携式 H_2S 检测仪
异常处置	现场 H_2S 浓度≥30 mg/m³(20 PPm),立即向上级汇报,并实施井控程序,控制 H_2S 泄漏源

（2）搬迁操作步骤

搬迁操作步骤内容见表 4-9。

表 4-9　搬迁操作步骤内容

步骤	要求
操作前检查	按巡回检查制,检查应无跑、冒、滴、漏现象;检查各部位螺栓应紧固牢靠,各操纵杆应灵敏可靠,结合分离无异常;检查各润滑部位,加注充满润滑油或润滑脂;对车辆周围、驾驶室、发动机舱、轮胎等进行检查;检查灯光、气压、水温、机油压力达到规定值
搬迁	具备驾驶资格的专人负责驾驶,要有专人跟车指挥;待气压、水温、机油压力正常后,挂 1 挡缓慢起步;注意场地边界、沟渠、桥梁、急弯等特殊路段;注意避开管线、流程、变压器、电线等;查明地下管线及电缆走向应避免碾压;严格遵守道路交通法、安全文明驾驶;通过急弯、桥梁、涵洞、高压电线等特殊路段时,需停车观察,注意限高、限宽,由专人指挥,确认安全后通过
停车	变速杆至空挡位置,停止发动机运转,打好刹车,避免在陡坡、积水、地基松软处停放
操作后检查	检查车辆运行情况,油水无渗漏;检查各部位螺栓紧固情况;检查灯光、挡位、离合器、刹车使用情况
录取资料	录取搬迁的时间、地点、车辆牌照号、驾驶人;录取修井机运转时间、水温、气压、机油压力等

2.搬迁吊装操作规程

（1）操作前准备

搬迁吊装操作前准备内容见表 4-10。

表 4-10　搬迁吊装操作前准备内容

项目	要求
劳动保护	正确穿戴劳保用品
风险识别	做好安全隐患及风险识别并制定消减措施,明确操作人与监护人
工具准备	吊装绳、牵引绳、捆扎绳、令克棒、衬垫、撬杠、铁锹、榔头等

表 4-10(续)

项目	要求
防护设备	便携式 H_2S 检测仪、正压式呼吸器、风向标等
作业搬迁吊装前	作业井现场操作人员应了解所在施工区域的地理、地貌、气候等情况,作业施工单位应对现场操作工人进行 H_2S 危害、安全事项、撤离程序等方面的技术交底和安全教育,确保其熟知逃生路线和安全区域。作业搬迁吊装前,宜先检查井场是否有异常情况。如有,宜首先检查是否存在 H_2S,注意低洼地区,如井口位置
操作防护	含 H_2S 井作业进井场时,操作人员应配备正压式空气呼吸器和便携式 H_2S 检测仪
异常处置	现场 H_2S 浓度≥30 mg/m³(20 ppm),立即向上级汇报,并实施井控程序,控制 H_2S 泄漏源

(2) 搬迁吊装操作步骤

搬迁吊装操作步骤内容见表 4-11。

表 4-11　搬迁吊装操作步骤内容

步骤	要求
操作前检查	督促起重机操作人员检查钢丝绳、吊钩、卡环、滑轮、绳卡等起重机具,检查吊装设备摆放和完好情况。吊具、索具及起吊点的选择应与被起吊物的形状、结构和重量相适宜,并对吊具与索具进行认真检查
现场踏勘	施工单位应对现场进行踏勘,查清井场地下电缆、光缆、管道等情况。搬迁作业前应保障井场道路畅通、地面有能力承受吊车作业和大型车辆的调头,有待装卸车辆的停放地点。沿途踏勘要检查沿途桥梁、涵洞、高空线缆等情况,确保车辆能够安全通行
搬迁方案制定	施工单位根据现场踏勘及搬迁准备情况,制订搬迁计划(搬迁计划应包括时间、地点、车型、车次及其他特殊要求)
指挥人员确定	吊装前应确定指挥人员,指挥时应选择与起重机操作人员和物件三者之间视线两两相通的位置
试吊操作	起吊前铲平场地,吊车千斤下垫厚 80 mm 以上的木板,打紧千斤。将绳套挂在吊车吊钩上,并锁好防脱销。拴系吊装索具时,应确保索具之间的夹角不得大于 120°。挂好吊装绳,应对绳、链等索具所经过的棱角、利边处加衬垫,对散物件的捆扎结实、牢固。起吊物件时,应先进行试吊,待物件离开地面 100～200 mm 时停止起升,经确认安全可靠后,方可指挥起吊
吊移操作	经现场安全监督确认符合吊装要求后,指挥人员发令起吊。对体积超过 5 m³、长度超过 10 m、质量超过 0.5 t 的物件应加牵引绳,控制物件保持平衡。使用牵引绳时,应对长物体采用两头拴系方式,其他物件采用对角拴系方式,特殊物件应选用专用吊具
上吊操作	吊装人员应听从指挥,按操作顺序统一行动。使用撬杠时应边撬边垫好木块,严禁将手伸入物件下方。移动较重物件和作业环境较复杂的场合,应有专人指挥
途中行驶	拉运的松散货物应捆扎紧固。所有搬迁、吊装车辆必须严格遵守《道路安全交通法》。车辆行驶到村庄集市、铁路道口等特殊路段,应有专人指挥疏导。对装载"三超"货物的车辆采取尽量减高、减长、减宽的措施,应安排专人护送。车辆通过桥梁、涵洞、急转弯等特殊路况要有专人指挥,缓慢通过
下吊操作	吊装人员应听从指挥,按操作顺序统一行动,平稳操作,把货物放在指定位置
操作后检查	工作结束后,将所使用的吊具、索具放置在规定的地点,加强维护保养,并及时将达到报废标准的吊具、索具进行报废或更新

3. 就位操作规程

（1）操作前准备

就位操作前准备内容见表 4-12。

表 4-12　就位操作前准备内容

项目	要求
劳动保护	正确穿戴劳保用品
风险识别	做好安全隐患及风险识别并制定消减措施,明确操作人与监护人
工具准备	活动扳手、钢丝钳、铁锹、三角掩木等
防护设备	便携式 H_2S 检测仪、正压式呼吸器、风向标等
就位准备	修井机安装之前,宜先检查井场是否有异常情况。如有,宜首先检查是否存在 H_2S,注意低洼地区,如井口位置。修井机宜按照规划布局,以有效利用主导风向。在正常安装设备阶段,应安装风向标。H_2S 监测系统应安装到位,并按照有关规定进行功能测试。位置为:主风(当地盛行风)可吹过修井机,其风向可以吹散来自井口、节流管汇、放空火炬或管线等的气体,并远离任何潜在的火源
操作防护	含 H_2S 井作业进井场时,操作人员应配备正压式空气呼吸器和便携式 H_2S 检测仪
异常处置	现场 H_2S 浓度≥30 mg/m^3(20 ppm),立即向上级汇报,并实施井控程序,控制 H_2S 泄漏源

（2）就位操作步骤

就位操作步骤内容见表 4-13。

表 4-13　就位操作步骤内容

步骤	要求
操作前检查	观察道路、井场、线杆、变压器的位置以及周围情况;了解地下油气水管线、电缆的位置及走向;检查井口周围及抽油机移位情况
场地内行驶	待气压、水温、机油压力正常后,挂 1 挡缓慢起步;注意避开管线、流程、变压器、抽油机及工具、用具,防止损坏;行驶中观察各部位运转情况,发现异常及时处理
就位	井架基础应坚实、平整,修井机底部铺设防渗布,避免污染环境;由专人在驾驶室侧后方指挥倒车对正井口;井架底座中心至井口中心距离的误差不应大于±10 mm,井架底座左右轴销至井口中心的距离相等,误差不应大于±5 mm
停车调平修井机	打好刹车,切断行走动力源,启动绞车动力源。调整液压支腿高度,用主车(底盘)上的水平仪或专用水平仪,从纵向及横向调平修井机;锁紧液压支腿顶丝杆螺母,卸掉液压支腿液压缸压力
操作后检查	修井机停放应平稳、牢固;检查各部位螺栓,应紧固,无松动;检查调平基础后水平仪气泡应居中
录取资料	录取就位的时间、地点、车辆牌号、驾驶人;录取修井机运转时间、水温、气压、机油压

（二）现场安装阶段标准化程序

现场进行交接井;立井架、校正井架,将修井机、井架等流动系统设备、井口控制装置、各种容器、常用工具分类摆放好;拆改井口设施,安装井口控制装置,申报开工验收。

1. 立井架操作规程

（1）操作前准备

立井架操作前准备内容见表4-14。

表 4-14 立井架操作前准备内容

项目	要求
劳动保护	正确穿戴劳保用品
风险识别	做好安全隐患及风险识别并制定消减措施,明确操作人与监护人
工具准备	活动扳手、钢丝钳、绳卡、地锚销、开口销等
防护设备	便携式 H_2S 检测仪、正压式呼吸器、风向标等
立井架准备	修井机立井架之前,宜先检查井场是否有异常。如有,宜首先检查是否存在 H_2S,注意低洼地区,如井口位置。修井机立井架宜按照规划布局,以有效利用主导风向。在正常安装设备阶段,应安装风向标。H_2S 监测系统应安装到位,并按照有关规定进行功能测试。位置为:主风(当地盛行风)可吹过修井机,风向可吹散来自井口、节流管汇、放空火炬或管线、修井液灌等的气体,并远离任何潜在火源
操作防护	含 H_2S 井作业进井场时,操作人员应配备正压式空气呼吸器和便携式 H_2S 检测仪
异常处置	现场 H_2S 浓度≥30 mg/m³(20 ppm),立即向上级汇报,并实施井控程序,控制 H_2S 泄漏源

（2）立井架操作步骤

立井架操作步骤内容见表4-15。

表 4-15 立井架操作步骤内容

步骤	要求
操作前检查	检查发动机、液压系统运转是否正常。检查底盘、基础中心距是否符合井架立放要求;检查井架基础是否坚实平整,有无积水、悬空等现象
立第一节井架	专人指挥,专人操作起升液压缸,缓慢起升井架离开前支架 0.5～1.0 m 后,缓慢收回至前支架。井架起过程中应平稳,各液压管线及液压缸应无渗漏现象,各项仪表压力正常。操作井架起升液压缸,起升井架倾角至 45°±5° 时,应停止起升。检测修井机及井架的纵向(横向)水平,检查、整理各绷绳避免挂碰其他设备。操作井架起升液压缸,起升井架倾角接近 90° 时,减缓起升速度,操作至井架到位。井架升到位后,穿好两个固定锁紧销子,或旋紧井架与井架底座间的两个固定螺杆
立第二节井架	检查各绷绳有无挂拉,二层台连接绷绳是否正常,游动滑车下放到合适位置。由专人指挥,专人操作井架起升液压缸,缓慢起井 0.5～1.0 m 后再收回,平稳起井架时各液压管线及液压缸应无渗漏现象,各项仪表压力正常。操作井架起升液压缸,起升第二节井架,当井架上升到液缸扶正器时,降低起升速度,观察液缸扶正器应张开到位。继续起井架,快到锁块位置时应减慢上升,听到轻微金属撞击声,再上升 100～300 mm 后停止。观察确定锁块已完全伸出。操作井架起升液压缸,使第二节井架慢慢下降,坐在锁块上,插好保险插销锁紧第二节井架,连接井架照明灯插头,分离液压泵
调整井架	拉好防风绷绳,调整到规定张度,拉好二层平台绷绳及负荷绷绳,调整绷绳,使天车、游动滑车、井口三点一线(左右偏差不应大于±10 mm,前后偏差不应大于±30 mm)

表 4-15(续)

步骤	要求
操作后检查	检查各部位螺栓紧固情况。检查各道绷绳及理顺、固定情况。检查液压、气路、各控制阀手柄是否处在安全位置
录取资料	录取立井架的时间、地点、车牌号、操作人员,井架的编号、型号、载荷等,修井机运转时间、油压、气压、机油压力、水温等

2. 井架检查及校正操作规程

（1）操作前准备

井架检查及校正操作前准备内容见表 4-16。

表 4-16　井架检查及校正操作前准备内容

项目	要求
劳动保护	正确穿戴劳保用品
风险识别	做好安全隐患及风险识别并制定消减措施,明确操作人与监护人
工具准备	吊卡、吊环、油管、撬杠、活动扳手、钢丝刷、黄油等
防护设备	便携式 H_2S 检测仪、正压式呼吸器、风向标等
井架检查及校正之前	作业井现场操作人员应了解所在施工区域的地理、地貌、气候等情况,作业施工单位应对现场操作工人进行 H_2S 危害、安全事项、撤离程序方面的技术交底和安全教育,确保其熟知逃生路线和安全区域。井架检查及校正之前,宜先检查井场是否有异常情况。如有,宜首先检查是否存在 H_2S,注意低洼地区,如井口位置
操作防护	含 H_2S 井作业进井场时,操作人员应配备正压式空气呼吸器和便携式 H_2S 检测仪
异常处置	现场 H_2S 浓度≥30 mg/m³(20 ppm),立即向上级汇报,并实施井控程序,控制 H_2S 泄漏源

（2）井架检查及校正操作步骤

井架检查及校正操作步骤内容见表 4-17。

表 4-17　井架检查及校正操作步骤内容

步骤	要求
操作前检查	井架主体无弯曲、变形、断裂、开焊;二层连接处及天车固定螺栓紧固齐全。底座应无缺陷,连接紧固可靠,基础平实坚固。绷绳应无断丝、松股、锈蚀、挤扁等现象。花篮螺栓应无变形、损伤,调节灵活。绳卡无缺陷,规格与钢丝绳匹配,卡距应符合要求
校正井架操作	上提一根油管至下端丝扣距井口以上 100 mm 左右(无风情况下),观察油管是否正对正井口中心。调整井架时,松绷绳前应卡好保险绳
油管向前倾斜度过大	油管下端向井口正前方偏离,先松井架前两道绷绳,分别调紧后一道绷绳,直至油管下端正对井口中心为止,再调紧后两道绳及前绷绳
油管向前倾斜度过小	油管下端向井口正后方偏离,先松后四道绷绳,再紧井架前两道绷绳,直至油管下端正对井口中心为止

表 4-17(续)

步骤	要求
油管向井口 左前方偏离	松井架左边前绷绳;紧井架右后一、二道绳至油管下端正对井口或井口正前方。再把井架后边绷绳全部拉紧,使油管下端正对井口中心。最后将井架前绷绳拉紧(顺序是先右前后左前)
油管向井口 正左方偏离	松井架左后绷绳,再松右后绷绳,使油管向井口左前方偏离,按左前方偏离方法调整
油管向井口 右前方偏离	先松井架右边前绷绳,紧井架左后两道绷绳至油管下端正对井口或井口正前方。再把井架后边绷绳全部拉紧,使油管下端正对井口中心。最后将井架前绷绳拉紧(顺序是先左前后右前)
油管向井口 正右方偏离	先松井架右后绷绳,后松井架左后绷绳,使油管向井口右前方偏离,再按油管向井口右前方偏离方法调整
油管向井口 左后方偏离	先松井架后边两道绷绳至油管下端向井口左前方偏离。紧井架右后两道绷绳至油管下端正对井口或井口正前方。再把井架后边绷绳全部拉紧,使油管下端正对井口中心。最后将井架前绷绳拉紧(顺序是先右前后左前)
油管向井口 右后方偏离	先松井架后边四道绷绳至油管下端向右前方偏离。紧井架左后两道绷绳至油管下端正对井口或井口正前方。再把井架后边绷绳全部拉紧,使油管下端正对井口中心。后将井架前绷绳拉紧(顺序是先左前后右前)
井架倾斜严重	若井架底座基础不平而导致井架倾斜严重,作业队无法调整时,应与井架安装单位联系,由井架安装单位整改校正
操作后检查	井架校正后,花篮螺栓两端余长应不小于 100~150 mm。绳卡紧固及卡距应符合要求。地锚开口方向应和绷绳朝向一致。各道绷绳松紧度应相同,受力均匀,余绳长度应不小于 1.0 m。起下油管 5~10 根,天车、游动滑车、井口应"三点一线"

3. 拆装井口操作规程

(1) 操作前准备

拆装井口操作前准备内容见表 4-18。

表 4-18　拆装井口操作前准备内容

项目	要求
劳动保护	正确穿戴劳保用品
风险识别	做好安全隐患及风险识别并制定消减措施,明确操作人与监护人
工具准备	活动扳手、管钳、加力杠、井口螺栓、大钢圈、黄油等
防护设备	便携式 H_2S 检测仪、正压式呼吸器、风向标等
拆井口操作前	根据不同作业环境配备相应 H_2S 检测仪及防护装置,并处于备用状态,检测仪应在校验期内。人员应了解作业区域地理、地貌、气候等情况,熟知逃生路线和安全区域,并进行危害识别,制订应急预案。对作业人员进行风险告知和现场逃生知识培训,组织 H_2S 泄漏应急演练。现场悬挂设置警示标志、风向标和逃生通道标示牌
操作防护	H_2S 浓度较高或浓度不清的环境中,均应采用正压式空气呼吸器。参与 H_2S 井作业的操作、技术和管理人员须经过 H_2S 防护培训,取证后方可上岗。专人观察风向、风速以便确定受侵害的危险区。专人佩戴正压式空气呼吸器到井口及其他危险区检查泄漏点。作业前重新检测工作场所中的 H_2S 浓度并做好记录
异常处置	现场 H_2S 浓度≥30 mg/m³(20 ppm),立即向上级汇报,并实施井控程序,控制 H_2S 泄漏源

（2）拆装井口操作步骤

拆装井口操作步骤内容见表 4-19。

表 4-19　拆装井口操作步骤内容

步骤	要求
操作前检查	检查油、套管不应有溢流、溢气现象。检查送至井场的井口装置是否符合设计要求。检查灌液设备及修井液储备是否满足施工要求
拆装井口操作	拆卸井口前先放压，待压力落零，进行拆卸井口装置，拆井口装置时按自上而下拆除原井口装置。连接灌液管线，连续向井内灌注修井液，确保拆装期间无油气外溢征兆，否则应立即抢装井口。将井口螺栓卸掉，清洗干净，摆放在工具台上。拆下井口装置(采油树)要轻吊轻放，吊起后清洗好下部钢圈槽，手轮不得朝下或损坏。取钢圈时不准敲击，防止损伤钢圈，取下后清洗干净，放在工具台上
装井口操作	将钢圈槽清理干净，涂上黄油，放入钢圈。挂牢吊装带，拉住挂钩，将井口装置(采油树)吊起移至四通上方，缓慢下放使钢圈进入钢圈槽内。井口装置(采油树)各闸门手轮在同一平面上，卡箍方向一致，对正后穿入螺栓。紧井口螺栓上部螺杆不高出螺母平面 3 mm，摘下吊装带
操作后检查	检查安装螺栓是否整齐紧固，手轮方向是否一致，闸门开关是否灵活。以清水为介质对井口装置试压至其额定工作压力，稳压 30 min，压降小于 0.5 MPa 为合格
录取资料	油层套管短节规格和长度。新井口装置尺寸、规格。更换井口装置后，套管法兰增高或降低的高度及新油补距、套补距。新井口的检验情况，包括试压介质、试压数据、试压时间、稳压时间、压降情况和井口装置密封效果

4. 防喷器安装操作规程

（1）操作前准备

防喷器安装操作前准备内容见表 4-20。

表 4-20　防喷器安装操作前准备内容

项目	要求
劳动保护	正确穿戴劳保用品
风险识别	做好安全隐患及风险识别并制定消减措施，明确操作人与监护人
工具准备	活动扳手、管钳、加力杠、井口螺栓、大钢圈、黄油等
防护设备	便携式 H_2S 检测仪、正压式呼吸器、风向标等
防喷器安装操作前	根据不同作业环境配备相应 H_2S 检测仪及防护装置，并处于备用状态，检测仪应在校验期内。人员应了解作业区域地理、地貌、气候等情况，熟知逃生路线和安全区域，并进行危害识别，制订应急预案。对作业人员进行风险和现场逃生知识告知，组织 H_2S 泄漏应急演练。现场挂设警示标志、风向标和逃生通道标示牌。防喷器应安装剪切闸板
操作防护	H_2S 浓度较高或浓度不清的环境中，均应采用正压式空气呼吸器。参与 H_2S 井作业的操作、技术和管理人员须经过 H_2S 防护培训，取证后方可上岗。专人观察风向、风速，以便确定受侵害的危险区。专人佩戴正压式空气呼吸器到井口及其他危险区检查泄漏点。专人佩戴正压式空气呼吸器，携带便携式 H_2S 检测仪，作业前重新检测工作场所中的 H_2S 浓度，并做好记录
异常处置	现场 H_2S 浓度≥30 mg/m³(20 ppm)，立即向上级汇报，并实施井控程序，控制 H_2S 泄漏源

（2）防喷器安装操作步骤

防喷器安装操作步骤内容见表 4-21。

表 4-21　防喷器安装操作步骤内容

步骤	要求
操作前检查	1. 防喷器外表及内腔应清洁无污,半封闸板尺寸应与井内管柱尺寸相匹配,手动操作杆应灵活好用,上、下钢圈槽应清洁无损伤。液控管线及连接部位外观应完好无损,连接应牢固可靠。电缆射孔防喷器注脂器、注脂接头、注脂管线及连接油壬应完好无损。套管四通钢圈槽、钢圈应清洁无锈蚀、无损伤等缺陷。 2. 远程控制台储能器及各部位液压连接管线、压力表外表和接头,应清洁完好、无损伤、无渗漏。各类控制闸阀应标识清楚、无渗漏。电器及升压设备应性能稳定,具有良好的绝缘和防爆性能。液压油箱内液压油面不应低于观察孔的下液位线
防喷器安装	1. 防喷器两翼及液控管线连接位置朝向,应根据施工现场设备摆放位置安装。防喷器两翼及液压管线连接位置朝向的安装方法如下:① 小修作业安装手动防喷器,其两翼方向与油管桥走向大致平行。② 小修作业安装液压防喷器、应急剪切装置,其两翼方向与油管桥走向大致平行,液控管线连接位置在背对油管桥一侧。③ 小修作业安装环形防喷器,液控管线连接位置在背对油管桥一侧。④ 大修作业安装液压防喷器、应急剪切装置,其两翼方向与修井机朝向大致垂直,液控管线连接位置在正对修井机一侧。⑤ 大修作业安装环形防喷器,液控管线连接位置在正对修井机一侧。⑥ 安装电缆射孔防喷器,注脂管线连接位置在背对射孔枪架一侧。 2. 井口四通及防喷器钢圈槽应清理干净,并涂抹密封脂后放入钢圈槽内。在确认钢圈入槽、上下螺孔对正和方向符合要求,应上全连接螺栓,对角均匀上紧。防喷器上法兰应安装钢圈槽防护盖板或自封。具有手动锁紧机构的液压防喷器,应装齐手动操作杆及支撑牢固,手轮位于钻台以外。手动操作杆中心与锁紧轴之间夹角不大于 30°。安装后应挂牌标明开、关状态,液压防喷器应挂牌标明手动操作杆开、关方向及圈数
远程控制台安装	远程控制台安装在距井口直线距离不少于 20 m,便于(司钻)操作手观察的位置,并保持不少于 2 m 宽的人行通道。周围 10 m 范围内不允许堆放易燃、易爆、易腐蚀物品。液控管线应排列整齐、架离地面 0.2 m 以上,管排架与防喷管汇距离应不少于 1 m。车辆跨越处应有过桥保护措施,液控管线上不允许堆放杂物。电源应从配电盘总开关处直接引出,并用单独的开关控制。远程控制台安装完毕后,应进行一次开、关试操作
防喷器试压要求	安装后应对套管短节以上井口及井控装置进行整体试压。每次拆装井口、井控装置和更换井控装置部件后,应重新试压。在不超过采油(气)井口额定压力或套管抗内压强度 80% 的情况下,闸板防喷器试压到额定工作压力,稳压时间不少于 15 min,允许压降不超过 0.7 MPa。现场试压设备应具备打印功能,各试压单元试压过程应留下试压记录。试压合格后,应出具《井控装置现场试压报告单》。试压过程须有现场及监督人员签字,并详细记录
防喷器试压方式	1. 空井筒试压。① 全封闸板:管柱结构自下而上(丝堵＋密封皮碗＋筛管＋悬挂器),顶紧套管四通的四条顶丝后,关闭全封闸板实现封井,通过套管四通注入清水,完成试压操作。② 半封闸板:管柱结构自下而上(丝堵＋密封皮碗＋筛管＋悬挂器＋筛眼短节＋旋塞阀),顶紧套管四通的四条顶丝后,关闭半封闸板卡住筛眼短节实现封井,通过套管四通注入清水,完成试压操作。 2. 井内有管柱试压。① 全封闸板:管柱结构自下而上(井内管柱＋丝堵＋密封皮碗＋筛管＋悬挂器),顶紧套管四通的四条顶丝后,关闭全封闸板实现封井,通过套管四通注入清水,完成试压操作。② 半封闸板:管柱结构自下而上(井内管柱＋丝堵＋密封皮碗＋筛管＋悬挂器＋筛眼短节＋旋塞阀),顶紧套管四通的四条顶丝后,关闭半封闸板卡住筛眼短节实现封井,通过套管四通注入清水,完成试压操作
录取资料	井号、施工队伍、防喷器自编号和型号、试压设备型号(或泵车牌号)、试压时间、试压方式(试半封或全封)、试压介质、试压压力、稳压时间、压降、试压结论、签名

5. 作业井场布置

(1) 操作前准备

作业井场布置前准备内容见表 4-22。

表 4-22 作业井场布置前准备内容

项目	要求
劳动保护	正确穿戴劳保用品
风险识别	做好安全隐患及风险识别并制定消减措施,明确操作人与监护人
工具准备	活动扳手、管钳、加力杠、井口螺栓、大钢圈、黄油等
防护设备	便携式 H_2S 检测仪、正压式呼吸器、风向标等
井场布置前	根据不同作业环境配备相应 H_2S 检测仪及防护装置,并处于备用状态,检测仪应在校验期内。人员应了解作业区域地理、地貌、气候等情况,熟知逃生路线和安全区域,并进行危害识别,制订应急预案。对作业人员进行风险和现场逃生知识告知,组织 H_2S 泄漏应急演练。现场挂设警示标志、风向标和逃生通道标示牌
操作防护	H_2S 浓度较高或浓度不清的环境中,均应采用正压式空气呼吸器。参与 H_2S 井作业的操作、技术和管理人员须经过 H_2S 防护培训,取证后方可上岗。专人观察风向、风速以便确定受侵害的危险区。专人佩戴正压式空气呼吸器到井口及其他危险区检查泄漏点。专人佩戴正压式空气呼吸器,携带便携式 H_2S 检测仪,作业前重新检测工作场所中的 H_2S 浓度,并做好记录
异常处置	现场 H_2S 浓度 $\geqslant 30$ mg/m³(20 ppm),立即向上级汇报,并实施井控程序,控制 H_2S 泄漏源

(2) 作业井场布置操作步骤

作业井场布置步骤内容见表 4-23。

表 4-23 作业井场布置步骤内容

步骤	要求
操作前检查	配备 35 kg 干粉灭火器 2 只、8 kg 干粉灭火器 4 只,完好有效并挂有检查标签,消防铁锹 3 把,消防水桶 2 个,消防斧 1 把,消防钩 1 把,消防沙 1 m³。旋塞阀、井口闸门灵活好用,安全可靠,摆放在井口附近合适的位置,随时可用;承受吊卡、管柱质量的井口装置上平面和钢圈槽应完好并有保护。井口装置配件齐全,安装防喷管线,固定牢靠;防喷管线每 10 m 用地锚桩和 U 形卡加固;地面连接的水龙带两端应连接直径不小于 9 mm 的钢丝绳为保险绳并固定。井场平整、整洁,工具摆放整齐、卫生,规格化,应配备临时厕所
设施摆放要求	有安全警句标牌,井场安全通道畅通;有工业、生活垃圾桶;有井场隔离带;工业、生活区标识清楚。在条件允许的情况下,作业值班房、工具房、发电房、消防房、节流管汇、分离器、油水计量罐距井口应大于 30 m;火炬、测气节流管汇、分离器、油水计量罐摆在下风向;井架和绷绳应与架空电线路保持安全距离;特殊情况,应制定防范措施

表 4-23(续)

步骤	要求
管杆摆放要求	油管桥不少于 3 道,桥距 2～3 m,每道不少于 4 个支点,每个支点高于 0.3 m,平整、均匀分布。抽油杆桥不少于 4 道,每道支点高于 0.3 m,平整、均匀分布,严禁用抽油杆作横担。油管、抽油杆分别摆放于滑道两侧,接箍朝向井口。每 10 根一组抽出头,第 10 根接箍出头 15～20 cm,出头接箍、不出头接箍分别对齐。起出的原井油管、抽油杆必须丈量一遍,完井抽油杆、油管丈量 3 遍;其他工序下井油管丈量 2 遍。现场有油管的必须摆好管桥,无油管的摆好管桥支点,避免油管落地。摆放在油管桥、抽油杆桥上的油管、抽油杆,保持清洁无杂物。废弃或准备回收的油管、抽油杆整齐摆放。油管接箍方向一致。油管桥、抽油杆桥下铺油管防渗布,油管桥、抽油杆桥周围用油管围堰闭合围起,防渗布搭在围堰上。按施工要求,如数准备好油管、抽油杆。丈量时按下井顺序开始或结束,并同油管、抽油杆记录相符。严禁在油管、抽油杆上踩踏,保持油管、抽油杆清洁。备用油管和抽油杆选择合适位置排放,方便使用和收回
储液罐准备要求	井场应平整并尽可能宽敞,储液罐摆放应该处于整齐水平状态。井场罐应保持清洁,事先清除掉铁锈、油垢及残留的泥浆、污水等。储液罐不得有渗漏现象,出口闸门开关自如。罐形状规则、无变形,能准确方便计量。储液罐较多时,应逐一编号,注明所盛液体名称。压井液灌摆放合理,高度适中
泥浆泵摆放要求	泥浆泵应该摆放在储液池旁,操作人员位置面对井口,与井口、司钻保持有良好的视线联系。全部高压管汇安装完毕后,应按最高施工压力试压,以确认管汇连接牢固、无泄漏。试压时要遵守安全规程,高压区不能有人。高压管汇每使用一定时间后,应对全部管汇进行强度试压。此外,还应及时更换不合格管件
值班房摆放要求	值班房距井口应大于井架的垂直高度,并与机车平行摆放。值班房要有良好的接地线。值班房与标语牌、消防器具、工具台、油罐成一条直线摆放。值班房内工具、用具保持清洁摆放整齐
发电机房摆放要求	发电机房位置距井口大于 30 m,与值班房、职工宿舍房距离应大于 20 m

(三)施工作业阶段标准化程序

根据设计的工序内容逐一按标准施工。保证现场使用的工具、设备、材料质量,按时规范录取各项施工参数和资料,对现场出现的异常情况及时处置,做好施工期间的现场安全环保工作。

1. 压井作业操作规程

(1)操作前准备

压井操作前准备内容见表 4-24。

表 4-24 压井操作前准备内容

项目	要求
劳动保护	正确穿戴劳保用品
风险识别	做好安全隐患及风险识别并制定消减措施,明确操作人与监护人
工具准备	黏度计、密度计、取样桶、管钳、椰头、活动扳手等
防护设备	便携式 H_2S 检测仪、正压式呼吸器、风向标等

表 4-24（续）

项目	要求
压井操作前	施工人员进入场前，应介绍出口路线、紧急集合区域、所用报警信号以及紧急情况的响应措施，包括个人防护设备的使用等。现场有监护人员在场时，才能进入潜在危险区域。发生紧急情况，应立即疏散并提供合适的防护设备。入场人员须有 H_2S 考试合格证。施工全程都应有专人负责井口、井场 H_2S 监测。现场至少有 2 个风向标指示风向，至少有 1 条防喷管线安全可用，并接出井场 30 m 外
操作防护	含 H_2S 井作业进场时，操作人员应配备正压式空气呼吸器和便携式 H_2S 检测仪
异常处置	现场 H_2S 浓度 $\geqslant$ 30 mg/m^3（20 ppm），立即向上级汇报，并实施井控程序，控制 H_2S 泄漏源

（2）压井作业操作步骤

压井操作操作步骤内容见表 4-25。

表 4-25　压井操作操作步骤内容

步骤	要求
操作前检查	压井液用量及性能应符合设计要求。检查井口装置紧固、闸门开关灵活。检查施工地面流程，气液分离设备、仪表和计量器具、废液回收容器、循环管线等符合施工要求
压井操作	记录井口油、套压力，确定压井深度。依据井口压力及压井深度计算压井液密度。确定压井方式（正压井、反压井、灌注压井、挤压井）。连接管线：连接地面管线，并按设计预计最高施工压力的 1.5 倍试压合格。出口管线每间隔 10 m 应用地锚固定牢固。控制放净油（套）气体，降低井口压力。泵注隔离液达到设计要求。泵注压井液过程中随时观察泵压及进出口排量变化。采用挤压井时，施工压力不超过地层破裂压力。按设计要求关井稳定，稳定后观察出口无溢流，则压井成功
录取资料	压井时间、方式，压井深度，泵注压力、排量，管线进口和出口压力，压井液及其他工作液名称、用量及性能参数

2. 洗井作业操作规程

（1）操作前准备

洗井操作前准备内容见表 4-26。

表 4-26　洗井操作前准备内容

项目	要求
劳动保护	正确穿戴劳保用品
风险识别	做好安全隐患及风险识别并制定消减措施，明确操作人与监护人
工具准备	管钳、榔头、活动弯头、压力表、水龙带等
防护设备	便携式 H_2S 检测仪、正压式呼吸器、风向标等
洗井操作前	在上修前必须做好充分的技术交底与井史、井场的调查并建立相应的应急预案及预警预报制度。作业施工现场设置安全区，每个施工人员应配备正压式空气呼吸器，并放置于易取放的地方。现场施工人员都应有 H_2S 考试合格证，否则不能进入现场施工。经常进行防喷、防火、防 H_2S 演习，并达到规定要求。施工前按井筒容积 1.5～2.0 倍备足修井液，应备有足够的除硫材料

表 4-26(续)

项目	要求
操作防护	作业施工过程中,现场操作人员应随身佩戴便携式 H_2S 检测仪,尽可能站在井口上风向操作。洗井过程中,维持液柱压力,并加强坐岗监控,发现溢流及时关井。管线出口应朝下风口,并有专人佩戴正压式空气呼吸器,对出口进行 H_2S 检测
异常处置	现场 H_2S 浓度≥30 mg/m³(20 ppm),立即向上级汇报,并实施井控程序,控制 H_2S 泄漏源

(2) 洗井作业操作步骤

洗井作业操作步骤内容见表 4-27。

表 4-27　洗井作业操作步骤内容

步骤	要求
操作前检查	检查井口安装符合洗井要求,防喷器及防喷管线应符合井控要求,循环冲洗系统符合使用条件。检查修井液液性符合设计要求。含 H_2S 气体的井,应制定防火、防爆、防中毒措施
洗井操作	依据井况确定洗井方式(正洗井、反洗井),分别打开油、套管闸门,从防喷管线控制油、套管压力卸零。连接施工地面管线,试压至设计最高施工压力的 1.5 倍,不刺、不漏为合格。按洗井方式正确开、关闸门。启泵用修井液正(反)循环洗井 1～2 周,控制泵排量由小到大(300～500 L/min),正常循环时最高泵压不超过地层吸水压力,洗井至出口杂质含量小于 2% 为合格。在洗井过程中,要认真观察进出口有无喷势或漏失。停泵 30 min 后,观察进、出口无溢流显示时进入下步施工
录取资料	洗井方式、洗井深度、液体性能、相对密度、黏度、洗井液量、进出口施工排量和液量、漏失、喷吐液量、泵压、压降

3. 替泥浆作业操作规程

(1) 操作前准备

替泥浆操作前准备内容见表 4-28。

表 4-28　替泥浆操作前准备内容

项目	要求
劳动保护	正确穿戴劳保用品
风险识别	做好安全隐患及风险识别并制定消减措施,明确操作人与监护人
工具准备	管钳、活动接头、压力表、节流阀、单流阀、水龙带等
防护设备	便携式 H_2S 检测仪、正压式呼吸器、风向标等
替泥浆作业操作前	上修前必须做好充分的技术交底与井史、井场的调查并建立相应的应急预案及预警预报制度。作业施工现场设置安全区,每个施工人员应配备正压式空气呼吸器,并放置于易取放的地方。现场施工人员都应有 H_2S 考试合格证,否则不能进入现场施工。经常进行防喷、防火、防 H_2S 演习。施工前按井筒容积的 1.5～2.0 倍备足修井液,应备有足够的除硫材料
操作防护	作业过程中,现场操作人员应随身佩戴便携式 H_2S 检测仪,尽可能站在井口上风向操作。替浆过程中,维持液柱压力,并加强坐岗监控,发现溢流及时关井。管线出口应朝下风口,并有专人佩戴正压式空气呼吸器,对出口进行 H_2S 检测
异常处置	现场 H_2S 浓度≥30 mg/m³(20 ppm),立即向上级汇报,并实施井控程序,控制 H_2S 泄漏源

（2）替泥浆作业操作步骤

替泥浆操作步骤内容见表 4-29。

表 4-29　替泥浆操作步骤内容

步骤	要求
操作前检查	检查井口安装符合洗井要求,防喷器及防喷管线应符合井控要求,循环冲洗系统符合使用条件。检查入井液液性符合设计要求
替浆操作	依据井况确定替浆方式(正替浆、反替浆、分段替浆),按设计要求完成替浆管柱、井口装置安装。根据替浆方式连接施工地面管线,管线试压至设计最高施工压力的 1.5 倍,稳压 5 min,不刺、不漏为合格。采用设计要求修井液进行替浆施工,修井液用量为井筒容积的 1.5～2.0 倍。替浆排量由小到大(300～500 L/min),最高泵压应小于套管抗内压强度的 80%,连续施工至进出口液性一致,停泵。在替泥浆过程中,要认真观察进出口有无异常,如有异常要上报上级技术部门,并采取相应措施。替泥浆施工结束后,起出替浆管柱
录取资料	探井底深度、加压情况、替浆起止时间、替浆方式、替浆液量、泵压、排量、替浆深度、出口返出物描述

4．液压钳操作规程

（1）操作前准备

液压钳操作前准备内容见表 4-30。

表 4-30　液压钳操作前准备内容

项目	要求
劳动保护	正确穿戴劳保用品
风险识别	做好安全隐患及风险识别并制定消减措施,明确操作人与监护人。维修及更换钳牙时,应切断动力源
工具准备	活动扳手、内六方扳手、钢丝刷等
防护设备	便携式 H_2S 检测仪、正压式呼吸器、风向标等
液压钳操作前	根据不同作业环境配备相应 H_2S 检测仪及防护装置,并处于备用状态,检测仪应在校验期内。人员应了解作业区域地理、地貌、气候等情况,熟知逃生路线和安全区域,并进行危害识别,制订应急预案。对作业人员进行风险和现场逃生知识告知,组织 H_2S 泄漏应急演练。现场挂设警示标志、风向标和逃生通道标示牌
操作防护	H_2S 浓度较高或浓度不清的环境中,均应采用正压式空气呼吸器。参与 H_2S 井作业的操作、技术和管理人员须经过 H_2S 防护培训,取证后方可上岗。专人观察风向、风速以便确定受侵害的危险区。专人佩戴正压式空气呼吸器到井口及其他危险区检查泄漏点。专人佩戴正压式空气呼吸器,携带便携式 H_2S 检测仪,作业前重新检测工作场所中的 H_2S 浓度,并做好记录
异常处置	现场的 H_2S 浓度≥30 mg/m³(20 ppm),立即向上级汇报,并实施井控程序,控制 H_2S 泄漏源

（2）液压钳操作步骤

液压钳操作步骤内容见表 4-31。

表 4-31　液压钳操作步骤内容

步骤	要求
操作前检查	检查吊绳、尾绳、绳卡、液压钳尾绳销、吊钩安全可靠。检查牙块与井内管柱规范匹配,钳牙完好。防挤手装置齐全完好。检查调整溢流阀压力(正常压力 7~9 MPa,最高不超过 11 MPa)应符合使用要求
上扣操作	操作者站在液压钳操作手柄一侧靠近钳头的位置,调整旋钮指向上扣方向。推动换挡手柄挂合低速挡。拉动钳体,将油管本体引入钳头缺口,左手稳住钳头,右手操纵换向阀手柄引扣。引扣完毕,将低速挡转为高速挡上扣。上扣完毕挂低速挡,操作换向阀手柄复位,退出油管
卸扣操作	操作者站在液压钳操作手柄一侧靠近钳头的位置,调整旋钮指向卸扣方向。推动换挡手柄挂合低速挡。拉动钳体,将油管本体引入钳头缺口,左手稳住钳头,右手操纵换向阀手柄松扣。松扣 2~3 圈后,将低速挡换为高速挡卸扣。卸扣完毕,将高速挡转为低速挡,操作换向阀手柄复位,退出油管

5. 管(杆)起下作业操作规程

(1) 操作前准备

管(杆)起下作业操作前准备内容见表 4-32。

表 4-32　管(杆)起下作业操作前准备内容

项目	要求
劳动保护	正确穿戴劳保用品
风险识别	做好安全隐患及风险识别并制定消减措施,明确操作人与监护人
工具准备	钢丝刷、活动扳手、管钳、小滑车、旋塞阀、螺纹密封脂、油管规等
防护设备	便携式 H_2S 检测仪、正压式呼吸器、风向标等
起下作业操作前	根据不同作业环境配备相应 H_2S 检测仪及防护装置,并处于备用状态,检测仪应在校验期内。人员应了解作业区域地理、地貌、气候等情况,熟知逃生路线和安全区域,并进行危害识别,制订应急预案。对作业人员进行风险告知和现场逃生知识,组织 H_2S 泄漏应急演练。现场挂设警示标志、风向标和逃生通道标示牌
操作防护	H_2S 浓度较高或浓度不清的环境中,均应采用正压式空气呼吸器。参与 H_2S 井作业的操作、技术和管理人员须经过 H_2S 防护培训,取证后方可上岗。专人观察风向、风速以便确定受侵害的危险区。专人佩戴正压式空气呼吸器到井口及其他危险区检查泄漏点。专人佩戴正压式空气呼吸器,携带便携式 H_2S 检测仪,作业前重新检测工作场所中的 H_2S 浓度,并做好记录。作业使用的材料及设备,应与 H_2S 条件相适应。防喷器应安装剪切闸板。作业中有两种或以上同时作业的,须安排协调负责人
异常处置	现场 H_2S 浓度≥30 mg/m³(20 ppm),立即向上级汇报,并实施井控程序,控制 H_2S 泄漏源

(2) 管(杆)起下作业操作步骤

管(杆)起下作业操作步骤内容见表 4-33。

表 4-33 管(杆)起下作业操作步骤内容

步骤	要求
操作前检查	检查下井工具符合设计要求,各部完好,测量工具尺寸,并绘制草图备用。检查下井油管(抽油杆)有无弯曲、腐蚀、裂缝、孔洞和螺纹损坏,不合格油管、抽油杆标上明显记号单独摆放,不准下井内。暂时不下井的油管、抽油杆也应分开摆放。丈量油管、抽油杆应使用 15 m 以上的钢卷尺,反复丈量 3 次,每次累计复核误差应小于 0.2‰。检查井口装置安装符合要求,防喷器及防喷管线应符合井控要求,提升系统符合使用条件
起管(杆)柱操作	按设计要求安装防喷器,并试压合格。上提管柱 0.5~1.0 m,试刹车;继续上提 1~2 m,观察悬重应在正常悬重范围之内,方可进行下步施工。控制上提速度,起出井内管(杆)柱,每 10 根一组排放在油管(杆)桥上,起管柱过程中按设计要求灌液,并做好应急抢喷准备工作。起管(杆)施工过程需停工时,应关闭防喷器做好防喷工作。丈量起出的管(杆)柱,核实误差应小于 0.2‰
下管(杆)柱操作	按设计要求安装防喷器,并试压合格。丈量待入井内的管(杆)柱,3 次丈量差应小于 0.2‰。按设计要求下入管(杆)柱,根据管柱用途控制下放速度。下管(杆)柱施工过程需停工时,应关闭防喷器做好防喷工作
录取资料	工具名称、型号、规格、数量、长度和深度,油管规格、根数、长度,光杆规格、长度,抽油杆规格、根数、长度、累计长度、接头规格、数量、长度、活塞直径、长度。特殊油管要注明名称,下完管柱后绘制示意图

6. 探冲砂作业操作规程

(1) 操作前准备

探冲砂作业操作前准备内容见表 4-34。

表 4-34 探冲砂作业操作前准备内容

项目	要求
劳动保护	正确穿戴劳保用品
风险识别	做好安全隐患及风险识别并制定消减措施,明确操作人与监护人
工具准备	管钳、榔头、水龙带、自封封井器、自封胶芯、旋塞阀等
防护设备	便携式 H_2S 检测仪、正压式呼吸器、风向标等
探冲砂作业操作前	上修前必须做好充分的技术交底与井史、井场的调查并建立相应的应急预案及预警预报制度。作业施工现场设置安全区,每个施工人员应配备正压式空气呼吸器,并放置于易取放的地方。现场施工人员都应有 H_2S 考试合格证,否则不能进入现场施工。经常进行防喷、防火、防 H_2S 演习,并达到规定要求。施工现场应备有足够的除硫材料。含 H_2S 井在冲开油气层前,作业施工单位应按防 H_2S 单井应急预案进行演练。冲砂过程中在做好井控防喷工作的基础上,实时监测周边环境 H_2S 浓度,做好预防工作
操作防护	作业施工过程中,现场操作人员应随身佩戴便携式 H_2S 检测仪,尽可能站在井口上风向操作。冲砂过程中,维持液柱压力,并加强坐岗监控,发现溢流及时按程序实施关井。管线出口应朝下风口,并有专人佩戴正压式空气呼吸器,对出口进行 H_2S 检测
异常处置	现场 H_2S 浓度≥30 mg/m³(20 ppm),立即向上级汇报,并实施井控程序,控制 H_2S 泄漏源

（2）探冲砂作业操作步骤

探冲砂作业操作步骤内容见表4-35。

表4-35 探冲砂作业操作步骤内容

步骤	要求
操作前检查	下井油管本体无弯曲、裂缝、腐蚀、螺纹清洁，连接前要涂匀密封脂。冲砂工具尺寸符合使用要求。检查井口装置安装符合要求，防喷器及防喷管线应符合井控要求。检查修井液液性、数量符合设计要求。含 H_2S 气体的井，应制定防火、防爆、防中毒措施
探冲砂操作	将斜尖或锥形管连接在冲砂管柱尾端，下入井内至预计砂面以上100 m，停止下放。缓慢下放管柱（速度小于10 m/min），悬重下降5~10 kN为标准，连探3次，误差不超过0.5 m，记录砂面位置。上提油管3~5 m，按冲砂方式连接冲砂施工管线。油管旋塞阀须与井下管柱配套并保证灵活好用，水龙带两端应使用保险绳固定，出口管线应固定牢靠。启泵向井内连续泵入修井液，循环洗井至进出口排量一致、压力平稳。保持洗井循环排量，缓慢下放管柱冲砂（速度应小于0.5 m/min）。拉力表及冲砂出口应有专人观察。接单根前应大排量循环洗井10~15 min。接单根后应上提1~2 m，开泵循环正常再缓慢下放管柱冲砂。冲至设计深度后，用修井液彻底循环洗井，出口含砂量小于0.2%合格。上提管柱至原砂面以上20 m，关闭井口，沉降4 h后加深管柱复探砂面位置，应符合设计要求深度，转入下步施工
录取资料	探砂面时间、方式、悬重、方入、深度，冲砂时间、方式，冲砂液名称、液性，冲砂泵压、排量，返出物描述，累计砂量，冲砂井段、厚度，漏失量，喷吐量，停泵前的出口砂比，沉降时间，复探砂面深度等

7. 泡沫冲砂作业操作规程

（1）操作前准备

泡沫冲砂作业操作前准备内容见表4-36。

表4-36 泡沫冲砂作业操作前准备内容

项目	要求
劳动保护	正确穿戴劳保用品
风险识别	做好安全隐患及风险识别并制定消减措施，明确操作人与监护人
工具准备	泡沫发生器、发泡剂、旋塞阀、水龙带、水龙头、自封封井器、斜尖、管钳等
防护设备	便携式 H_2S 检测仪、正压式呼吸器、风向标等
泡沫砂作业操作前	上修前必须做好充分的技术交底与井史、井场的调查并建立相应的应急预案及预警预报制度。作业施工现场设置安全区，每个施工人员应配备正压式空气呼吸器，并放置于易取放的地方。现场施工人员都应有 H_2S 考试合格证，否则不能进入现场施工。经常进行防喷、防火、防 H_2S 演习，并达到规定要求。施工现场应备有足够的除硫材料。含 H_2S 井在冲开油气层前，作业施工单位应按防 H_2S 单井应急预案进行演练。冲砂过程中在做好井控防喷工作的基础上，实时监测周边环境 H_2S 浓度，做好预防工作
操作防护	作业施工过程中，现场操作人员应随身佩戴便携式 H_2S 检测仪，尽可能站在井口上风向操作。冲砂过程中，维持液柱压力，并加强坐岗监控，发现溢流及时按程序实施关井。管线出口应朝下风口，并有专人佩戴正压式空气呼吸器，对出口进行 H_2S 检测
异常处置	现场 H_2S 浓度≥30 mg/m³（20 ppm），立即向上级汇报，并实施井控程序，控制 H_2S 泄漏源

（2）泡沫冲砂作业操作步骤

泡沫冲砂作业操作步骤内容见表 4-37。

表 4-37　泡沫冲砂作业操作步骤内容

步骤	要求
操作前检查	检查下井油管本体无弯曲、裂缝、腐蚀，螺纹清洁，连接前要涂匀密封脂，下井工具及管材型号、性能应符合设计要求。冲砂斜尖尺寸符合使用要求。检查井口装置安装符合要求，防喷器及防喷管线应符合井控要求，提升系统符合使用条件。检查入井液液性符合设计要求
泡沫冲砂操作	将斜尖连接在油管柱下端，吊起油管下入井内，继续下油管至砂面以上 100 m。管柱下放速度应小于 0.1 m/s，大钩悬重下降 l0～20 kN，连探 3 次，误差不超过 0.5 m，记录砂面位置。上提油管 3～5 m，按冲砂方式要求连接冲砂施工管线。油管旋塞应与井下管柱匹配且灵活好用，水龙带应安装安全绳，并固定在游动滑车可靠位置；出口固定牢固。启动泵车，连续泵入泡沫流体反循环洗井 1～2 周；若用泡沫流体无法建立反循环，则正挤泡沫流体至管鞋，再进行反循环冲砂操作。待洗井彻底后，保持循环，专人观察拉力表及出口，示意司钻缓慢下放管柱，以 0.5 m/min 的速度缓慢均匀加深管柱冲砂。第一根油管全部冲入井内后，要大排量循环洗井 5～15 min。停泵，迅速接换好单根下入井内，上提 1～2 m，开泵循环，待出口排量正常后缓慢下放管柱冲砂。直至冲砂至设计要求位置。冲至设计深度后，用洗井液彻底循环洗井，出口含砂量小于 0.2% 合格
操作后检查	上提管柱至原砂面以上 20 m，关闭井口，沉降 4 h 后加深管柱复探砂面位置，应符合设计要求深度，转入下步施工
录取资料	探砂面时间、方式、悬重、方入、深度，冲砂时间、方式，化工料名称、冲砂液名称、液性，冲砂泵压、风压，泡沫流体液密度、排量，返出物描述，累计砂量，冲砂井段、厚度，漏失量、喷吐量，停泵前的出口砂比，沉降时间，复探砂面深度等

8．通井作业操作规程

（1）操作前准备

通井作业操作前准备内容见表 4-38。

表 4-38　通井作业操作前准备内容

项目	要求
劳动保护	正确穿戴劳保用品
风险识别	做好安全隐患及风险识别并制定消减措施，明确操作人与监护人
工具准备	钢丝刷、游标卡尺、管钳、活动扳手、榔头、通径规、自封封井器、水龙带等
防护设备	便携式 H_2S 检测仪、正压式呼吸器、风向标等
通井作业操作前	根据不同作业环境配备相应 H_2S 检测仪及防护装置，并处于备用状态，检测仪应在校验期内。人员应了解作业区域地理、地貌、气候等情况，熟知逃生路线和安全区域，并进行危害识别，制订应急预案。对作业人员进行风险和现场逃生知识告知，组织 H_2S 泄漏应急演练。现场挂设警示标志、风向标和逃生通道标示牌

表 4-38(续)

项目	要求
操作防护	H_2S 浓度较高或浓度不清的环境中,均应采用正压式空气呼吸器。参与 H_2S 井作业的操作、技术和管理人员须经过 H_2S 防护培训,取证后方可上岗。专人观察风向、风速以便确定受侵害的危险区。专人佩戴正压式空气呼吸器到井口及其他危险区检查泄漏点。专人佩戴正压式空气呼吸器,携带便携式 H_2S 检测仪,作业前重新检测工作场所中的 H_2S 浓度,并做好记录。作业使用的材料及设备,应与 H_2S 条件相适应。防喷器应安装剪切闸板。作业中有两种或以上同时作业的,须安排协调负责人
异常处置	现场 H_2S 浓度$\geqslant$30 mg/m^3(20 ppm),立即向上级汇报,并实施井控程序,控制 H_2S 泄漏源

(2)通井作业操作步骤

通井作业操作步骤内容见表 4-39。

表 4-39 通井作业操作步骤内容

步骤	要求
操作前检查	检查通径规符合设计要求(大斜度井、水平井应选用橄榄式通径规),通径规各部完好,测量通径规外径应小于套管内径 6~8 mm,并绘制草图备用。检查井口安装符合要求,防喷器及防喷管线应符合井控要求,提升系统符合使用条件
井斜小于 30°的通井操作	直井及小斜度井,按设计要求选择通径规,连接油管下入。通井管柱下放速度应小于 20 m/min,至距离设计位置、射孔井段或人工井底 100 m 时,管柱下放速度应控制在 10 m/min。通至设计位置或人工井底时加压应控制在 10~20 kN,重复 3 次,误差不超过 0.5 m。通井过程中,若中途遇阻加压应控制在 30 kN 以内,并平稳活动管柱,配合循环冲洗确认遇阻位置
井斜大于 30°的通井操作	水平井及大斜度井,按设计要求选择通径规,连接油管下入。通径规通过造斜点下至井斜超过 30°后,管柱下放速度应控制在 10 m/min 以内。通径规下至水平井段后,管柱下放速度应控制在 10 m/min 以内,并采用下一根、提一根、下一根的方法。上提时遇卡,负荷超过悬重 50 kN 应停止作业,待定下步措施。通至设计位置或人工井底时加压应控制在 10~20 kN,重复 3 次,误差不超过 0.5 m。通井过程中,若中途遇阻加压应控制在 30 kN 以内,并平稳活动管柱,配合循环冲洗确认遇阻位置
裸眼井段通井操作	通井管柱下放速度应小于 20 m/min,距离套管鞋 100 m 时,管柱下放速度应控制在 10 m/min。通径规通至油管鞋以上 10~15 m 后,停止施工,起出通井管柱。按设计要求用光油管或钻杆通至井底。通井过程中,若中途遇阻加压应控制在 30 kN 以内,并平稳活动管柱,配合循环冲洗确认遇阻位置
操作后检查	通径规下至设计深度后,上提 1~2 m,按设计要求充分洗井后,起出油管及通径规。对起出的通径规详细检查,发现痕迹进行描述并绘制草图。起出的油管检查无弯曲、变形等,核实管柱根数、长度及通井深度
录取资料	通径规外径、长度,管柱规范、根数、长度,通井深度,遇阻情况描述,通径规起出后检查情况

9.刮削作业操作规程

(1)操作前准备

刮削作业操作前准备内容见表 4-40。

表 4-40　刮削作业操作前准备内容

项目	要求
劳动保护	正确穿戴劳保用品
风险识别	做好安全隐患及风险识别并制定消减措施,明确操作人与监护人
工具准备	钢丝刷、游标卡尺、管钳、活动扳手、榔头、套管刮削器、水龙带等
防护设备	便携式 H_2S 检测仪、正压式呼吸器、风向标等
刮削作业操作前	根据不同作业环境配备相应 H_2S 检测仪及防护装置,并处于备用状态,检测仪应在校验期内。人员应了解作业区域地理、地貌、气候等情况,熟知逃生路线和安全区域,并进行危害识别,制订应急预案。对作业人员进行风险告知和现场逃生知识,组织 H_2S 泄漏应急演练。现场挂设警示标志、风向标和逃生通道标示牌
操作防护	H_2S 浓度较高或浓度不清的环境中,均应采用正压式空气呼吸器。参与 H_2S 井作业的操作、技术和管理人员须经过 H_2S 防护培训,取证后方可上岗。专人观察风向、风速以便确定受侵害的危险区。专人佩戴正压式空气呼吸器到井口及其他危险区检查泄漏点。专人佩戴正压式空气呼吸器,携带便携式 H_2S 检测仪,作业前重新检测工作场所中的 H_2S 浓度,并做好记录。作业使用的材料及设备,应与 H_2S 条件相适应。防喷器应安装剪切闸板。作业中有两种或以上同时作业的,须安排协调负责人
异常处置	现场 H_2S 浓度 $\geqslant 30$ mg/m³(20 ppm),立即向上级汇报,并实施井控程序,控制 H_2S 泄漏源

(2) 刮削作业操作步骤

刮削作业操作步骤内容见表 4-41。

表 4-41　刮削作业操作步骤内容

步骤	要求
操作前检查	检查套管刮削器规格符合设计要求,刮削器各部完好,用卡尺测量刮削器刀片外径,绘制草图。检查井口安装符合要求,防喷器及防喷管线应符合井控要求,提升系统符合使用条件
刮削操作	按设计要求选择套管刮削器,连接下入油管。管柱下放速度应控制在 30 m/min 以内,下至距离刮削井段以上 50 m 时,管柱下放速度应控制在 10 m/min 以内。接近刮削井段应开泵循环,循环正常后,边缓慢下放边顺紧扣方向旋转管柱刮削至设计深度,然后再上提管柱反复刮削多次(至少 3 次),直至悬重正常为止。刮削管柱中途遇阻时,应逐渐加压,开始加 10～20 kN,最大加压不应超过 30 kN。连接洗井管线开泵循环,边缓慢下放边顺紧扣方向旋转管柱刮削至设计深度,反复刮削直至悬重正常为止。刮削时,液面以上井段,每下入 500 m 油管反循环洗井一周,射孔井段刮削过程中始终保持反循环,排量 300～500 L/min。刮削操作完成后,大排量反循环洗井一周以上
操作后检查	洗井结束后,起出刮削管柱,检查弹簧的弹性、刀片的磨损情况。刮削器使用一次后,要及时检修刀片,保持刮削器处于良好状态。
录取资料	刮削器规格、长度、示意图,刮管深度、遇阻深度及中途遇阻悬重变化、刮管管柱图,起出管柱检查情况、工具描述,刮管位置及刮削次数

10. 打铅印作业操作规程

(1) 操作前准备

打铅印作业前准备内容见表 4-42。

表 4-42　打铅印作业前准备内容

项目	要求
劳动保护	正确穿戴劳保用品
风险识别	做好安全隐患及风险识别并制定消减措施,明确操作人与监护人
工具准备	铅模、管钳、榔头、活动扳手、钢卷尺、螺纹密封脂等
防护设备	便携式 H_2S 检测仪、正压式呼吸器、风向标等
打铅印作业操作前	根据不同作业环境配备相应 H_2S 检测仪及防护装置,并处于备用状态,检测仪应在校验期内。人员应了解作业区域地理、地貌、气候等情况,熟知逃生路线和安全区域,并进行危害识别,制订应急预案。对作业人员进行风险和现场逃生知识告知,组织 H_2S 泄漏应急演练。现场挂设警示标志、风向标和逃生通道标示牌
操作防护	H_2S 浓度较高或浓度不清的环境中,均应采用正压式空气呼吸器。参与 H_2S 井作业的操作、技术和管理人员须经过 H_2S 防护培训,取证后方可上岗。专人观察风向、风速以便确定受侵害的危险区。专人佩戴正压式空气呼吸器到井口及其他危险区检查泄漏点。专人佩戴正压式空气呼吸器,携带便携式 H_2S 检测仪,作业前重新检测工作场所中的 H_2S 浓度,并做好记录。作业使用的材料及设备,应与 H_2S 条件相适应。防喷器应安装剪切闸板。作业中有两种或以上同时作业的,须安排协调负责人
异常处置	现场 H_2S 浓度≥30 mg/m³(20 ppm),立即向上级汇报,并实施井控程序,控制 H_2S 泄漏源

(2) 打铅印作业操作步骤

打铅印作业操作步骤内容见表 4-43。

表 4-43　打铅印作业操作步骤内容

步骤	要求
操作前检查	洗井液的性能应满足保护油层的要求,并备足 1.5~2 倍井筒容积的钻井液。检查铅模柱体直径应与套管尺寸相匹配,正常情况下铅模外径一般比套管内径小 6~10 mm。检查铅模柱体侧面与底部平面,要求铅模平滑无伤痕,并绘制铅模草图。按设计要求完成冲砂、通井等井筒准备工作
打铅印操作	按设计要求井口安装防喷器,并对防喷器、旋塞阀、节流阀及压井管汇试压至额定工作压力,稳压 15 min,压降≤0.7 MPa 为合格。将铅模连接在下井第一根油管的底部,扶正管柱,缓慢下放,下管柱速度要控制在 5 m/min 以内,以免损伤铅模,下油管 5~8 根后倒上自封井器。继续下油管铅模至鱼顶 3~5 m 时停止下放。连接泵车正循环大排量冲洗鱼顶,循环正常后缓慢下放管柱,当铅模下至距鱼顶 0.5~1 m 时停泵。以 0.5~1.0 m/min 的速度缓慢下放铅模打印,一次加压打印,不应重复打印
操作后检查	起出井内剩余油管及铅模,卸下铅模。将铅印擦洗干净,用照相机拍照,描述印痕。核对管柱根数、深度,详细分析铅模印痕情况
录取资料	铅模型号、规格、直径、长度,管柱结构、油管(钻杆)规格、根数、下入深度,洗井液名称、数量、密度,泵压、排量,漏失情况,冲洗起止深度,返出液描述,打铅印加压负荷,起出铅印描述及示意图

11. 验套漏作业操作规程

(1) 操作前准备

验套漏作业前准备内容见表 4-44。

表 4-44　验套漏作业前准备内容

项目	要求
劳动保护	正确穿戴劳保用品
风险识别	做好安全隐患及风险识别并制定消减措施,明确操作人与监护人
工具准备	榔头、活动扳手、钳子、管钳、螺丝刀、钢丝刷、棉纱、封隔器、节流器、筛管、丝堵、通径规、螺纹密封脂等
防护设备	便携式 H_2S 检测仪、正压式呼吸器、风向标等
验套漏作业操作前	上修前须做好充分的技术交底与井史、井场的调查并建立相应的应急预案及预警制度。作业施工现场设置安全区,每个施工人员应配备正压式空气呼吸器,并放置于易取放的地方。现场施工人员都应有 H_2S 考试合格证,否则不能进入现场施工。经常进行防喷、防火、防 H_2S 演习,并达到规定要求。施工现场应备有足够的除硫材料
操作防护	作业施工过程中,现场操作人员应随身佩戴便携式 H_2S 检测仪,尽可能站在井口上风向操作。找漏验漏过程中在做好井控防喷工作的基础上,实时监测周边环境 H_2S 浓度,维持液柱压力,并加强坐岗监控,发现溢流及时按程序实施关井。管线出口应朝下风口,并有专人佩戴正压式空气呼吸器对出口进行 H_2S 检测
异常处置	现场 H_2S 浓度≥30 mg/m³(20 ppm),立即向上级汇报,并实施井控程序,控制 H_2S 泄漏源

(2) 验套漏作业操作步骤

验套漏作业操作步骤内容见表 4-45。

表 4-45　验套漏作业操作步骤内容

步骤	要求
操作前检查	检查各类管材、工具的性能,包括油管、封隔器、节流器、筛管、丝堵和通径规等。找漏井基础数据齐全,固井质量及找串井段套管接箍深度明确。循环泵、修井液满足施工要求。按设计要求安装防喷器并试压合格,完成探冲砂、通井、套管刮削、套管试压等工序,合格后转入下步施工
验套漏操作	下入找、验漏管柱至设计位置(单封隔器:自下而上为丝堵、油管、节流器或筛管、封隔器、油管)。地面管线试压合格,安装油套压力表。正注泵压 10 MPa,稳压时间 10～30 min,无返出量(溢流量)或套压无变化为合格。调整管柱至找漏位置,分别在 8 MPa、10 MPa、8 MPa 或 10 MPa、8 MPa、10 MPa 三个压力点各正注 10～30 min,观察记录套管压力或溢流量的变化。若套压或溢流量随注入压力变化而变化,则初步认定为串槽
操作后检查	起出找、验漏管柱,仔细检查进出口闸门是否关闭,确保安全。检查封隔器及其他井下工具应完好无损
录取资料	找漏、验漏日期,管柱结构及示意图,找漏、验层位及井段,找串用修井液名称、性能,注(挤)泵压,观察时间,注入量、返出量(串通量),油套管压力变化值

12. 测井作业配合操作规程

（1）操作前准备

测井作业配合操作前准备内容见表 4-46。

表 4-46　测井作业配合操作前准备内容

项目	要求
劳动保护	正确穿戴劳保用品
风险识别	做好安全隐患及风险识别并制定消减措施,明确操作人与监护人
工具准备	活动扳手、管钳、钢丝刷等
防护设备	便携式 H_2S 检测仪、正压式呼吸器、风向标等
测井作业配合操作前	施工现场应设置醒目的风向标。根据不同作业环境配备相应的 H_2S 检测仪及防护装置,并落实人员管理,使 H_2S 检测仪及防护装置处于备用状态,检测仪应在校验期内。作业人员应了解所在作业区域的地理、地貌、气候等情况,熟知逃生路线和安全区域。在 H_2S 浓度较高或浓度不清的环境中作业,均应采用正压式空气呼吸器。参与 H_2S 井下作业的操作人员、技术人员、管理人员、相关人员必须经过 H_2S 防护培训,取证后才能上岗。安排专人观察风向、风速以便确定受侵害的危险区。安排专人佩戴正压式空气呼吸器到井口及其他危险区检查泄漏点。作业施工前进行危害识别,制定相应的作业程序、防范控制措施和应急预案。对作业和相关人员进行风险告知,了解现场逃生急救知识,组织 H_2S 泄漏应急培训和演练。了解作业区域可能的 H_2S 浓度。作业现场设警示标志、风向标和逃生通道,并悬挂标示牌。场地及设备的布置考虑季节风向。生产作业现场安装 H_2S 监测系统,并保证性能良好。作业使用的材料及设备,应与 H_2S 条件相适应,防喷器应安装剪切闸板
操作防护	作业中有两种或两种以上的作业需要同步进行时,须安排协调负责人。开工前,作业施工单位应安排专人佩戴正压式空气呼吸器,携带便携式 H_2S 检测仪,重新检测工作场所中的 H_2S 浓度,并做好记录
异常处置	现场 H_2S 浓度≥30 mg/m^3(20 ppm),立即向上级汇报,并实施井控程序,控制 H_2S 泄漏源

（2）测井作业配合操作步骤

测井作业配合操作步骤内容见表 4-47。

表 4-47　测井作业配合操作步骤内容

步骤	要求
操作前检查	防喷装置符合井控要求,并试压合格,放射性作业人员防护用品齐全可靠。按设计要求安装防喷器并试压合格,完成探冲砂、通井等工序,合格后转入下步施工
测井作业配合操作	安装电缆防喷器(电缆防喷器安装前应在井控车间提前完成试压)。配合测井队完成电缆滑轮的吊装及固定操作。测井操作:配合测井队完成测井施工。放射性测井时,放射性物质的使用、保管、防护应执行 GB 16354 中的规定。放射性测井时,放射源的安全使用要求应执行 SY 5131 中的规定。测井过程中,发现井喷预兆时,应按应急程序迅速关井。测井仪器起出后,由测井队妥善保管并分析测井数据
操作后检查	检查起出的测井仪器应完好,测井队及时分析测井数据
录取资料	测井仪器下深、遇阻加压悬重,测井方式,井段深度,放射源名称、用量

13. 坐封丢手操作规程

(1) 操作前准备

坐封丢手操作前准备内容见表 4-48。

表 4-48　坐封丢手操作前准备内容

项目	要求
劳动保护	正确穿戴劳保用品
风险识别	做好安全隐患及风险识别并制定消减措施,明确操作人与监护人
工具准备	管钳、吊卡、钢卷尺、游标卡尺等
防护设备	便携式 H_2S 检测仪、正压式呼吸器、风向标等
坐封丢手操作前	根据不同作业环境配备相应 H_2S 检测仪及防护装置,并处于备用状态,检测仪应在校验期内。人员应了解作业区域地理、地貌、气候等情况,熟知逃生路线和安全区域,并进行危害识别,制订应急预案。对作业人员进行风险告知和现场逃生知识,组织 H_2S 泄漏应急演练。现场挂设警示标志、风向标和逃生通道标示牌
操作防护	H_2S 浓度较高或浓度不清的环境中,均应采用正压式空气呼吸器。参与 H_2S 井作业的操作、技术和管理人员须经过 H_2S 防护培训,取证后方可上岗。专人观察风向、风速以便确定受侵害的危险区。专人佩戴正压式空气呼吸器到井口及其他危险区检查泄漏点。专人佩戴正压式空气呼吸器,携带便携式 H_2S 检测仪,作业前重新检测工作场所中的 H_2S 浓度,并做好记录。作业使用的材料及设备,应与 H_2S 条件相适应。防喷器应安装剪切闸板。作业中有两种或以上同时作业的,须安排协调负责人
异常处置	现场 H_2S 浓度$\geqslant 30$ mg/m³(20 ppm),立即向上级汇报,并实施井控程序,控制 H_2S 泄漏源

(2) 坐封丢手操作步骤

坐封丢手作业操作步骤内容见表 4-49。

表 4-49　坐封丢手作业操作步骤内容

步骤	要求
操作前检查	检查、测量防顶工具外径、长度应符合设计要求,各部件完好情况。下井前拍照、绘制草图。按设计要求安装防喷器并试压合格,完成探冲砂、通井、套管刮削、套管试压施工,合格后转入下步施工
坐封丢手操作	将工具连接在下井第一根油管底部,涂丝扣油上紧螺纹。下入油管 5～10 根后上封隔器,下至设计深度,防顶卡瓦位置避开套管接箍,深度误差不超过 0.2‰。连接管线并试压至施工压力的 1.5 倍,反循环洗井至泵压、排量稳定。根据封隔器坐封方式,完成封隔器坐封操作。油管内投钢球,钢球到位后正打压至 8 MPa、10 MPa、15 MPa,稳压不少于 2 min,试提管柱比原悬重增加 10～20 kN 验证防顶卡瓦锚锭牢固,继续打压 18～21 MPa,压力突降为零,套管返水丢手成功
操作后检查	起管柱前下放管柱加压 150～200 kN 压载,卡瓦不应有位移,起出井内管柱。检查、核对管柱根数、丢手深度及起出部分情况
录取资料	工具型号、规格及示意图,管柱结构、尺寸、油管规格、根数、下入深度、洗井液名称、数量、密度、泵压、排量、丢手压力、丢手深度,完井管柱示意图

14. 填砂作业操作规程

（1）操作前准备

填砂操作前准备内容见表 4-50。

表 4-50　填砂操作前准备内容

项目	要求
劳动保护	正确穿戴劳保用品
风险识别	做好安全隐患及风险识别并制定消减措施，明确操作人与监护人
工具准备	循环池、加砂漏斗、水龙带、螺纹密封脂、密封胶带等
防护设备	便携式 H_2S 检测仪、正压式呼吸器、风向标等
填砂作业操作前	上修前必须做好充分的技术交底与井史、井场的调查并建立相应的应急预案及预警预报制度。作业施工现场设置安全区，每个施工人员应配备正压式空气呼吸器，并放置于易取放的地方。现场施工人员都应有 H_2S 考试合格证，否则不能进入现场施工。经常进行防喷、防火、防 H_2S 演习，并达到规定要求。施工现场应备有足够的除硫材料
操作防护	填砂施工过程中，现场操作人员应随身佩戴便携式 H_2S 检测仪，尽可能站在井口上风向操作。填砂过程中，维持液柱压力，由专人坐岗监控，发现溢流及时按程序实施关井。管线出口应朝下风口，并有专人佩戴正压式空气呼吸器，对出口进行 H_2S 检测
异常处置	现场的 H_2S 浓度≥30 mg/m^3（20 ppm），立即向上级汇报，并实施井控程序，控制 H_2S 泄漏源

（2）填砂操作步骤

填砂操作步骤内容见表 4-51。

表 4-51　填砂操作步骤内容

步骤	要求
操作前检查	重新审核、累计填砂管柱深度符合设计要求。根据砂面（或人工井底）深度，准确计算填砂用量。填砂料应选用筛选粒度比较均匀的石英砂，有利于沉降，不易砂堵，填砂量＝井筒填砂段容积×（1.15～1.2）。按设计要求安装防喷器并试压合格，完成探冲砂、通井、套管刮削、套管试压等工序，合格后转入下步施工
填砂操作	下入填砂管柱，缓慢下放管柱加压 10～20 kN，复探 3 次，核实井内砂面（或人工井底）深度，记录数据并计算填砂量。上提管柱至设计砂面以上 10 m，完成填砂管柱。连接施工地面管线，试压至设计最高施工压力的 1.5 倍，不刺、不漏为合格。将加砂漏斗安装在上水管线上，并用卡子固定牢固。将加砂漏斗及上水管线放入循环池内，漏斗挂在循环池上。正循环洗井至进出口泵压及排量正常。泵压控制在 2.0 MPa 以内，排量控制在 100～200 L/min，携砂比控制在 5%～10%，均匀加砂。用不少于油管内容积的清水量，小排量将石英砂顶替至油管底部
操作后检查	上提管柱至设计砂面以上 100 m，关井沉砂时间应不少于 4 h。下放管柱回探砂面，符合设计砂面深度为合格
录取资料	密度计、压力表、钢板尺、量程 20 m 钢卷尺、内卡、外卡、游标卡尺，各类器具性能良好、在周期鉴定范围内。所有报表记录填写及时认真、字迹工整清洁，数据准确。设备运转记录填写及时、准确，整洁规范

15. 打水泥塞操作规程

(1) 操作前准备

打水泥塞操作前准备内容见表 4-52。

表 4-52　打水泥塞操作前准备内容

项目	要求
劳动保护	正确穿戴劳保用品
风险识别	做好安全隐患及风险识别并制定消减措施,明确操作人与监护人
工具准备	黏度计、密度计、管钳、榔头、活动扳手等
防护设备	便携式 H_2S 检测仪、正压式呼吸器、风向标等
打水泥塞操作前	上修前必须做好充分的技术交底与井史、井场的调查并建立相应的应急预案及预警预报制度。作业施工现场设置安全区,每个施工人员应配备正压式空气呼吸器,并放置于易取放的地方。现场施工人员都应有 H_2S 考试合格证,否则不能进入现场施工。经常进行防喷、防火、防 H_2S 演习,并达到规定要求
操作防护	现场 H_2S 浓度过高,打水泥塞前洗井时,修井液循环至地面 15 min 以前,施工人员应戴正压式空气呼吸器,直到其含量低于允许值
异常处置	现场的 H_2S 浓度 $\geqslant 30$ mg/m³(20 ppm),立即向上级汇报,并实施井控程序,控制 H_2S 泄漏源

(2) 打水泥塞操作步骤

打水泥塞操作操作步骤内容见表 4-53。

表 4-53　打水泥塞操作操作步骤内容

步骤	要求
操作前检查	作业前取水泥样做水泥浆初凝、终凝、流动度试验和添加剂配方试验。水泥养护温度取注塞深度的温度。干水泥、添加剂、堵漏剂、隔离液性能应符合设计要求。按设计要求完成探冲砂、通井、套管刮削、套管试压及调整砂面等施工,合格后转入下步施工
打水泥塞操作	按设计要求完成注水泥塞管柱,并有记录和管柱示意图。连接地面管线,并按设计预计最高施工压力的 1.5 倍试压合格。洗井至进出口泵压及排量正常。按设计要求配制水泥浆。水泥浆应混合均匀,不得混入杂质。按设计要求替入前隔离液＋水泥浆＋后隔离液。按设计要求,将水泥浆顶替至预留水泥塞顶面,顶替液应包括后隔离液。按设计上提管柱至反洗井位置,洗出管柱内多余的水泥浆。上提管柱至预计水泥塞面 100 m 以上,井筒灌满修井液。关井候凝 24~48 h。候凝后加深管柱探水泥塞面,加压 5~10 kN 探 2 次,灰面深度符合设计要求后,上提管柱 20 m。连接地面管线并试压至施工压力的 1.5 倍。对水泥塞试压至设计要求的压力
操作后检查	水泥塞试压合格后起出井内管柱,对起出管柱进行丈量核实,应与下井前管柱记录一致。落实水泥塞深度、试压压力、压降
录取资料	井号、套管规格、型号、套损情况、联入、油补距、管柱结构、下入深度、管柱长度、工作液密度、用量工作液,井口管线试压情况、试压时间、循环洗井时间、泵压、排量及出口描述、配制水泥浆时间、清水用量、水泥标号和用量、添加剂型号和用量、水泥浆密度及用量、替入前隔离液时间、用量、排量,替入水泥浆时间、水泥浆用量、泵压、排量,替入后隔离液时间、用量、泵压、排量,替入后顶替液时间、用量、泵压、排量及出口描述、提管柱时间、根数、完成深度、反洗井时间、液量、泵压、排量及出口描述、提管柱至候凝深度、根数、灌注工作液量及关井候凝时间、探水泥塞时间、加压探得塞面次数和深度及井筒试压情况

16. 钻水泥塞作业操作规程

（1）操作前准备

钻水泥塞作业前准备内容见表 4-54。

表 4-54 钻水泥塞作业前准备内容

项目	要求
劳动保护	正确穿戴劳保用品
风险识别	做好安全隐患及风险识别并制定消减措施,明确操作人与监护人
工具准备	管钳、榔头、活动扳手、螺杆钻具等
防护设备	便携式 H_2S 检测仪、正压式呼吸器、风向标等
钻水泥塞操作前	上修前必须做好充分的技术交底与井史、井场的调查并建立相应的应急预案及预警预报制度。作业施工现场设置安全区,每个施工人员应配备正压式空气呼吸器,并放置于易取放的地方。现场施工人员都应有 H_2S 考试合格证,否则不能进入现场施工。经常进行防喷、防火、防 H_2S 演习,并达到规定要求
操作防护	在钻开油气层前应对全套井控装备进行一次试压。在钻开含 H_2S 油气层后,施工人员要注意监测空气中 H_2S 浓度。在钻开油气层前应对全套井控装备进行一次试压。在钻开含 H_2S 油气层后,施工人员要注意监测空气中 H_2S 浓度。井下作业施工中,应有专人观察井口,确保液面保持在井口部位,在含 H_2S 油气井施工,应有干部跟班作业。在含 H_2S 油气井钻塞洗井作业时,在地层修井液循环至地面 15 min 以前,施工人员应戴上防毒面具,直到其含量少于允许值
异常处置	现场 H_2S 浓度≥30 mg/m³（20 ppm）,立即向上级汇报,并实施井控程序,控制 H_2S 泄漏源

（2）钻水泥塞作业操作步骤

钻水泥塞作业操作步骤内容见表 4-55。

表 4-55 钻水泥塞作业操作步骤内容

步骤	要求
操作前检查	检查井口装置紧固牢固、开关灵活。按照设计要求,转盘驱动钻塞应检查钻头（磨鞋）、安全接头、旋塞阀应符合使用要求,出口管线应固定牢固。螺杆钻具钻塞应检查钻头（磨鞋）、缓冲器、旋塞阀、过滤器,且应符合使用要求。地面检查螺杆钻具并连接泵注设备开泵,观察螺杆钻具的工作情况,检查旁通阀能自动打开或关闭,应符合使用要求。按设计要求完成探冲砂、通井、套管刮削、套管试压及调整砂面等施工,合格后转入下步施工
转盘驱动钻塞操作	钻具组合:钻头（磨鞋）、安全接头、钻铤、钻杆、井口旋塞阀和方钻杆。钻头（磨鞋）下至距离水泥塞 5～10 m 处,开泵正循环冲洗,待循环正常后启动转盘。转盘旋转正常缓慢下放钻具,加压 10～25 kN,转速控制在 60～120 r/min 钻塞,钻塞至设计深度后充分循环洗井。每钻进 3～5 m 划眼一次,接单根之前应充分循环洗井,时间不少于 15 min。起出井内钻塞管柱及工具

表 4-55(续)

步骤	要求
螺杆钻具钻塞操作	钻具组合:钻头(磨鞋)、螺杆钻具、井下过滤器、油管(钻杆)和井口旋塞阀。连接管线及泵注设备,在循环设备与井口之间的管线应串联地面过滤器,并按设计预计最高施工压力的 1.5 倍试压合格。钻头(磨鞋)下至距离水泥塞 5~10 m 处,开泵正循环冲洗,待循环正常后缓慢下放钻具,加压 5~10 kN 钻塞,钻塞至设计深度后充分循环洗井。每钻进 3~5 m 划眼一次。接单根之前应充分循环洗井,时间不少于 15 min。起出井内钻塞管柱及工具
操作后检查	检查井内起出管柱及工具有无弯曲、变形、丝扣损坏,检查钻头(磨鞋)的磨损程度,并画图描述
录取资料	油层套管内径和深度,钻头(磨鞋)规格类型,工作液名称及性能,钻柱结构,水泥塞深度,钻压、钻速、泵压、排量、进尺、循环出口描述、钻磨时间

17. 钻磨桥塞(封隔器)作业操作规程

(1) 操作前准备

钻磨桥塞(封隔器)作业前准备内容见表 4-56。

表 4-56　钻磨桥塞(封隔器)作业前准备内容

项目	要求
劳动保护	正确穿戴劳保用品
风险识别	做好安全隐患及风险识别并制定消减措施,明确操作人与监护人
工具准备	螺杆钻具、凹形(平底)磨鞋、安全接头、管钳等
防护设备	便携式 H_2S 检测仪、正压式呼吸器、风向标等
钻磨桥塞(封隔器)操作前	上修前必须做好充分的技术交底与井史、井场的调查并建立相应的应急预案及预警预报制度。作业施工现场设置安全区,每个施工人员应配备正压式空气呼吸器,并放置于易取放的地方。现场施工人员都应有 H_2S 考试合格证,否则不能进入现场施工。经常进行防喷、防火、防 H_2S 演习,并达到规定要求
操作防护	在钻开油气层前应对全套井控装备进行一次试压。在钻开含 H_2S 油气层后,施工人员要注意监测空气中 H_2S 浓度。井下作业施工中,应有专人观察井口,确保液面保持在井口部位,在含 H_2S 油气井施工,应有干部跟班作业。在含 H_2S 油气井钻塞洗井作业时,在地层修井液循环至地面 15 min 以前,施工人员应戴上防毒面具,直到其含量少于允许值
异常处置	现场 H_2S 浓度≥30 mg/m³(20 ppm),立即向上级汇报,并实施井控程序,控制 H_2S 泄漏源

(2) 钻磨桥塞(封隔器)作业操作步骤

钻磨桥塞(封隔器)作业操作步骤内容见表 4-57。

表 4-57　钻磨桥塞(封隔器)作业操作步骤内容

步骤	要求
操作前检查	检查工作液应符合设计要求,液量不应小于使用量的 1.5 倍。检查井口装置及井控装置牢固可靠、闸门开关灵活。按照设计要求,转盘驱动钻塞应检查磨鞋、杂物捞篮、打捞装置符合使用要求。按照设计要求,螺杆钻具钻磨应检查钻磨工具、缓冲器、旋塞阀、过滤器、杂物捞篮,应符合使用要求。地面检查螺杆钻具并连接泵注设备开泵,观察螺杆钻具的工作情况,检查旁通阀应能自动打开或关闭,应符合使用要求。按设计要求完成探冲砂、通井、套管刮削等井筒准备工作,保证套管通畅,封隔器、桥塞上部无落物
转盘驱动钻塞操作	钻具组合:磨鞋、杂物捞篮、钻柱。钻磨工具下至距鱼顶 1～2 m 时,开泵循环冲洗,待泵压稳定出口返液正常后,缓慢下放管柱逐渐加压 20～40 kN,以 80～125 r/min 转速转动管柱进行磨铣,直至将桥塞(封隔器)磨铣完成。缓慢上提管柱,观察指重表(拉力表)变化,起出钻磨工具
螺杆钻具钻塞操作	钻具组合:钻磨工具、杂物捞篮、螺杆钻具、缓冲器、井下过滤器、钻柱和旋塞阀。下放速度控制在 20～30 m/min,下至距桥塞面(封隔器)50 m 左右时,缓慢下放,加压 5～10 kN 探桥塞(封隔器)。连接地面管线,并按设计预计最高施工压力的 1.5 倍试压合格,出口管线应固定牢固。将管柱提至封隔器或桥塞以上 1～2 m,开泵循环冲洗,待泵压稳定出口返液正常后,缓慢下放钻压 5～15 kN,泵车排量应大于 25 m³/h,直至完成钻磨,大排量洗井一周,起出井内钻磨管柱及工具
操作后检查	检查井内起出管柱及工具有无弯曲、变形、丝扣损坏,检查钻磨工具(磨鞋)的磨损程度,并画图描述
录取资料	油层套管内径和深度,钻磨工具(磨鞋)规格类型,工作液名称及性能,钻柱结构、桥塞(封隔器)深度、钻压、钻速、泵压、排量、进尺、循环出口描述,钻磨时间

18. 套铣作业操作规程

(1)操作前准备

套铣作业前准备内容见表 4-58。

表 4-58　套铣作业前准备内容

项目	要求
劳动保护	正确穿戴劳保用品
风险识别	做好安全隐患及风险识别并制定消减措施,明确操作人与监护人
工具准备	铣鞋、套铣筒、安全接头、管钳等
防护设备	便携式 H_2S 检测仪、正压式呼吸器、风向标等
套铣作业前	上修前必须做好充分的技术交底与井史、井场的调查并建立相应的应急预案及预警预报制度。作业施工现场设置安全区,每个施工人员应配备正压式空气呼吸器,并放置于易取放的地方。现场施工人员都应有 H_2S 考试合格证,否则不能进入现场施工。经常进行防喷、防火、防 H_2S 演习,并达到规定要求
操作防护	含 H_2S 井在钻开油气层前,作业施工单位应按防 H_2S 单井应急预案进行演练。套铣过程中在做好井控防喷工作的基础上,实时监测周边环境 H_2S 浓度,做好预防工作。作业施工过程中,现场操作人员应随身佩戴便携式 H_2S 检测仪。套铣过程中,维持液柱压力,并加强坐岗监控,发现溢流及时按程序实施关井。管线出口应朝下风口,并有专人佩戴正压式空气呼吸器对出口进行 H_2S 检测
异常处置	现场 H_2S 浓度≥30 mg/m³(20 ppm),立即向上级汇报,并实施井控程序,控制 H_2S 泄漏源

（2）套铣作业操作步骤

套铣作业操作步骤内容见表 4-59。

表 4-59　套铣作业操作步骤内容

步骤	要求
操作前检查	套铣管出厂检验标准规定执行。套铣管下井前,应保证设备的性能完好、仪表准确。用与钻进相同尺寸的钻头及匹配的稳定器通井。调整修井液性能达到套铣作业要求。井漏时,应先堵住漏层再进行套铣作业。对于因井漏引起的垮塌卡钻,施工前要准备好性能符合要求、数量足够的备用修井液,并制定出相应的防漏、防塌和防喷措施。下井前要测量套铣管外径、内径和长度,并做好记录。套铣管管体及螺纹应严格探伤、检查。套鞋、转换接头及其辅助工具应严格检查,并做好记录。要用吊车装卸套铣管,上下钻台应平稳,并装好护丝。根据井下情况选择合适的套铣钻柱组合。推荐使用下列组合:铣鞋＋套铣管＋转换接头＋上击器＋钻铤(加重钻杆)＋钻杆＋方钻杆或铣鞋＋套铣管＋转换接头＋钻杆＋方钻杆
套铣操作	下套铣筒时必须保证井眼畅通。在深井、定向井、复杂井套铣时套铣筒不要太长。下套铣管遇阻时,不能划眼,应起出套铣管,下钻头重新通井。当井较深时,下套铣筒要分段循环修井液,不能一次下到预定位置,以免开泵困难憋漏地层和卡套铣筒。下套铣筒要控制下钻速度,由专人观察环空修井液上返的情况。套铣作业过程中若套不进落鱼时,应起钻详细观察铣鞋磨损情况,认真分析,并采取相应的措施,不能采取硬铣的方法,避免造成鱼顶、铣鞋、套管的磨损。应以憋跳小、钻速快、井下安全为原则选择套铣参数。套铣筒入井后要连续作业,当不能套铣作业时,要将套铣筒上提至鱼顶 50 m 以上。每套铣 3～5 m,应上下活动一次套铣管,但不应把铣鞋提出鱼顶。套铣时,在修井液出口槽放置一块磁铁,以便观察出口返出铁屑情况。套铣过程中,若出现严重憋、跳、无进尺或泵压上升或下降时,应立即起钻,分析原因,待找出原因、泵压恢复后再进行套铣。每套铣完一个单根,应上提钻具再向下划一次,保证接单根顺利。连续套铣作业,每套铣井段 300～400 m 时,用钻头通井一次,遇到井下异常情况应及时通井。套铣至设计深度后,要充分循环洗井,待井内碎屑物全部洗出后起钻
操作后检查	套铣结束,应立即起钻。检查井内起出管柱及工具有无弯曲、变形、丝扣损坏,检查套铣工具的磨损程度,并画图描述。在套铣鞋没有离开套铣位置时不能停泵。套铣管每使用 80～100 h,应对螺纹进行探伤,合格方可继续使用
录取资料	套铣工具名称、规格、长度、套铣深度及循环冲洗情况,套铣过程中发生的现象等,下井工具应绘有结构示意图

19. 磨铣作业操作规程

（1）操作前准备

磨铣作业前准备内容见表 4-60。

表 4-60　磨铣作业前准备内容

项目	要求
劳动保护	正确穿戴劳保用品
风险识别	做好安全隐患及风险识别并制定消减措施,明确操作人与监护人
工具准备	磨鞋、安全接头、钻铤、管钳等

表 4-60(续)

项目	要求
防护设备	便携式 H_2S 检测仪、正压式呼吸器、风向标等
磨铣作业前	上修前必须做好充分的技术交底与井史、井场的调查并建立相应的应急预案及预警预报制度。作业施工现场设置安全区,每个施工人员应配备正压式空气呼吸器,并放置于易取放的地方。现场施工人员都应有 H_2S 考试合格证,否则不能进入现场施工。经常进行防喷、防火、防 H_2S 演习,并达到规定要求
操作防护	含 H_2S 井在钻开油气层前,作业施工单位应按防 H_2S 单井应急预案进行演练。磨铣过程中在做好井控防喷工作的基础上,实时监测周边环境 H_2S 浓度,做好预防工作。作业施工过程中,现场操作人员应随身佩戴便携式 H_2S 检测仪。磨铣过程中,维持液柱压力,并加强坐岗监控,发现溢流及时按程序实施关井。管线出口应朝下风口,并有专人佩戴正压式空气呼吸器对出口进行 H_2S 检测
异常处置	现场 H_2S 浓度≥30 mg/m^3(20 ppm),立即向上级汇报,并实施井控程序,控制 H_2S 泄漏源

(2) 磨铣作业操作步骤

磨铣作业操作步骤内容见表 4-61。

表 4-61　磨铣作业操作步骤内容

步骤	要求
操作前检查	对设备、井架、游动系统、绷绳、地锚等进行详细的安全检查,发现问题及时整改,排除一切事故隐患。检查设备各紧固件是否牢固可靠,指重表(拉力表)应灵活准确,死绳头、大绳是否牢固。检查、校正指重表(拉力表)应精确好用。对选择的下井工具应规格尺寸统一、强度可靠、螺纹完好、各部件灵活好用。应根据不同的落鱼,不同的井深,选用不同的钻压。
正常磨铣操作	下钻速度不宜过快,作业过程中不能停泵,修井液的上返速度不得低于 36 m^3/h。如达不到应采用沉砂管或捞砂筒等辅助工具,以防止磨损卡钻。磨铣选取较高的转速进行,一般应选用在 100 r/min 左右,但应当与钻压配合使用,如钻压大、转速高则地面扭矩加大,动力、钻具和工具等均可能出现损坏。如果出现单点长期无进尺,应分析原因,采取措施,防止磨坏套管。在磨铣过程中,为了不损伤套管,应在磨鞋上部加接一定长度的钻铤或钻具上接扶正器,以保证磨鞋平稳工作
不稳定落鱼的磨铣操作	当井下落鱼处于不稳定的可变位置状态时,在磨铣中落物会转动、滑动或跟磨鞋一起做圆周运动,这将大大降低磨铣效果。确定钻压的零点,或者说钻具的悬挂位置是磨铣工具刚离开鱼顶的位置,然后在方钻杆上做好标记。将方钻杆上提 1.2~1.8 m(浅井 1.8 m,深井 1.2 m),当方钻杆标记离转盘面 0.4~0.5 m 时突然刹车,使钻具因下落惯性伸长,使落物顿紧压实。顿钻后转动 60°~90°再次冲顿。如此 3~4 次,即可继续往下磨铣。不应让平底磨鞋在落鱼上停留的时间超过 15 min(避免磨鞋表面形成很深的磨痕),要不断将磨鞋提起,边转动边下放到落鱼上,以改变磨鞋与落鱼的接触位置,保证均匀磨铣

表 4-61（续）

步骤	要求
钻具整跳的磨铣操作	套管内磨铣出现整跳,说明鱼顶固定不牢而摆动。一般降低转速可以克服这种情况。产生跳钻时,须把转速降到 50 r/min 左右,钻压降到大约 10 kN 以下。若磨鞋运转平稳,磨铣速度理想的话,转速保持不变;若磨铣速度偏低,可提高转速;若重新出现整跳钻,应恢复原转速直到磨鞋运转平稳后再加速,并保持这一转速。当钻具被整卡,产生周期性突变时,说明磨鞋在井下有卡死现象。卡死的原因:一是落鱼偏靠套管;二是落鱼碎块;三是钻屑沉积。应上提钻具,排除磨鞋周边卡阻物或改变磨铣工具与落鱼的相对位置,并加大排量洗井。若上提遇卡,可边转边上提解卡。钻具提出之后,应充分大排量洗井,以保证将磨下的碎屑物冲洗出地面
胶皮的磨铣操作	落鱼上附带的胶皮在磨铣过程中会引起磨铣速度下降。遇到这种情况时,判断准确之后可采取降低泵压或完全停泵一段时间,并反复顿钻,用磨鞋把胶皮捣成碎块。如果无法继续操作,那就不得不起出磨鞋,用别的工具处理完后再进行磨铣
操作后检查	磨铣结束,应立即起钻。检查井内起出管柱及工具有无弯曲、变形、丝扣损坏,检查磨铣工具的磨损程度,并画图描述
录取资料	磨铣工具名称、规格、长度、磨铣深度及循环冲洗情况、磨铣过程中发生的现象等,下井工具应绘有结构示意图

20. 测卡点作业操作规程

（1）操作前准备

测卡点作业前准备内容见表 4-62。

表 4-62　测卡点作业前准备内容

项目	要求
劳动保护	正确穿戴劳保用品
风险识别	做好安全隐患及风险识别并制定消减措施,明确操作人与监护人
工具准备	钢丝刷、活动扳手、管钳、小滑车、旋塞阀、螺纹密封脂、油管规等
防护设备	便携式 H_2S 检测仪、正压式呼吸器、风向标等
测卡点作业操作前	根据不同作业环境配备相应的 H_2S 检测仪及防护装置,并落实人员管理,使 H_2S 检测仪及防护装置处于备用状态,检测仪应在校验期内。作业人员应了解所在作业区域的地理、地貌、气候等情况,熟知逃生路线和安全区域。在 H_2S 浓度较高或浓度不清的环境中作业,均应采用正压式空气呼吸器。参与 H_2S 井井下作业的操作人员、技术人员、管理人员、相关人员必须经过 H_2S 防护培训,取证后才能上岗。安排专人观察风向、风速以便确定受侵害的危险区。安排专人佩戴正压式空气呼吸器到井口及其他危险区检查泄漏点。作业施工前进行危害识别,制定相应的作业程序、防范控制措施和应急预案。对作业和相关人员进行风险告知,了解现场逃生急救知识,组织 H_2S 泄漏应急培训和演练
操作防护	了解作业区域可能的 H_2S 浓度。作业现场设警示标志、风向标和逃生通道,并悬挂标示牌。场地及设备的布置考虑季节风向。生产作业现场安装 H_2S 监测系统,并保证性能良好。作业使用的材料及设备,应与 H_2S 条件相适应。防喷器应安装剪切闸板。开工前,作业施工单位应安排专人佩戴正压式空气呼吸器,携带便携式 H_2S 检测仪,重新检测工作场所中的 H_2S 浓度,并做好记录
异常处置	现场 H_2S 浓度 ≥ 30 mg/m³（20 ppm）,立即向上级汇报,并实施井控程序,控制 H_2S 泄漏源

（2）测卡点作业操作步骤

测卡点作业操作步骤内容见表 4-63。

表 4-63　测卡点作业操作步骤内容

步骤	要求
操作前检查	检查作业机离合器、刹车、提升系统等完好。检查井架、绷绳、地锚等完好。检查防喷装置型号、安装及试压符合设计要求，防喷器半封闸板应与井内管柱规格匹配。上提管柱至原井管柱悬重，按丝扣上扣方向用转盘旋转管柱 10～15 圈。缓慢下放管柱，直至紧扣至 0 kN，紧扣结束
测卡点操作	① 第一次拉力：上提管柱，观察拉力计，当上提负荷等于井内管柱悬重时刹车，记录拉力为 P_a 并在防喷器上平面位置的油管上做第一个标记为 A 点。② 第二次拉力：继续上提管柱，当上提管柱增加 30 kN 时刹车，记录拉力表上的第二次上提拉力值为 P_b，并在防喷器上平面位置的油管上做第二个标记为 B 点。第一次上提拉力为：$P_1 = P_b - P_a$，第一次油管伸长为 λ_1 为 AB 之间的距离 λ_{ab}。重复步骤②两次，得出：第二、三次拉力 $P_2 = P_c - P_b$，$P_3 = P_d - P_c$；第二、三次管柱伸长 λ_2 和 λ_3
录取资料	计算 3 次上提的平均拉力：$P = (P_1 + P_2 + P_3)/3$；计算 3 次上提的平均油管伸长：$\lambda = (\lambda_1 + \lambda_2 + \lambda_3)/3$；根据公式计算卡点深度：$L = K \times \dfrac{\lambda}{P}$，m；$\lambda$ 为油管平均伸长，cm；P 为油管平均拉伸拉力，kN；K 为计算系数（$\phi 73$ mm 油管为 2 450，$\phi 89$ mm 油管为 3 750，$\phi 73$ mm 钻杆为 3 800）

21. 解卡作业操作规程

（1）操作前准备

解卡作业前准备内容见表 4-64。

表 4-64　解卡作业前准备内容

项目	要求
劳动保护	正确穿戴劳保用品
风险识别	做好安全隐患及风险识别并制定消减措施，明确操作人与监护人
工具准备	钢丝刷、活动扳手、管钳、小滑车、旋塞阀、螺纹密封脂、油管规等
防护设备	便携式 H_2S 检测仪、正压式呼吸器、风向标等
解卡作业操作前	根据不同作业环境配备相应 H_2S 检测仪及防护装置，并落实人员管理，使 H_2S 检测仪及防护装置处于备用状态，检测仪应在校验期内。作业人员应了解所在作业区域的地理、地貌、气候等情况，熟知逃生路线和安全区域。在 H_2S 浓度较高或浓度不清的环境中作业，均应采用正压式空气呼吸器。参与 H_2S 井井下作业的操作人员、技术人员、管理人员、相关人员必须经过 H_2S 防护培训，取证后才能上岗。安排专人观察风向、风速以便确定受侵害的危险区。安排专人佩戴正压式空气呼吸器到井口及其他危险区检查泄漏点。作业施工前进行危害识别，制定相应的作业程序、防范控制措施和应急预案。对作业和相关人员进行风险告知，了解现场逃生急救知识，组织 H_2S 泄漏应急培训和演练

表 4-64(续)

项目	要求
操作防护	了解作业区域可能的 H_2S 浓度。作业现场设警示标志、风向标和逃生通道，并悬挂标示牌。场地及设备的布置考虑季节风向。生产作业现场安装 H_2S 监测系统，并保证性能良好。作业使用的材料及设备，应与 H_2S 条件相适应。防喷器应安装剪切闸板。开工前，作业施工单位应安排专人佩戴正压式空气呼吸器，携带便携式 H_2S 检测仪，重新检测工作场所中的 H_2S 浓度，并做好记录
异常处置	现场 H_2S 浓度≥30 mg/m³(20 ppm)，立即向上级汇报，并实施井控程序，控制 H_2S 泄漏源

（2）测卡点作业操作步骤

解卡作业操作步骤内容见表 4-65。

表 4-65　解卡作业操作步骤内容

步骤	要求
操作前检查	检查作业机离合器、刹车、提升系统等完好。检查井架、绷绳、地锚等完好。检查防喷装置型号、安装及试压符合设计要求，防喷器半封闸板应与井内管柱规格匹配
原管柱解卡操作	① 慢提管柱，当负荷增加到一定值(小于井架及管柱允许的安全负荷时)，迅速下放管柱卸载。② 每活动 5～10 min 停止一段时间，使油管和设备消除疲劳。③ 重复上述操作，直至解卡成功，起出井内管柱，转入下步施工工序。④ 若解卡不成功，则转入其他解卡方式
憋压法解卡操作	① 连接试压管线后，管线试压至最高工作压力的 1.5 倍。② 泵车小排量向油管内泵入清水，观察试压装置压力表值，当压力达到设计压力时停泵，快速卸掉井内压力，重复憋压、放压操作，直至憋通砂卡。③ 也可与活动管柱解卡相互配合进行，憋压重复进行数次后，上提下放活动管柱解卡交替进行，直至解除砂卡。④ 若此种解卡方法不成功，则转入其他解卡方式
倒扣解卡操作	① 计算中和点确定倒扣位置，倒扣点宜在卡点位置以上第一个接箍为宜。② 上提悬重应大于卡点以上管柱悬重 5～10 kN，转速要控制在 50 r/min 以下为宜。③ 观察拉力表悬重变化，若上提悬重等于卡点以上管柱悬重时，起出倒扣点以上管柱及落鱼。④ 根据倒扣情况，分析、判断造成卡钻原因，并制定下步施工措施
震击解卡操作	① 组配打捞管柱(自下而上)：打捞工具＋安全接头＋液压震击器＋钻杆＋液压加速器＋打捞管柱。下打捞管柱，按照打捞操作规程，抓获井内落鱼。② 缓慢上提至液压加速器和震击器释放后的最大上提行程，并在管柱做出标记。③ 缓慢下放管柱至 0 kN，放回管柱。④ 快速上提管柱，速度大于 9 m/min，当上提悬重达到设计悬重时刹车，候震，待震击发生后，观察拉力表悬重变化。⑤ 重复操作以上程序，直至解卡并起出打捞管柱
操作后检查	检查井内起出管柱及工具有无弯曲、变形、丝扣损坏，检查套铣工具的磨损程度，并画图描述
录取资料	施工设备名称、型号，解卡工具的名称、规格、型号，井内管柱的描述，最大提升载荷、上提下放、旋转震击管柱效果的情况描述，解卡后悬重、解卡后拉力计的显示情况，解卡结果

22. 管类落物打捞作业操作规程

（1）操作前准备

管类落物打捞作业前准备内容见表 4-66。

表 4-66　管类落物打捞作业前准备内容

项目	要求
劳动保护	正确穿戴劳保用品
风险识别	做好安全隐患及风险识别并制定消减措施,明确操作人与监护人
工具准备	选择打捞工具、管钳、活动扳手、榔头、游标卡尺、油管规、密封脂、钢丝刷等
防护设备	便携式 H_2S 检测仪、正压式呼吸器、风向标等。
管类落物打捞操作前	根据不同作业环境配备相应 H_2S 检测仪及防护装置,并落实人员管理,使 H_2S 检测仪及防护装置处于备用状态,检测仪应在校验期内。作业人员应了解所在作业区域的地理、地貌、气候等情况,熟知逃生路线和安全区域。在 H_2S 浓度较高或浓度不清的环境中作业,均应采用正压式空气呼吸器。参与 H_2S 井下作业的操作人员、技术人员、管理人员、相关人员必须经过 H_2S 防护培训,取证后才能上岗。安排专人观察风向、风速以便确定受侵害的危险区。安排专人佩戴正压式空气呼吸器到井口及其他危险区检查泄漏点。作业施工前进行危害识别,制定相应的作业程序、防范控制措施和应急预案。对作业和相关人员进行风险告知,了解现场逃生急救知识,组织 H_2S 泄漏应急培训和演练
操作防护	了解作业区域可能的 H_2S 浓度。作业现场设警示标志、风向标和逃生通道,并悬挂指示牌。场地及设备的布置考虑季节风向。生产作业现场安装 H_2S 监测系统,并保证性能良好。作业使用的材料及设备,应与 H_2S 条件相适应。防喷器应安装剪切闸板。开工前,作业施工单位应安排专人佩戴正压式空气呼吸器,携带便携式 H_2S 检测仪,重新检测工作场所中的 H_2S 浓度,并做好记录
异常处置	现场 H_2S 浓度≥30 mg/m³(20 ppm),立即向上级汇报,并实施井控程序,控制 H_2S 泄漏源

(2) 管类落物打捞作业操作步骤

管类落物打捞作业操作步骤内容见表 4-67。

表 4-67　管类落物打捞作业操作步骤内容

步骤	要求
操作前检查	下井工具应性能(强度)可靠、螺纹完好、各部件灵活好用。了解被打捞井的地质、钻井、开发资料,搞清井深结构、套管完好情况及井下有无其他落物等。搞清井下落鱼油管的管柱结构,分析落井原因及有无工具卡、砂卡、砂埋等情况。计算鱼顶深度,判断清楚鱼顶的规范、形状和特征。对鱼顶不清时,要用铅模或其他工具下井探明
管类落物打捞作业操作	打捞工具选择应依据井内管类落物鱼顶状态选择,且应优先选择可退式打捞工具。连接打捞工具下入,控制下放速度,打捞管柱下至预测落物顶部以上 10 m 时,停止下放管柱。启循环泵,下放管柱至落物以上 5~6 m 时开泵洗井,缓慢下放至落物位置加压 10 kN,保证鱼顶冲洗干净、彻底。在试探鱼顶时,必须缓慢下放管柱,精心观察拉力表读数变化,对鱼顶所加钻压不准超过 10 kN。根据打捞工具的工作原理进行打捞操作(公、母锥造扣打捞时,所加钻压 5~10 kN,并转动要慢,造扣数量一般为 8~12 扣)。打捞时要试提、试放,观察拉力表指针变化,判断是否捞上,判断遇卡情况。在试提中若负荷过大遇卡时,不可硬扳。应采用上提下放管柱活动解卡。捞获落鱼上提起管柱,做到起钻平稳,速度要慢。管柱卸扣时一定要打好背钳,井内管柱不准转动
操作后检查	每次打捞后应仔细检查打捞工具损伤情况、打捞状态。同时,要检查捞出落物损伤情况及捞出时的状态
录取资料	打捞工具名称、规格、长度,捞出落物名称、规格、长度,遗留问题,铅模规格,下入深度,印痕

23. 杆类落物打捞作业操作规程

(1) 操作前准备

杆类落物打捞作业前准备内容见表 4-68。

表 4-68　杆类落物打捞作业前准备内容

项目	要求
劳动保护	正确穿戴劳保用品
风险识别	做好安全隐患及风险识别并制定消减措施,明确操作人与监护人
工具准备	选择打捞工具、管钳、活动扳手、榔头、游标卡尺、油管规、密封脂、钢丝刷等
防护设备	便携式 H_2S 检测仪、正压式呼吸器、风向标等
杆类落物打捞操作前	根据不同作业环境配备相应 H_2S 检测仪及防护装置,并落实人员管理,使 H_2S 检测仪及防护装置处于备用状态,检测仪应在校验期内。作业人员应了解所在作业区域的地理、地貌、气候等情况,熟知逃生路线和安全区域。在 H_2S 浓度较高或浓度不清的环境中作业,均应采用正压式空气呼吸器。参与 H_2S 井井下作业的操作人员、技术人员、管理人员、相关人员必须经过 H_2S 防护培训,取证后才能上岗。安排专人观察风向、风速以便确定受侵害的危险区。安排专人佩戴正压式空气呼吸器到井口及其他危险区检查泄漏点。作业施工前进行危害识别,制定相应的作业程序、防范控制措施和应急预案。对作业和相关人员进行风险告知,了解现场逃生急救知识,组织 H_2S 泄漏应急培训和演练
操作防护	了解作业区域可能的 H_2S 浓度。作业现场设警示标志、风向标和逃生通道,并悬挂标示牌。场地及设备的布置考虑季节风向。生产作业现场安装 H_2S 监测系统,并保证性能良好。作业使用的材料及设备,应与 H_2S 条件相适应。防喷器应安装剪切闸板。开工前,作业施工单位应安排专人佩戴正压式空气呼吸器,携带便携式 H_2S 检测仪,重新检测工作场所中的 H_2S 浓度,并做好记录
异常处置	现场 H_2S 浓度 $\geqslant 30 \ mg/m^3$(20 ppm),立即向上级汇报,并实施井控程序,控制 H_2S 泄漏源

(2) 杆类落物打捞作业操作步骤

杆类落物打捞作业操作步骤内容见表 4-69。

表 4-69　杆类落物打捞作业操作步骤内容

步骤	要求
操作前检查	对选择的下井工具应进行严格检查,做到规格尺寸适用、性能强度可靠、螺纹完好、各部件灵活好用。了解被打捞井的地质、钻井、开发资料,搞清井深结构、套管完好情况及井下有无其他落物等。搞清井下落鱼杆类的管柱结构,查明杆类落物是在套管内还是在油管内。分析落井原因及有无工具卡、砂卡、砂埋等情况。计算鱼顶深度,判断清楚鱼顶的规范、形状和特征。对鱼顶不清时,要用铅模或其他工具下井探明

表 4-69(续)

步骤	要求
杆类落物打捞操作	应依据井内杆类落物鱼顶状态、规范、形状和所制订的打捞方案选择打捞工具,且应优先选择可退式打捞工具。连接打捞工具下入,控制下放速度,打捞管柱下至预测落物顶部以上 10 m 时,进行打捞操作。① 油管内对扣打捞:适用于鱼顶螺纹完好、鱼顶深度小于 500 m 的抽油杆脱扣井。根据井内鱼顶选择抽油杆接头或接箍对扣打捞。下入抽油杆对扣杆柱,底部接头接触鱼顶时,人工平稳上扣,试提数次,如悬重增加,下放杆柱紧扣后起出。② 油管内工具打捞:根据井内鱼顶情况选择打捞工具,首先选择可退式打捞工具。将带有打捞工具的抽油杆柱下入油管内打捞。③ 套管内工具打捞:根据鱼顶情况选择打捞工具,在套管内打捞的工具外径应小于套管内径 8～10 mm。将选好的打捞工具连接在钻杆或油管上,下入井内。当工具下至鱼顶附近时,应慢转轻放,防止鱼顶变形
操作后检查	每次打捞后应仔细检查打捞工具损伤情况、打捞状态。井下仍有落物时,应有示意图,并注明落物名称及各部规格、长度、鱼顶深度、形状、连接关系等
录取资料	打捞工具名称、规格、长度、打捞深度及循环冲洗情况,捞出落物名称、规格、长度、数量及打捞过程中发生的现象等,下井工具应绘有结构示意图,打印应有印痕描绘图

24. 绳类落物打捞作业操作规程

(1) 操作前准备

绳类落物打捞作业前准备内容见表 4-70。

表 4-70　绳类落物打捞作业前准备内容

项目	要求
劳动保护	正确穿戴劳保用品
风险识别	做好安全隐患及风险识别并制定消减措施,明确操作人与监护人
工具准备	选择打捞工具、管钳、活动扳手、榔头、游标卡尺、油管规、密封脂、钢丝刷等
防护设备	便携式 H_2S 检测仪、正压式呼吸器、风向标等。
绳类落物打捞操作前	根据不同作业环境配备相应 H_2S 检测仪及防护装置,并落实人员管理,使 H_2S 检测仪及防护装置处于备用状态,检测仪应在校验期内。作业人员应了解所在作业区域的地理、地貌、气候等情况,熟知逃生路线和安全区域。在 H_2S 浓度较高或浓度不清的环境中作业,均应采用正压式空气呼吸器。参与 H_2S 井井下作业的操作人员、技术人员、管理人员、相关人员必须经过 H_2S 防护培训,取证后才能上岗。安排专人观察风向、风速以便确定受侵害的危险区。安排专人佩戴正压式空气呼吸器到井口及其他危险区检查泄漏点。作业施工前进行危害识别,制定相应的作业程序、防范控制措施和应急预案。对作业和相关人员进行风险告知,了解现场逃生急救知识,组织 H_2S 泄漏应急培训和演练
操作防护	了解作业区域可能的 H_2S 浓度。作业现场设警示标志、风向标和逃生通道,并悬挂标示牌。场地及设备的布置考虑季节风向。生产作业现场安装 H_2S 监测系统,并保证性能良好。作业使用的材料及设备,应与 H_2S 条件相适应。防喷器应安装剪切闸板。开工前,作业施工单位应安排专人佩戴正压式空气呼吸器,携带便携式 H_2S 检测仪,重新检测工作场所中的 H_2S 浓度,并做好记录
异常处置	现场 H_2S 浓度≥30 mg/m^3(20 ppm),立即向上级汇报,并实施井控程序,控制 H_2S 泄漏源

（2）绳类落物打捞作业操作步骤

绳类落物打捞作业操作步骤内容见表 4-71。

表 4-71　绳类落物打捞作业操作步骤内容

步骤	要求
操作前检查	下井工具应灵活好用，管柱数据准确，按规定上紧螺纹。一般应尽量使用现有的打捞工具，要求工具完好无损。内钩或外钩钩齿镶焊在杆体上，其钩齿的齿顶与杆体间隙应为钢丝绳、电缆直径的 1.3～1.5 倍，钩齿与杆体成 30°夹角，钩齿交错焊接，纵向间距 0.25～0.30 m，纵向夹角为 120°，外钩上部应有挡环，其直径与套管内径间隙应小于钢丝绳及电缆直径的 0.6 倍。分析井内情况：落井原因、落井钢丝绳、电缆规格及长度，预计鱼顶位置、在井内的可能形状，是否有其他落物或特殊井况
绳类落物打捞操作	根据井内绳类落物状态，选择打捞工具。连接打捞工具下入，控制下放速度，打捞管柱下至预测落物顶部以上 100 m 时，减缓管柱下放速度。缓慢下放管柱，速度控制在 10～20 m/min，同时顺螺纹紧扣方向缓慢旋转管柱，观察指重表的变化。当悬重有下降显示时，应立即停止下放管柱，顺螺纹紧扣方向旋转 5～10 圈（根据井深可适当增加圈数）后上提管柱 10～30 m，观察悬重有无增加。若无增加，可加深 10～15 m 继续打捞。逐步加深打捞直至钻压加到 5 kN 时，停止打捞。打捞后便可起管柱。若一次未捞完，应重复打捞直至捞出全部落物为止。如绳类落物被压成团，内钩、外钩无法插入时，则用活动式外钩打捞。如绳类落物被压实，无法采用钩类工具打捞时，可采用套铣管把压实部分套铣捞出后，再选择工具进行打捞。套铣工具应选用合适，其外径应小于套管内径的 6～8 mm 为宜
操作后检查	每次打捞后应仔细检查打捞工具损伤情况、打捞状态。井下仍有落物时，应有示意图，并注明落物名称及各部规格、长度、鱼顶深度、形状、连接关系等
录取资料	打捞工具名称、规格、长度、打捞深度及循环冲洗情况，捞出落物名称、规格、长度、数量及打捞过程中发生的现象等，下井工具应绘有结构示意图，打印应有印痕描绘图

25．小件落物打捞作业操作规程

（1）操作前准备

小件落物打捞作业前准备内容见表 4-72。

表 4-72　小件落物打捞作业前准备内容

项目	要求
劳动保护	正确穿戴劳保用品
风险识别	做好安全隐患及风险识别并制定消减措施，明确操作人与监护人
工具准备	选择打捞工具、管钳、活动扳手、榔头、游标卡尺、油管规、密封脂、钢丝刷等
防护设备	便携式 H_2S 检测仪、正压式呼吸器、风向标等

表 4-72(续)

项目	要求
小件落物打捞操作前	根据不同作业环境配备相应 H_2S 检测仪及防护装置,并落实人员管理,使 H_2S 检测仪及防护装置处于备用状态,检测仪应在校验期内。作业人员应了解所在作业区域的地理、地貌、气候等情况,熟知逃生路线和安全区域。在 H_2S 浓度较高或浓度不清的环境中作业,均应采用正压式空气呼吸器。参与 H_2S 井下作业的操作人员、技术人员、管理人员、相关人员必须经过 H_2S 防护培训,取证后才能上岗。安排专人观察风向、风速以便确定受侵害的危险区。安排专人佩戴正压式空气呼吸器到井口及其他危险区检查泄漏点。作业施工前进行危害识别,制定相应的作业程序、防范控制措施和应急预案。对作业和相关人员进行风险告知,了解现场逃生急救知识,组织 H_2S 泄漏应急培训和演练
操作防护	了解作业区域可能的 H_2S 浓度。作业现场设警示标志、风向标和逃生通道,并悬挂示牌。场地及设备的布置考虑季节风向。生产作业现场安装 H_2S 监测系统,并保证性能良好。作业使用的材料及设备,应与 H_2S 条件相适应。防喷器应安装剪切闸板。开工前,作业施工单位应安排专人佩戴正压式空气呼吸器,携带便携式 H_2S 检测仪,重新检测工作场所中的 H_2S 浓度,并做好记录
异常处置	现场 H_2S 浓度≥30 mg/m³(20 ppm),立即向上级汇报,并实施井控程序,控制 H_2S 泄漏源

（2）小件落物打捞作业操作步骤

小件落物打捞作业操作步骤内容见表 4-73。

表 4-73　小件落物打捞作业操作步骤内容

步骤	要求
操作前检查	选择工具并检查是否合格,检查钻具组合并复核钻具数据,检查设备、仪器、仪表并试运转,打捞作业前应根据井史资料利用打印或其他方法验证落物情况,取全、取准各项资料
小件落物打捞操作	根据井内小件落物状态,选择打捞工具,连接打捞工具下入,控制下放速度。打捞工具在预计落物位置以上 5～10 m 时开泵洗井,并控制下放速度小于 15 m/min,缓慢下放至指重表有下降显示为止。接触落物后,加钻压使压力下降 10～30 kN。转速控制在小于 65 r/min。① 磁力打捞器打捞:工具在预计落物位置以上 5～10 m 时开泵。在保证循环条件下,控制下放速度不大于 15 m/min,缓慢下放至指重表有下降显示为止。再上提 2～3 m 循环洗井,停泵,从不同方向加压 5 kN,起钻。② 反循环打捞篮打捞:工具下至距预计落物位置 5～10 m 时开泵。在保证循环条件下,控制下放速度不大于 15 m/min,缓慢下放至指重表有下降显示为止。再上提 0.1～0.2 m 投球,以排量不低于 300 L/min 反循环洗井 0.5～1 h,起钻。③ 磨铣、套铣打捞:磨铣管柱下至落物以上 5～6 m 时开泵洗井,缓慢下放至落物位置加压 10～20 kN,转速 50～85 r/min,排量应根据环空大小、落物深度确定。磨铣完后循环洗井一周以上,保证井底干净
操作后检查	每次打捞后应仔细检查打捞工具损伤情况、打捞状态。井下仍有落物时,应有示意图,并注明落物名称及各部规格、长度、鱼顶深度、形状、连接关系等
录取资料	打捞工具名称、规格、长度、打捞深度及循环冲洗情况,捞出落物名称、规格、长度、数量及打捞过程中发生的现象等,下井工具应绘有结构示意图,打印应有印痕描绘图

26. 封隔器打捞推荐工艺

（1）操作前准备

封隔器打捞作业前准备内容见表 4-74。

表 4-74　封隔器打捞作业前准备内容

项目	要求
劳动保护	正确穿戴劳保用品
风险识别	做好安全隐患及风险识别并制定消减措施,明确操作人与监护人
工具准备	活动扳手、管钳、打捞工具、安全接头、铅模、磨铣工具、套铣筒等
防护设备	便携式 H_2S 检测仪、正压式呼吸器、风向标等
封隔器打捞操作前	根据不同作业环境配备相应 H_2S 检测仪及防护装置,并落实人员管理,使 H_2S 检测仪及防护装置处于备用状态,检测仪应在校验期内。作业人员应了解所在作业区域的地理、地貌、气候等情况,熟知逃生路线和安全区域。在 H_2S 浓度较高或浓度不清的环境中作业,均应采用正压式空气呼吸器。参与 H_2S 井下作业的操作人员、技术人员、管理人员、相关人员必须经过 H_2S 防护培训,取证后才能上岗。安排专人观察风向、风速以便确定受侵害的危险区。安排专人佩戴正压式空气呼吸器到井口及其他危险区检查泄漏点。作业施工前进行危害识别,制定相应的作业程序、防范控制措施和应急预案。对作业和相关人员进行风险告知,了解现场逃生急救知识,组织 H_2S 泄漏应急培训和演练
操作防护	了解作业区域可能的 H_2S 浓度。作业现场设警示标志、风向标和逃生通道,并悬挂标示牌。场地及设备的布置考虑季节风向。生产作业现场安装 H_2S 监测系统,并保证性能良好。作业使用的材料及设备,应与 H_2S 条件相适应。防喷器应安装剪切闸板。开工前,作业施工单位应安排专人佩戴正压式空气呼吸器,携带便携式 H_2S 检测仪,重新检测工作场所中的 H_2S 浓度,并做好记录
异常处理	现场 H_2S 浓度≥30 mg/m³(20 ppm),立即向上级汇报,并实施井控程序,控制 H_2S 泄漏源

（2）封隔器打捞推荐方法操作步骤

封隔器打捞作业操作步骤内容见表 4-75。

表 4-75　封隔器打捞作业操作步骤内容

步骤	要求
操作前检查	下井工具及管材型号、性能应符合设计要求。修井液性能应符合设计要求。井控装置型号应符合设计要求,性能完好。修井机提升系统及刹车系统应灵活好用、性能可靠,拉力表应完好
封隔器打捞解卡操作	① 原管柱解卡:封隔器不能正常解封时,可在安全载荷内进行活动解卡,解卡后起出原井管柱。封隔器活动解卡无效时,可配合正、反憋压协助解卡。② 打捞震击解卡:打捞管柱带震击器,捞获后反复震击解卡,适用于封隔器牙块卡、封隔器结垢(盐)卡。③ 套铣打捞解卡:先下套铣管柱清理封隔器以上的沉砂、结垢(盐)、落物等,再下打捞管柱捞获后活动解卡,适用于沉砂、严重结垢(盐)及落物造成的卡钻。④ 修套打捞解卡:先修复变形套管,再下打捞管柱捞获后活动解卡,适用于套管变形、损坏造成的卡钻
操作后检查	检查打捞管柱、工具及捞获落物有无异常,详细描述。按设计要求完成探冲砂,检查落物是否全部捞出。按设计要求完成通井、套管刮削、套管试压,检查套管是否存在异常
录取资料	封隔器型号、坐封深度、坐封载荷、试压压力、稳压时间、压降及试压结论,打捞工具名称、技术规范、打捞深度、打捞方法、工具草图、捞出落物描述及拍照,解卡方法、时间、次数、解卡最大负荷、解卡(前)后负荷

27.电潜泵打捞推荐工艺

(1)操作前准备

电潜泵打捞推荐工艺操作前准备内容见表4-76。

表 4-76 电潜泵打捞推荐工艺操作前准备内容

项目	要求
劳动保护	正确穿戴劳保用品
风险识别	做好安全隐患及风险识别并制定消减措施,明确操作人与监护人
工具准备	活动扳手、管钳、钢卷尺、密封脂、公锥、捞矛、套铣筒、磨鞋等
防护设备	便携式 H_2S 检测仪、正压式呼吸器、风向标等。
电潜泵打捞操作前	根据不同作业环境配备相应 H_2S 检测仪及防护装置,并落实人员管理,使 H_2S 检测仪及防护装置处于备用状态,检测仪应在校验期内。作业人员应了解所在作业区域的地理、地貌、气候等情况,熟知逃生路线和安全区域。在 H_2S 浓度较高或浓度不清的环境中作业,均应采用正压式空气呼吸器。参与 H_2S 井下作业的操作人员、技术人员、管理人员、相关人员必须经过 H_2S 防护培训,取证后才能上岗。安排专人观察风向、风速以便确定受侵害的危险区。安排专人佩戴正压式空气呼吸器到井口及其他危险区检查泄漏点。作业施工前进行危害识别,制定相应的作业程序、防范控制措施和应急预案。对作业和相关人员进行风险告知,了解现场逃生急救知识,组织 H_2S 泄漏应急培训和演练
操作防护	了解作业区域可能的 H_2S 浓度。作业现场设警示标志、风向标和逃生通道,并悬挂标示牌。场地及设备的布置考虑季节风向。生产作业现场安装 H_2S 监测系统,并保证性能良好。作业使用的材料及设备,应与 H_2S 条件相适应。防喷器应安装剪切闸板。开工前,作业施工单位应安排专人佩戴正压式空气呼吸器,携带便携式 H_2S 检测仪,重新检测工作场所中的 H_2S 浓度,并做好记录
异常处置	现场 H_2S 浓度≥30 mg/m^3(20 ppm),立即向上级汇报,并实施井控程序,控制 H_2S 泄漏源

(2)电潜泵打捞推荐工艺操作步骤

电潜泵打捞推荐工艺作业步骤内容见表4-77。

表 4-77 电潜泵打捞推荐工艺作业步骤内容

步骤	要求
操作前检查	依据设计了解被卡打捞井产液物性、井身结构、套管尺寸及有无弯曲、变形等伤害情况,以及井下有无其他落物等。搞清井下管柱结构,详细绘出井下机组连接及外形尺寸图,分析卡钻或落井原因
电泵打捞井分类	① 带电缆原井管柱的活动解卡。② 带电缆原井管柱的切割、打捞及震击解卡。③ 井内电缆、卡子及小件落物的打捞。④ 井下多级离心泵、油气分离器、电机保护器的打捞及解卡。⑤ 井下电机的打捞及解卡
带电缆原井管柱的活动解卡	对低液面或高黏出砂暂堵、降黏措施后进行大排量洗井,以打开泄油阀正洗井为优选方法,对 5 1/2″套管井排量不低于 40 m^3/h,对 7″和 9 5/8″套管井排量不应低于 60 m^3/h,边洗边进行上下活动解卡。井筒结垢的井应进行针对性化学除垢解卡,除垢剂泵入井筒后立即活动解卡,解卡完成后洗出除垢剂及溶解垢。上提下放活动解卡,最大上提力不得超过管柱的最小允许抗滑扣载荷的 90%,活动时间控制在 2 h 内。不允许对①类井的管柱进行转动

表 4-77(续)

步骤	要求
带电缆原井管柱的切割打捞	用长 2 m 的通管工具通刷油管内径,使其通径应大于切割弹外径 2 mm。切割时在泄油阀或卡点以上 3～7 m 处并避开油管接箍将油管切断,外敷电缆切伤。清理切口上部杂物,用可退式打捞工具或公母锥带震击解卡工具捞住鱼顶,上下活动震击解卡,最大上提力不得超过管柱抗拉极限负荷
井内电缆及卡子落物的打捞	通过对已提出电缆油管的长度丈量,测算鱼顶深度。推荐采用长杆偏心外钩捞大段电缆,三齿内钩捞小段电缆,套铣筒压实电缆,自锁式套铣筒捞电缆卡子、护皮等小件落物。打捞工具下至距鱼顶 50 m 时,控制下钻速度小于 5 m/min,观察悬重变化,工具接触鱼顶时加压负荷应小于 5 kN。偏心外钩捞大段电缆时,旋转管柱当扭矩增加时为止。三齿内钩捞小段电缆时旋转管柱不应超过 15 圈,套铣打捞时应配合反洗井
井下电泵机组的打捞	对鱼顶进行套铣清理杂物,推荐用小于套管内径 4 mm、长 2 m 左右的斜闭(开)窗套铣筒,套铣清理鱼顶。选用带引鞋的卡瓦捞筒或大口母锥捞鱼顶,工具外径应小于套管通径 4 mm 以上,引鞋内径应大于落物外径 2 mm 以上,打捞端可捞尺寸应与落物外径相符。井筒结垢的井应进行针对性化学除垢解卡,除垢剂泵入井筒后立即活动解卡,解卡完成后洗出除垢剂及溶解垢。上提下放活动解卡,最大上提力不得超过管柱的最小允许抗滑扣载荷的 90%,活动时间控制在 2 h 内
井下电机的打捞	对鱼顶进行套铣清理杂物,推荐用小于套管内径 4 mm、长 2 m 左右的斜闭(开)窗套铣筒,套铣清理鱼顶。选用特制定位套铣筒将电机上接头套铣至可外捞尺寸范围,并冲洗鱼顶。选用特制短鱼头卡瓦捞筒或大口径高强度母锥打捞电机。井筒结垢的井应进行针对性化学除垢解卡,除垢剂泵入井筒后立即活动解卡,解卡完成后清水洗出除垢剂及溶解垢。上提下放活动解卡,最大上提力不得超过管柱的最小允许抗滑扣载荷的 90%,活动时间控制在 2 h 内。解卡不成功时将电机上部接头螺纹倒开并抽出电机转子部分。用长 1.8 m 以上的 2 1/2″滑块捞矛伸入定子内腔捞出定子及电机外壳。
操作后检查	每次打捞后应仔细检查打捞工具损伤情况、打捞状态。井下仍有落物时,应有示意图,并注明落物名称及各部规格、长度、鱼顶深度、形状、连接关系等
录取资料	试提载荷、管柱伸长量、估算卡点位置、切割管柱结构、长度、切割深度、结果,打捞工具结构及规格、长度、打捞深度、打捞结果,套铣工具结构尺寸、套铣尺寸

28. 套损井修复推荐工艺

(1) 操作前准备

套损井修复推荐工艺作业前准备内容见表 4-78。

表 4-78 套损井修复推荐工艺作业前准备内容

项目	要求
劳动保护	正确穿戴劳保用品
风险识别	做好安全隐患及风险识别并制定消减措施,明确操作人与监护人
工具准备	管材、铅模、多臂井径仪、封隔器、胀管器、偏心棍子整形器、铣锥、修井液等
防护设备	便携式 H_2S 检测仪、正压式呼吸器、风向标等

表 4-78(续)

项目	要求
套损井修复操作前	根据不同作业环境配备相应 H_2S 检测仪及防护装置,并落实人员管理,使 H_2S 检测仪及防护装置处于备用状态,检测仪应在校验期内。作业人员应了解所在作业区域的地理、地貌、气候等情况,熟知逃生路线和安全区域。在 H_2S 浓度较高或浓度不清的环境中作业,均应采用正压式空气呼吸器。参与 H_2S 井井下作业的操作人员、技术人员、管理人员、相关人员必须经过 H_2S 防护培训,取证后才能上岗。安排专人观察风向、风速以便确定受侵害的危险区。安排专人佩戴正压式空气呼吸器到井口及其他危险区检查泄漏点。作业施工前进行危害识别,制定相应的作业程序、防范控制措施和应急预案。对作业和相关人员进行风险告知,了解现场逃生急救知识,组织 H_2S 泄漏应急培训和演练
操作防护	了解作业区域可能的 H_2S 浓度。作业现场设警示标志、风向标和逃生通道,并悬挂标示牌。场地及设备的布置考虑季节风向。生产作业现场安装 H_2S 监测系统,并保证性能良好。作业使用的材料和设备,应与 H_2S 条件相适应。防喷器应安装剪切闸板。开工前,作业施工单位应安排专人佩戴正压式空气呼吸器,携带便携式 H_2S 检测仪,重新检测工作场所中的 H_2S 浓度,并做好记录
异常处置	现场 H_2S 浓度≥30 mg/m³(20 ppm),立即向上级汇报,并实施井控程序,控制 H_2S 泄漏源

(2)套损井修复推荐方法操作步骤

套损井修复推荐工艺作业操作步骤内容见表 4-79。

表 4-79 套损井修复推荐工艺作业操作步骤内容

步骤	要求
操作前检查	施工所用工具型号、规范、性能应符合设计要求,对套管损坏进行检测,常规验套技术包括铅模验套、封隔器验漏、井温测井验漏、多臂井径仪验套
套管损坏分类	确定出套管损坏类型及程度。常见套管损坏类型:① 套管毛刺,套管端面的轻微卷边或套管射孔后孔眼边的凸起部分,这种类型一般不影响井下工具的起下,但是可能对工具的易损件产生损害,如封隔器胶筒。② 套管变形,包括套管缩径和套管外凸,即套管管体相对于原尺寸的缩径或扩张,但套管未破裂,含单向挤扁、多处缩径等。③ 套管破裂,套管带有裂缝、撕开的破损现象,同时相对于套管原尺寸有缩径或扩张的情形。④ 腐蚀穿孔,套管腐蚀变薄,并有锈蚀破损孔洞,但套管未变形。⑤ 套管断错、脱扣,上下套管从连接丝扣处脱开或套管本体断开。⑥ 套管弯曲,局部井段套管轴线偏离原井眼轴线。⑦ 套管漏失,套管螺纹或井身(分接箍等)不密封
化学封堵修套工艺	按设计要求安装防喷器并试压合格,完成探冲砂、通井、刮管、套管试压、验串找漏、井筒填砂(下丢手封)、试挤等工序,合格后按照挤水泥封堵作业操作规程执行
套管补贴修套工艺	按设计要求安装防喷器并试压合格,完成探冲砂、通井、套管刮削、套管试压、井径测井等工序,合格后按照套管补贴作业规程执行
取套回接修套工艺	按设计要求安装防喷器并试压合格,完成探冲砂、通井、套管部位及落鱼处理、封井等工序,合格后按照取套回接工艺作业操作规程执行
录取资料	套管规范、内径、损坏井段、长度、修套工艺施工参数、试压情况等

29. 挤水泥封堵操作规程

（1）操作前准备

挤水泥封堵作业前准备内容见表 4-80。

表 4-80　挤水泥封堵作业前准备内容

项目	要求
劳动保护	正确穿戴劳保用品
风险识别	做好安全隐患及风险识别并制定消减措施,明确操作人与监护人
工具准备	活动扳手、管钳、榔头、密度计、钢板尺、封隔器、干水泥、添加剂、水泥泵车等
防护设备	便携式 H_2S 检测仪、正压式呼吸器、风向标等
挤水泥封堵操作前	根据不同作业环境配备相应 H_2S 检测仪及防护装置,并落实人员管理,使 H_2S 检测仪及防护装置处于备用状态,检测仪应在校验期内。作业人员应了解所在作业区域的地理、地貌、气候等情况,熟知逃生路线和安全区域。在 H_2S 浓度较高或浓度不清的环境中作业,均应采用正压式空气呼吸器。参与 H_2S 井井下作业的操作人员、技术人员、管理人员、相关人员必须经过 H_2S 防护培训,取证后才能上岗。安排专人观察风向、风速以便确定受侵害的危险区。安排专人佩戴正压式空气呼吸器到井口及其他危险区检查泄漏点。作业施工前进行危害识别,制定相应的作业程序、防范控制措施和应急预案。对作业和相关人员进行风险告知,了解现场逃生急救知识,组织 H_2S 泄漏应急培训和演练
操作防护	了解作业区域可能的 H_2S 浓度。作业现场设警示标志、风向标和逃生通道,并悬挂标示牌。场地及设备的布置考虑季节风向。生产作业现场安装 H_2S 监测系统,并保证性能良好。作业使用的材料及设备,应与 H_2S 条件相适应。防喷器应安装剪切闸板。开工前,作业施工单位应安排专人佩戴正压式空气呼吸器,携带便携式 H_2S 检测仪,重新检测工作场所中的 H_2S 浓度,并做好记录
异常处置	现场 H_2S 浓度 $\geqslant$30 mg/m³（20 ppm）,立即向上级汇报,并实施井控程序,控制 H_2S 泄漏源

（2）挤水泥封堵作业操作步骤

挤水泥封堵作业步骤内容见表 4-81。

表 4-81　挤水泥封堵作业步骤内容

步骤	要求
操作前检查	按设计要求完成洗井施工。安装防喷器并试压合格,完成探冲砂、通井、刮管、套管试压、验串找漏、井筒填砂（下丢手封）、试替等工序。检查下井工具及管材型号、性能应符合设计要求。检查干水泥标号、用量、添加剂名称、用量以及型号。封堵管柱深度,下井工具性能及深度应符合设计要求。连接施工管线,管线试压至设计最高施工压力的 1.5 倍,不刺、不漏为合格
挤水泥封堵操作	打开套管闸门,正替隔离液用量应符合设计要求。正替 80% 油管容积的水泥浆。关闭套管闸门正挤入剩余的水泥浆。隔离液用量应符合设计要求。按设计要求正挤顶替液,顶替液量应包含后隔离液量,顶替至水泥浆至注灰管柱尾部。上提管柱至封堵段以上 50 m 反洗井,洗出封堵管柱内的水泥浆,洗至出口不含水泥浆停泵。关井候凝 48 h,候凝时井筒内应灌满压井液。下油管探灰面,下放加压 5～15 kN,实探 3 次,误差不超过 0.5 m；探至灰面后上提油管 20 m,灰面试压应符合设计要求。下入钻具钻塞至设计深度进行验漏

表 4-81(续)

步骤	要求
操作后检查	检查被封堵套损段试压应合格,检查封堵效果应达到设计要求
录取资料	施工泵压、排量、时间,顶替液名称、用量,隔离液名称、用量,挤水泥浆后上提管柱规格、数量及长度,候凝起止时间,泵压、稳压时间、压降、用液量及试压方式

30. 套管补贴修套工艺操作规程

(1) 操作前准备

套管补贴修套工艺作业前准备内容见表 4-82。

表 4-82　套管补贴修套工艺作业前准备内容

项目	要求
劳动保护	正确穿戴劳保用品
风险识别	做好安全隐患及风险识别并制定消减措施,明确操作人与监护人
工具准备	补贴管、补贴工具、套管钳、螺纹密封脂、钢丝刷、棉纱、管钳、活动扳手、大榔头等
防护设备	便携式 H_2S 检测仪、正压式呼吸器、风向标等
套管补贴作业操作前	根据不同作业环境配备相应 H_2S 检测仪及防护装置,并落实人员管理,使 H_2S 检测仪及防护装置处于备用状态,检测仪应在校验期内。作业人员应了解所在作业区域的地理、地貌、气候等情况,熟知逃生路线和安全区域。在 H_2S 浓度较高或浓度不清的环境中作业,均应采用正压式空气呼吸器。参与 H_2S 井井下作业的操作人员、技术人员、管理人员、相关人员必须经过 H_2S 防护培训,取证后才能上岗。安排专人观察风向、风速以便确定受侵害的危险区。安排专人佩戴正压式空气呼吸器到井口及其他危险区检查泄漏点。作业施工前进行危害识别,制定相应的作业程序、防范控制措施和应急预案。对作业和相关人员进行风险告知,了解现场逃生急救知识,组织 H_2S 泄漏应急培训和演练
操作防护	了解作业区域可能的 H_2S 浓度。作业现场设警示标志、风向标和逃生通道,并悬挂标示牌。场地及设备的布置考虑季节风向。生产作业现场安装 H_2S 监测系统,并保证性能良好。作业使用的材料及设备,应与 H_2S 条件相适应。开工前,作业施工单位应安排专人佩戴正压式空气呼吸器,携带便携式 H_2S 检测仪,重新检测工作场所中的 H_2S 浓度做好记录。套管补贴过程中,维持液柱压力。作业施工过程中,现场操作人员应随身佩戴便携式 H_2S 检测仪,尽可能站在井口上风向操作。套管补贴过程中,维持液柱压力,并加强坐岗监控,发现溢流及时按程序实施关井
异常处置	现场 H_2S 浓度≥30 mg/m³(20 ppm),立即向上级汇报,并实施井控程序,控制 H_2S 泄漏源

(2) 套管补贴修套工艺作业操作步骤

套管补贴修套工艺作业操作步骤内容见表 4-83。

表 4-83 套管补贴修套工艺作业操作步骤内容

步骤	要求
操作前检查	检查黏接密封剂性能应与井下工作温度相适应。检查各类接头配件螺纹无损伤,并试压合格。实体补贴管性能规范,符合 API 的相关标准。按设计要求安装防喷器并试压合格,完成探冲砂、通井、套管刮削、套管试压、井径测井等工序,合格后转入下步施工。按设计要求下模拟管通井,应能保证补贴管柱下至设计位置
波纹管补贴作业操作	按设计要求组配好补贴管柱(波纹管入井时,逐段均匀涂抹黏合剂和固化剂),依次顺序下入井内至设计位置,下放过程中控制速度。将管柱下到补贴位置,再下放 1.5~2 m,然后上提 1.5~2 m 到补贴井段,关闭滑阀。核对管柱深度,允许误差为 ±0.5 m,核对指重表记录管柱悬重。接地面管线、泵车及井口流程,试压 30 MPa,不刺、不漏为合格。泵车缓慢打压,压力上升程序为:6 MPa→12 MPa→18 MPa→25 MPa,达到 25 MPa 时稳压 3~5 min;第一行程完成后,缓慢放压,上提(1.5±0.1) m,重新打压(6 MPa→12 MPa→18 MPa→25 MPa),达到 25 MPa 时稳压 3~5 min;也可采用直接上提管柱法进行余下的补贴工作,但上提负荷不应超过 400 kN,上提速度不应超过 15~20 m/min。补贴完成后,试提管柱,悬重应与补贴前悬重一致。起出补贴管柱,关井候凝,候凝固化时间不小于 24 h
膨胀管补贴作业操作	连接地面管线,管线试压 45 MPa,稳压 30 min,压降不超过 0.5 MPa 为合格。正打压启动膨胀锥,并保持在 20.0~34.0 MPa 之间,边打压边上提管柱,直至压力突降为止,补贴完成。下探补贴段上界,悬重下降不超过 30 kN。按设计要求下平底磨鞋磨掉膨胀管下堵头,对补贴管下堵头处钻铣修理后,加深管柱探至人工井底
操作后检查	下入小于套管补贴井段理论内径 4 mm、长 1 000 mm 的通径规通井。通井无遇阻现象视为合格。下入双封隔器加节流器管柱对套管补贴井段进行憋压。上下卡点过波纹管上下端各 0.5~1 m。验证补贴后套管承内压情况
录取资料	补贴管型号、规格,补贴管柱管串结构及各部深度,补贴井段,憋压次数、泵压、时间,黏合剂固化时间,试压泵压、时间、吸收量、液体性质

31. 取套回接修套工艺操作规程

(1)操作前准备

取套回接修套工艺作业前准备内容见表 4-84。

表 4-84 取套回接修套工艺作业前准备内容

项目	要求
劳动保护	正确穿戴劳保用品
风险识别	做好安全隐患及风险识别并制定消减措施,明确操作人与监护人
工具准备	套铣钻具、切割钻具、回接工具、管钳、吊卡、液压钳、钻井泵、井口装置等
防护设备	便携式 H_2S 检测仪、正压式呼吸器、风向标等

表 4-84(续)

项目	要求
取套回接修套操作前	根据不同作业环境配备相应 H_2S 检测仪及防护装置,并落实人员管理,使 H_2S 检测仪及防护装置处于备用状态,检测仪应在校验期内。作业人员应了解所在作业区域的地理、地貌、气候等情况,熟知逃生路线和安全区域。在 H_2S 浓度较高或浓度不清的环境中作业,均应采用正压式空气呼吸器。参与 H_2S 井井下作业的操作人员、技术人员、管理人员、相关人员必须经过 H_2S 防护培训,取证后才能上岗。安排专人观察风向、风速以便确定受侵害的危险区。安排专人佩戴正压式空气呼吸器到井口及其他危险区检查泄漏点。作业施工前进行危害识别,制定相应的作业程序、防范控制措施和应急预案。对作业和相关人员进行风险告知,了解现场逃生急救知识,组织 H_2S 泄漏应急培训和演练
操作防护	了解作业区域可能的 H_2S 浓度。作业现场设警示标志、风向标和逃生通道,并悬挂标示牌。场地及设备的布置考虑季节风向。生产作业现场安装 H_2S 监测系统,并保证性能良好。作业使用的材料及设备,应与 H_2S 条件相适应。防喷器应安装剪切闸板。开工前,作业施工单位应安排专人佩戴正压式空气呼吸器,携带便携式 H_2S 检测仪,重新检测工作场所中的 H_2S 浓度,并做好记录
异常处置	现场 H_2S 浓度≥30 mg/m³(20 ppm),立即向上级汇报,并实施井控程序,控制 H_2S 泄漏源

(2)取套回接修套工艺作业操作步骤

取套回接修套工艺作业操作步骤内容见表 4-85。

表 4-85　取套回接修套工艺作业操作步骤内容

步骤	要求
操作前检查	检查下井工具及管材型号、性能应符合设计要求。检查井口装置应满足工艺要求,各闸门连接紧固、无刺漏,开关灵活好用。检查储液池(罐)应清洁无污、无渗漏,出口畅通。检查回接工具、套管螺纹应清洁、完好无损,其规格、性能参数应符合要求。按设计要求安装防喷器并试压合格,完成探冲砂、通井、套管部位及落鱼处理、封井、加固井口等工序,合格后转入下步施工
套铣取换套	套铣水泥帽时,可用全钻压进行,排量不低于 1.3 m³/min 或上返速度不低于 0.8 m/s,转数 100～120 r/min,水泥帽套铣完,循环畅通无异常后,应划眼 2～3 次。选用切割法或倒扣法,将被套铣套管取出。切割法或倒扣法其工具的选择、操作等应符合相关的规定。套铣无水泥封固井段时,转数可控制在 120～150 r/min 以内,排量一般保持在 1.3～1.6 m³/min 以内,钻压应保持基本恒定,也可随套铣深度增加而适当减少,每套铣 80～120 m 取套一次。根据设计要求组装连接套管串,下回接管串至回接工具接近断口前 2～3 m 时,应开泵循环工作液至畅通无异常,记录管串悬重。对扣回接时,管串悬重下降一般不超过 10 kN,认扣 2～3 扣后可提载上扣,提升载荷一般比原管串悬重增加 2～3 kN。认扣的初始几圈,转数不应超过 5～10 r/min。采用对扣回接时,试压压力不低于 15 MPa,稳压 5 min,压力降不超过 0.5 MPa 为合格
裸眼井回接	在裸眼井内下回接管串,下放速度不应超过 1.5 m/s,循环泵压不应超过 8 MPa,排量不超过 1.5 m³/min。起套铣筒前应以 1.7 m³/min 以上排量循环工作液 2～3 周。将井壁泥饼冲刷干净以便固井。封隔器型补接器回接或对扣回接完井时,只需在井口以下 50 m 内打水泥帽固井。铅封注水泥型补接器回接时需全井固井。按设计要求配制水泥浆,挤入配制合格的水泥浆。顶替量设计计算准确。井口以下打水泥帽,打水泥帽后应提载候凝,提载净负荷为 50～80 kN。固井后候凝固化时间不少于 48 h,进行通井、冲砂工序

表 4-85(续)

步骤	要求
操作后检查	候凝 48 h 后,油层至回接井段或全井试压。试压压力 20 MPa,稳压 30 min,压降不超过 0.5 MPa 为合格。套管头安装应平正、牢固,套管头安装完后,核定新套补距,记录备案
录取资料	打捞工具名称、技术规范、打捞深度、打捞方法、工具草图、捞出落物描述及拍照,套管型号、规格,管柱管串结构及各部深度,试压泵压、时间、吸收量、液体性质

(四)完工投产阶段标准化程序

完工投产,要做好施工资料整理和总结,现场施工收尾工作,放井架、设备拆卸搬迁等工作。

1. 油管通径过规操作规程

(1)操作前准备

油管通径过规前准备内容见表 4-86。

表 4-86　油管通径过规前准备内容

项目	要求
劳动保护	正确穿戴劳保用品
风险识别	做好安全隐患及风险识别并制定消减措施,明确操作人与监护人
工具准备	通径规、管钳、游标卡尺、油管小滑车等
防护设备	便携式 H_2S 检测仪、正压式呼吸器、风向标等
油管通径过规操作前	作业现场操作人员应了解所在施工区域的地理、地貌、气候等情况,作业施工单位应对现场操作工人进行 H_2S 的危害、安全事项、撤离程序等方面的技术交底和安全教育,确保其熟知逃生路线和安全区域。油管通径之前,宜先检查井场是否有异常情况。如有,宜首先检查是否存在 H_2S,特别注意低洼地区,如井口位置
操作防护	了解作业区域可能的 H_2S 浓度。作业现场设警示标志、风向标和逃生通道,并悬挂标示牌。场地及设备的布置考虑季节风向。生产作业现场安装 H_2S 监测系统,并保证性能良好。作业使用的材料及设备,应与 H_2S 条件相适应。含 H_2S 井作业进入场时,操作人员应配备正压式空气呼吸器和便携式 H_2S 检测仪
异常处置	现场 H_2S 浓度≥30 mg/m³(20 ppm),立即向上级汇报,并实施井控程序,控制 H_2S 泄漏源

(2)油管通径过规操作步骤

油管通径过规操作步骤内容见表 4-87。

表 4-87　油管通径过规操作步骤内容

步骤	要求
操作前检查	检查、测量通径规直径应符合所通油管规格,通径规长度符合设计要求
油管通径过规操作	将待通径油管母扣端放在油管支架上,公扣端放在小滑车上。将通径规从母扣端放入油管内。缓慢起吊油管,通径规应从母扣端下滑至公扣端。抓牢通径规露出部分,继续缓慢上提油管取出通径规,完成油管通径

表 4-87(续)

步骤	要求
操作后检查	检查通径规完好及油管遇阻情况。通径规若顺利滑出则证明该油管内通径符合要求,若中途遇阻则证明油管该管可能有缩径、结垢、油污或其他杂物
录取资料	通径油管规格、通径规规格、通径根数、遇阻根数及原因

2. 有杆泵管柱试压操作规程

(1) 操作前准备

有杆泵管柱试压前准备内容见表 4-88。

表 4-88 有杆泵管柱试压前准备内容

项目	要求
劳动保护	正确穿戴劳保用品
风险识别	做好安全隐患及风险识别并制定消减措施,明确操作人与监护人
工具准备	高压活动弯头、单流阀、压力表、管钳等
防护设备	便携式 H_2S 检测仪、正压式呼吸器、风向标等
有杆泵管柱试压操作前	作业井现场操作人员应了解所在施工区域的地理、地貌、气候等情况,作业施工单位应对现场操作工人进行 H_2S 的危害、安全事项、撤离程序等方面的技术交底和安全教育,确保其熟知逃生路线和安全区域。油管通径之前,宜先检查井场是否有异常情况。如有,宜首先检查是否存在 H_2S,特别注意低洼地区,如井口位置
操作防护	了解作业区域可能的 H_2S 浓度。作业现场设警示标志、风向标和逃生通道,并悬挂标示牌。场地及设备的布置考虑季节风向。生产作业现场安装 H_2S 监测系统,并保证性能良好。作业使用的材料及设备,应与 H_2S 条件相适应。含 H_2S 井作业进井场时,操作人员应配备正压式空气呼吸器和便携式 H_2S 检测仪
异常处理	现场 H_2S 浓度$\geqslant$30 mg/m³(20 ppm),立即向上级汇报,并实施井控程序,控制 H_2S 泄漏源

(2) 有杆泵管柱试压操作步骤

有杆泵管柱试压操作步骤内容见表 4-89。

表 4-89 有杆泵管柱试压操作步骤内容

步骤	要求
操作前检查	检查试压装置应符合使用要求。检查压力表,检验标签要在检验期内,指针归零。安装油管试压装置,连接试压管线后,安装压力表,管线试压至最高工作压力的 1.5 倍
有杆泵管柱试压操作	打开试压装置上的放空闸门,用泵车向油管内小排量泵入清水,直至放空闸门返出的液体不含气体时停泵,关闭试压装置上的放空闸门。泵车小排量向油管内泵入清水,观察试压装置上的压力表读数,当压力达到设计压力时停泵。停泵观察压力 30 min,当压降小于 0.3 MPa 为合格
操作后检查	打开泵车上的放空闸门放干净试压管线中的压力。侧身打开试压装置上的放空闸门,泄掉油管内的压力。拆除试压管线及试压工具,转入下步施工工序
录取资料	施工用液液性、液量,试压方式、泵压、排量,稳定压力时间、压降,试压结论

3. 有杆泵调防冲距操作规程

(1) 操作前准备

有杆泵调防冲距操作前准备内容见表 4-90。

表 4-90　有杆泵调防冲距操作前准备内容

项目	要求
劳动保护	正确穿戴劳保用品
风险识别	做好安全隐患及风险识别并制定消减措施,明确操作人与监护人
工具准备	方卡子总成、钢卷尺、活动扳手、管钳、平板锉刀等
防护设备	便携式 H_2S 检测仪、正压式呼吸器、风向标等
有杆泵调防冲距前	根据不同作业环境配备相应 H_2S 检测仪及防护装置,并落实人员管理,使 H_2S 检测仪及防护装置处于备用状态,检测仪应在校验期内。作业人员应了解所在作业区域的地理、地貌、气候等情况,熟知逃生路线和安全区域。在 H_2S 浓度较高或浓度不清的环境中作业,均应采用正压式空气呼吸器。参与 H_2S 井井下作业的操作人员、技术人员、管理人员、相关人员必须经过 H_2S 防护培训,取证才能上岗。安排专人观察风向、风速以便确定受侵害的危险区。安排专人佩戴正压式空气呼吸器到井口及其他危险区检查泄漏点。作业施工前进行危害识别,制定相应的作业程序、防范控制措施和应急预案。对作业和相关人员进行风险告知,了解现场逃生急救知识,组织 H_2S 泄漏应急培训和演练
操作防护	了解作业区域可能的 H_2S 浓度。作业现场设警示标志、风向标和逃生通道,并悬挂标示牌。场地及设备的布置考虑季节风向。生产作业现场安装 H_2S 监测系统,并保证性能良好。作业使用的材料及设备,应与 H_2S 条件相适应。防喷器应安装剪切闸板。开工前,作业施工单位应安排专人佩戴正压式空气呼吸器,携带便携式 H_2S 检测仪,重新检测工作场所中的 H_2S 浓度,并做好记录
异常处置	现场 H_2S 浓度≥30 mg/m³(20 ppm),立即向上级汇报,并实施井控程序,控制 H_2S 泄漏源

(2) 有杆泵调防冲距操作步骤

有杆泵调防冲距操作步骤内容见表 4-91。

表 4-91　有杆泵调防冲距操作步骤内容

步骤	要求
操作前检查	检查光杆本体及丝扣,确保完好。调整防喷盒顶丝,将防喷盒置于光杆下端。检查方卡子总成与光杆规格应匹配。检查光杆本体及丝扣,确保完好。调整防喷盒顶丝,将防喷盒置于光杆下端。检查方卡子总成与光杆规格应匹配
有杆泵调防冲距操作	根据泵挂深度确定防冲距高度 H,防冲距以 1 000 m 泵挂深度上提 800～1 000 mm 计算。缓慢下放光杆碰泵,当悬重下降 5～10 kN 停止下放,在防喷盒上平面平齐位置的光杆上作一标记为 A 点,探泵 2～3 次,A 点的位置不变为探泵合格。自标记点 A 开始测量,上提光杆高度等于防冲距高度 H 时,停止上提。紧靠防喷盒上平面打光杆方卡子,用扳手将方卡子螺丝上紧,牙片吃入方卡子为宜
操作后检查	按照抽油机有效冲程,试抽 5～10 次无上挂下碰现象为合格
录取资料	泵挂深度、抽油机冲程、冲次、防冲距高度、光杆放入、方余、法防、探泵加压悬重变化、探泵次数,试抽见液性质

4. 电潜泵电缆支架及滚筒安装操作规程

（1）操作前准备

电潜泵电缆支架及滚筒操作前准备内容见表 4-92。

表 4-92 电潜泵电缆支架及滚筒操作前准备内容

项目	要求
劳动保护	正确穿戴劳保用品
风险识别	做好安全隐患及风险识别并制定消减措施，明确操作人与监护人
工具准备	钢丝绳套、电缆滚筒、滚筒支架、防落地支架、螺旋地锚、加力杠、引绳、绳卡等
防护设备	便携式 H_2S 检测仪、正压式呼吸器、风向标等
电缆支架及滚筒操作前	作业井现场操作人员应了解所在施工区域的地理、地貌、气候等情况，作业施工单位应对现场操作工人进行 H_2S 的危害、安全事项、撤离程序等方面的技术交底和安全教育，确保其熟知逃生路线和安全区域
操作防护	了解作业区域可能的 H_2S 浓度。作业现场设警示标志、风向标和逃生通道，并悬挂标示牌。场地及设备的布置考虑季节风向。生产作业现场安装 H_2S 监测系统，并保证性能良好。作业使用的材料及设备，应与 H_2S 条件相适应。含 H_2S 井作业进井场时，操作人员应配备正压式空气呼吸器和便携式 H_2S 检测仪
异常处置	现场 H_2S 浓度≥30 mg/m^3（20 ppm），立即向上级汇报，并实施井控程序，控制 H_2S 泄漏源

（2）电潜泵电缆支架及滚筒操作步骤

电潜泵电缆支架及滚筒操作步骤内容见表 4-93。

表 4-93 电潜泵电缆支架及滚筒操作步骤内容

步骤	要求
操作前检查	滚筒支架、防落地支架均应符合施工使用要求，电缆滚筒完好无缺陷
电缆支架及滚筒安装操作	放置电缆滚筒支架时，应保证地面坚实、平整。电缆滚筒摆在井架后面、距井口 25 m 以上。电缆滚筒与井口连线和作业机与井口连线夹角为 30°～40°。在电缆滚筒支架前后两侧钻入螺旋地锚，地锚外露高度与电缆滚筒支架底座平齐，将 ϕ19 mm 钢丝绳从两个螺旋地锚中穿过，用不少于 3 个匹配绳卡按标准卡紧。用一根直径小于电缆滚筒中心孔的管子插入电缆滚筒孔进行起吊，将电缆滚筒放在电缆滚筒支架上，并用专用的卡盘将滚筒轴卡住，防止施工过程中电缆滚筒翻倒。在电缆滚筒与导轮之间，沿电缆走向均匀摆放防落地支架
操作后检查	检查电缆滚筒支架和电缆滚筒的固定情况，应牢固且符合施工要求，确保电缆滚筒转动灵活
录取资料	电缆滚筒支架规格、电缆型号规格等

5. 电潜泵电缆导轮安装操作规程

（1）操作前准备

电潜泵电缆导轮操作前准备内容见表 4-94。

表 4-94　电潜泵电缆导轮操作前准备内容

项目	要求
劳动保护	正确穿戴劳保用品
风险识别	做好安全隐患及风险识别并制定消减措施,明确操作人与监护人
工具准备	电缆导轮、安全悬挂装置、钢丝绳及配套绳卡、引绳、活动扳手等
防护设备	便携式 H_2S 检测仪、正压式呼吸器、风向标等
电缆导轮安装操作前	作业井现场操作人员应了解所在施工区域的地理、地貌、气候等情况,作业施工单位应对现场操作工人进行 H_2S 的危害、安全事项、撤离程序等方面的技术交底和安全教育,确保其熟知逃生路线和安全区域。油管通径之前,宜先检查井场是否有异常情况。如有,宜首先检查是否存在 H_2S,特别注意低洼地区,如井口位置
操作防护	了解作业区域可能的 H_2S 浓度。作业现场设警示标志、风向标和逃生通道,并悬挂标示牌。场地及设备的布置考虑季节风向。生产作业现场安装 H_2S 监测系统,并保证性能良好。作业使用的材料及设备,应与 H_2S 条件相适应。含 H_2S 井作业进井场时,操作人员应配备正压式空气呼吸器和便携式 H_2S 检测仪
异常处置	现场 H_2S 浓度≥30 mg/m³(20 ppm),立即向上级汇报,并实施井控程序,控制 H_2S 泄漏源

(2)电潜泵电缆导轮安装操作步骤

电潜泵电缆导轮安装操作步骤内容见表 4-95。

表 4-95　电潜泵电缆导轮安装操作步骤内容

步骤	要求
操作前检查	检查电缆导轮各部件连接紧固,滑轮转动灵活,无变形。检查引绳牢固,无松股、断丝等现象。检查导轮减震器、防跳槽装置、悬挂装置工作正常
电缆导轮安装操作	使用作业机将安全悬挂装置与电缆导轮吊起至井架腰部(一般为井架高度的 9~14 m 处)。操作人员系好安全带及防坠落装置,上至电缆导轮固定位置,用安全悬挂装置悬挂电缆导轮后,再用钢丝绳及配套绳卡将电缆导轮固定在井架侧面(安装电缆滚筒一侧)。拆安全悬挂装置,试提游动滑车,电缆导轮应无阻碍,电缆绕过导轮应平贴油管
操作后检查	电缆导轮安装完成后,电缆导轮、电缆滚筒及井口应在与地面垂直的同一平面上。检查电缆通过电缆导轮是否顺利无卡阻等现象出现
录取资料	电缆导轮的直径、弧度、固定位置高度

6. 电潜泵机组注油作业操作规程

(1)操作前准备

电潜泵机组注油作业操作前准备内容见表 4-96。

表 4-96 电潜泵机组注油作业操作前准备内容

项目	要求
劳动保护	正确穿戴劳保用品
风险识别	做好安全隐患及风险识别并制定消减措施,明确操作人与监护人
工具准备	注油泵、活动扳手、钢丝钳、内六角扳手、螺丝刀等
防护设备	便携式 H_2S 检测仪、正压式呼吸器、风向标等
电潜泵机组注油操作前	作业井现场操作人员应了解所在施工区域的地理、地貌、气候等情况,作业施工单位应对现场操作工人进行 H_2S 的危害、安全事项、撤离程序等方面的技术交底和安全教育,确保其熟知逃生路线和安全区域。油管通径之前,宜先检查井场是否有异常情况。如有,宜首先检查是否存在 H_2S,特别注意低洼地区,如井口位置
操作防护	了解作业区域可能的 H_2S 浓度。作业现场设警示标志、风向标和逃生通道,并悬挂标示牌。场地及设备的布置考虑季节风向。生产作业现场安装 H_2S 监测系统,并保证性能良好。作业使用的材料及设备,应与 H_2S 条件相适应。含 H_2S 井作业进井场时,操作人员应配备正压式空气呼吸器和便携式 H_2S 检测仪
异常处置	现场 H_2S 浓度≥30 mg/m³(20 ppm),立即向上级汇报,并实施井控程序,控制 H_2S 泄漏源

(2)电潜泵机组注油作业操作步骤

电潜泵机组注油作业操作步骤内容见表 4-97。

表 4-97 电潜泵机组注油作业操作步骤内容

步骤	要求
操作前检查	检查下井电泵机组的注油阀、放油阀、放气阀螺丝紧固情况。检查注油泵的清洁程度,保证注油泵及其管线、接头的清洁,防止注油时将污物带入潜油电机中
电泵机组注油作业操作	由电泵专业人员将电机下入井内,松开电机上端护盖螺丝,并保留一定的间隙,上提机组,卸掉电机尾部的注油阀丝堵,连接上注油接头。注油必须从电机下部往上注,注油速度不得超过 15 r/min,当放气孔(排气孔、连通孔或上端护盖处)有电机油连续溢出时,应暂停注油 10～15 min,再次缓慢注油至再次溢出,反复操作应不少于 3 次,直至机组溢出油液中不见气泡为止。由电泵专业人员将电机保护器与潜油电机连接好,按照保护器类型,打开各个出油孔,卸掉保护器底部注油阀丝堵,连接上注油接头。① 注油必须从保护器下部往上注,注油速度要缓慢,注油速度不得超过 8～12 r/min,当放气孔(排气孔、连通孔或上端护盖处)有电机油连续溢出时,应暂停注油 10～15 min,再缓慢注油至再次溢出,并注意观察使油再次溢出所需注油机转数。② 继续摇动注油泵给保护器注电机油,待机械密封座部位的排气孔相继出油并无气泡,停止注油。③ 用盘轴工具转动保护器轴,尽量排尽空气,再次摇动注油泵补充满电机油。④ 待排气孔冒油后取排气堵塞,更换铅垫后将排气孔堵死,确保不漏。⑤ 如果有两节保护器串联使用,重复步骤①～④。按照出油的先后顺序逐个更换新铅垫后上紧丝堵。把电机保护器提出井口,用棉布擦净电机油,检查电机与保护器连接处应无漏油。如果有多节电机连接,可用同样方法依次注油施工
操作后检查	检查潜油电机、电机保护器各个注油部位无渗漏,丝堵紧固
录取资料	潜油电机油的品牌、型号、适用范围、油品温度、注油量、注油时长

7. 电潜泵电缆穿引作业操作规程

（1）操作前准备

电潜泵电缆穿引作业操作前准备内容见表 4-98。

表 4-98　电潜泵电缆穿引作业操作前准备内容

项目	要求
劳动保护	正确穿戴劳保用品
风险识别	做好安全隐患及风险识别并制定消减措施，明确操作人与监护人
工具准备	电缆导轮、穿引绳、铁丝、钢丝钳等
防护设备	便携式 H_2S 检测仪、正压式呼吸器、风向标等
电潜泵电缆穿引操作前	作业井现场操作人员应了解所在施工区域的地理、地貌、气候等情况，作业施工单位应对现场操作工人进行 H_2S 的危害、安全事项、撤离程序等方面的技术交底和安全教育，确保其熟知逃生路线和安全区域。油管通径之前，宜先检查井场是否有异常情况。如有，宜首先检查是否存在 H_2S，特别注意低洼地区，如井口位置
操作防护	了解作业区域可能的 H_2S 浓度。作业现场设警示标志、风向标和逃生通道，并悬挂标示牌。场地及设备的布置考虑季节风向。生产作业现场安装 H_2S 监测系统，并保证性能良好。作业使用的材料及设备，应与 H_2S 条件相适应。含 H_2S 井作业进井场时，操作人员应配备正压式空气呼吸器和便携式 H_2S 检测仪
异常处置	现场 H_2S 浓度≥30 mg/m³（20 ppm），立即向上级汇报，并实施井控程序，控制 H_2S 泄漏源

（2）电潜泵电缆穿引作业操作步骤

电潜泵电缆穿引作业操作步骤内容见表 4-99。

表 4-99　电潜泵电缆穿引作业操作步骤内容

步骤	要求
操作前检查	电缆导轮各部件连接紧固，滑轮转动灵活、无变形，电缆规格与导轮规格相匹配。电缆导轮安装应牢固可靠、高度合适，且电缆导轮朝向应与电缆滚筒及井口在同一垂直于地面的平面上
电潜泵电缆穿引作业操作	按照《电缆滚筒安装作业操作规程》要求将电缆滚筒安装牢固。按照《电缆导轮安装作业操作规程》要求将电缆导轮悬挂安装在井架上。将引绳的一端穿过电缆导轮拉至地面。把电缆导轮靠近井口一侧的引绳与电缆端头捆绑连接在一起。操作人员拉动另一侧引绳带动电缆上行至电缆导轮并缓慢通过，继续拉动引绳将电缆引至地面
操作后检查	电缆穿引完成后，及时测量电缆的绝缘性能。电缆拉送灵活，无卡阻现象。穿过导轮的电缆应平顺无打扭
录取资料	电缆长度、电缆外尺寸、绝缘电阻、电缆头气密数据等

8. 带电缆管柱起下作业操作规程

（1）操作前准备

带电缆管柱起下作业操作前准备内容见表 4-100。

表 4-100 带电缆管柱起下作业操作前准备内容

项目	要求
劳动保护	正确穿戴劳保用品
风险识别	做好安全隐患及风险识别并制定消减措施,明确操作人与监护人
工具准备	电泵管柱、匹配的吊卡、提升系统、液压油管钳、管钳等
防护设备	便携式 H_2S 检测仪、正压式呼吸器、风向标等
带电缆管柱起下作业前	根据不同作业环境配备相应 H_2S 检测仪及防护装置,并处于备用状态,检测仪应在校验期内。人员应了解作业区域地理、地貌、气候等情况,熟知逃生路线和安全区域,并进行危害识别,制订应急预案。对作业人员进行风险和现场逃生知识告知,组织 H_2S 泄漏应急演练。现场挂设警示标志、风向标和逃生通道标示牌
操作防护	H_2S 浓度较高或浓度不清的环境中,均应采用正压式空气呼吸器。参与 H_2S 井作业的操作、技术和管理人员须经过 H_2S 防护培训,取证后方可上岗。专人观察风向、风速以便确定受侵害的危险区。专人佩戴正压式空气呼吸器到井口及其他危险区检查泄漏点。专人佩戴正压式空气呼吸器,携带便携式 H_2S 检测仪,作业前重新检测工作场所中的 H_2S 浓度,并做好记录。作业使用的材料及设备,应与 H_2S 条件相适应。防喷器应安装剪切闸板。作业中有两种或以上同时作业的,须安排协调负责人
异常处置	现场 H_2S 浓度$\geqslant$30 mg/m³(20 ppm),立即向上级汇报,并实施井控程序,控制 H_2S 泄漏源

(2)带电缆管柱起下作业操作步骤

带电缆管柱起下作业操作步骤内容见表 4-101。

表 4-101 带电缆管柱起下作业操作步骤内容

步骤	要求
操作前检查	检查作业机性能良好,天车、滑车、井口三点一线,水平位移不大于 2 mm。检查所用工具、用具性能符合设计要求。检查液压油管钳性能灵活可靠,防止管柱在上卸过程中出现反转
下带电缆管柱作业操作	潜油电泵机组入井内后,把吊卡扣在下井的第一根油管上,将油管吊起与井内泵头接箍对扣,上紧油管螺纹。① 由 1 人扶住大扁电缆,将其按紧贴在油管外壁上,在距下井油管的尾部以上 50 cm 左右处卡上电缆卡子,用锁紧钳锁紧。其电缆铠皮稍有变形即可,不可伤害铠皮。② 油管上的电缆应紧贴油管外壁,不应在油管上缠绕。③ 每根油管必须打两个电缆卡子,1 个打在油管公扣上方 0.5 m 处,另一个打在油管节箍下方 0.5 m 处。如果 1 根油管需要卡 3 个卡子,则有 1 个卡子要卡在油管中间。④ 电缆连接包应避开油管接箍,不应在电缆连接包上打电缆卡子,应在电缆连接包上方 0.3 m 和下方 0.3 m 处各打 1 个电缆卡子。⑤ 油管上的电缆卡子应与油管成直角,防止挤伤电缆。⑥ 油管下放速度控制在 0.5 m/s 以内,同时有 1 人扶住大扁电缆,使其始终贴在油管壁上,随油管下入井内。⑦ 油管下放的同时滚动电缆滚筒,放松电缆,其滚动速度要与下油管速度同步。每下 10 根油管需用万用表检查一次电缆电阻,其电阻大于 500 MΩ 为合格。发现数值变化异常,应及时查明原因并消除。⑧ 油管下到最后 1 根时,在距井口以下 2 m 处的油管上打 2~3 个电缆卡子,并将分瓣锥体连同提升短节接在下井内最后 1 根油管上,用管钳上紧。上提油管 80~100 cm,打开吊卡,把大扁电缆与锥体对应部分上,下各 30~40 cm 处的铠皮剥开,露出缆涤芯,撬开分瓣锥体,将缆涤芯卧进锥体槽内,合上分瓣锥体,插入锁销,再在锥体上端卡上电缆卡子,防止分瓣锥体分开,下放管柱,将锥体坐进套管四通内

表 4-101（续）

步骤	要求
起带电缆管柱作业操作	上提管柱,观察拉力表,看井内管柱负荷是否正常,负荷正常后方能施工,严禁大力上提管柱,以免损坏井内电缆和工具。① 起管柱应保持平稳操作,起油管和起电缆的速度保持一致。② 起管柱的同时转动电缆滚筒,将电缆整齐地盘绕在电缆滚筒上。③ 起出的电缆卡子需用合适的切割工具切断,严禁撬断卡子,以免损坏电缆。④ 定期进行监测电缆的绝缘性能,对于起出电缆的损坏处应及时做好标记,以备日后修理时能快速发现
操作后检查	下完生产管柱后,检查电缆和潜油电机的电气连接和绝缘电阻;生产管柱完成后,连接电源试运行电泵应运转正常。检查起出电缆破损、腐蚀、变形情况,检查电缆卡子的数量,记录卡子的丢失量,以进一步确定丢失卡子的危害程度
录取资料	起出的油管数量、长度,电缆长度、外形描述、损坏位置的标示,电缆卡子的数量,井下工具的数量及完好程度。下井油管规格、数量、长度及深度,下井工具规格、数量、长度及深度,电缆外形尺寸、长度,电缆卡子数量,管柱结构示意图

9. 电潜泵机组起下作业操作规程

（1）操作前准备

电泵机组起下作业操作前准备内容见表 4-102。

表 4-102 电泵机组起下作业操作前准备内容

项目	要求
劳动保护	正确穿戴劳保用品
风险识别	做好安全隐患及风险识别并制定消减措施,明确操作人与监护人
工具准备	电缆滚筒、支架、导向轮、电泵专用吊、拉紧钳、管钳、活动扳手、内六角扳手等
防护设备	便携式 H_2S 检测仪、正压式呼吸器、风向标等
电潜泵机组起下作业前	根据不同作业环境配备相应 H_2S 检测仪及防护装置,并处于备用状态,检测仪应在校验期内。人员应了解作业区域地理、地貌、气候等情况,熟知逃生路线和安全区域,并进行危害识别,制订应急预案。对作业人员进行风险告知和现场逃生知识,组织 H_2S 泄漏应急演练。现场挂设警示标志、风向标和逃生通道标示牌
操作防护	H_2S 浓度较高或浓度不清的环境中,均应采用正压式空气呼吸器。参与 H_2S 井作业的操作、技术和管理人员须经过 H_2S 防护培训,取证后方可上岗。专人观察风向、风速以便确定受侵害的危险区。专人佩戴正压式空气呼吸器到井口及其他危险区检查泄漏点。专人佩戴正压式空气呼吸器,携带便携式 H_2S 检测仪,作业前重新检测工作场所中的 H_2S 浓度,并做好记录。作业使用的材料及设备,应与 H_2S 条件相适应。防喷器应安装剪切闸板。作业中有两种或以上同时作业的,须安排协调负责人
异常处置	现场 H_2S 浓度$\geqslant$30 mg/m³（20 ppm）,立即向上级汇报,并实施井控程序,控制 H_2S 泄漏源

（2）电潜泵机组起下作业操作步骤

电泵机组起下作业操作步骤内容见表 4-103。

表 4-103 电泵机组起下作业操作步骤内容

步骤	要求
操作前检查	检查潜油电泵机组的规格、型号应符合设计要求,设备总成应逐件核对,并详细记录机组系列号和初检尺寸。检查提升起重设备是否完好,井口防喷器的内通径是否符合机组的起下要求。检查电泵机组旋转部件盘动灵活,密封部件无渗漏,电源线路(相序)连接正确、绝缘可靠。检查电泵机组注油、排气丝堵应紧固、密封。按设计要求完成井筒准备工作,包括探冲砂、通井、套管刮削等
下电泵机组操作	按设计要求完成潜油电泵生产管柱尾管。使用电泵专用吊装吊卡,依次吊装、连接潜油电机、保护器、分离器、潜油泵并下入井内。按照《潜油电泵机组注油作业操作规程》完成电泵机组注油操作。打开电机电缆插座保护罩,确定电机相序,将电缆插头插入电机电缆插座,做好密封、绝缘工作,用铠装保护好小扁电缆,打好电缆卡子。保护器和泵侧面的扁电缆及电缆护罩应与电泵机组中心线平行并应避开防倒块,扁电缆不应弯曲或缠绕在机组上。测量井下电泵机组的绝缘电阻及三相直流电阻值应在控制值之内。按照《电缆油管起下作业操作规程》要求连接单流阀、泄油器,完成潜油电泵生产管柱,装好生产采油树,连接电源控制屏,试运转正常后与采油队交接
起电泵机组操作	按《潜油电泵电缆穿引作业操作规程》将电缆穿引至电缆滚筒。按《电缆油管起下作业操作规程》起出电泵机组以上生产管柱。使用电泵专用吊装吊卡,依次起出潜油泵、分离器、保护器、潜油电机。起出潜油电泵生产管柱尾管
操作后检查	下完电泵机组及生产管柱后应检查电机电缆绝缘性能,下完电泵机组及生产管柱后应检查电机电缆相序及三相直流电阻值,连接电源控制屏,试运转应正常
录取资料	下井机组各部件的型号及编号、下井前直流电阻及绝缘电阻测定值、下油管时直流电阻及绝缘电阻监测情况,起出机组前机组直流电阻值、机组各部件的型号及编号、拆机后的各部件的绝缘数值

10. 配合射孔作业操作规程

(1) 操作前准备

配合射孔作业操作前准备内容见表 4-104。

表 4-104 配合射孔作业操作前准备内容

项目	要求
劳动保护	正确穿戴劳保用品
风险识别	做好安全隐患及风险识别并制定消减措施,明确操作人与监护人
工具准备	活动扳手、管钳、钢丝刷、螺纹密封脂、钢卷尺、油管规、电缆射孔防喷器等
防护设备	便携式 H_2S 检测仪、正压式呼吸器、风向标等
配合射孔作业操作前	根据不同作业环境配备相应 H_2S 检测仪及防护装置,并处于备用状态,检测仪应在校验期内。人员应了解作业区域地理、地貌、气候等情况,熟知逃生路线和安全区域,并进行危害识别,制订应急预案。对作业人员进行风险告知和现场逃生知识,组织 H_2S 泄漏应急演练。现场挂设警示标志、风向标和逃生通道标示牌

表 4-104（续）

项目	要求
操作防护	H_2S 浓度较高或浓度不清的环境中,均应采用正压式空气呼吸器。参与 H_2S 井作业的操作、技术和管理人员须经过 H_2S 防护培训,取证后方可上岗。专人观察风向、风速以便确定受侵害的危险区。专人佩戴正压式空气呼吸器到井口及其他危险区检查泄漏点。专人佩戴正压式空气呼吸器,携带便携式 H_2S 检测仪,作业前重新检测工作场所中的 H_2S 浓度,并做好记录。作业使用的材料及设备,应与 H_2S 条件相适应。核对射孔方式应符合设计要求
异常处置	现场 H_2S 浓度 $\geqslant 30$ mg/m³（20 ppm）,立即向上级汇报,并实施井控程序,控制 H_2S 泄漏源

（2）配合射孔作业操作步骤

配合射孔作业操作步骤内容见表 4-105。

表 4-105　配合射孔作业操作步骤内容

步骤	要求
操作前检查	检查作业机和井架应满足施工要求,电缆射孔防喷器符合设计要求,核对射孔通知单数据应与设计相符。按设计要求完成替浆、通井、套管刮削、套管试压、替射孔液等施工,合格后转入下步施工
电缆输送射孔操作	安装电缆防喷器（电缆防喷器安装前应在井控车间提前完成试压）。配合射孔队完成电缆滑轮的吊装及固定操作。配合射孔队完成射孔施工（射孔过程中专人观察井口溢流情况）。射孔完成后观察 2 h,无异常后方可进行下步施工
油管输送射孔操作	按设计要求检查安装防喷器并试压合格。射孔队施工人员组装射孔枪并实施连接工作,作业队配合完成起吊及下放射孔枪身工作,在起下枪身时平稳操作。按设计要求将射孔管柱下至设计位,下放平稳,速度控制在 0.3 m/s 以内。由射孔队完成电测并提供校深数据,作业队依据校深数据调整射孔管柱。按设计要求安装采油树。配合射孔队完成射孔操作,射孔完成后观察 2 h,无异常后方可进行下步施工
操作后检查	射孔后应检查井口溢流情况,射孔后应检查射孔枪发射率及枪身变形情况
录取资料	井筒液体性质:名称、种类、黏度、密度,闸门型号、规范、试压

11. 配合气举作业操作规程

（1）操作前准备

配合气举作业操作前准备内容见表 4-106。

表 4-106　配合气举作业操作前准备内容

项目	要求
劳动保护	正确穿戴劳保用品
风险识别	做好安全隐患及风险识别并制定消减措施,明确操作人与监护人
工具准备	黏度计、密度计、取样桶、管钳、榔头、活动扳手、气举阀、螺纹密封脂等
防护设备	便携式 H_2S 检测仪、正压式呼吸器、风向标等

表 4-106(续)

项目	要求
配合气举作业操作前	根据不同作业环境配备相应 H_2S 检测仪及防护装置,并处于备用状态,检测仪应在校验期内。人员应了解作业区域地理、地貌、气候等情况,熟知逃生路线和安全区域,并进行危害识别,制订应急预案。对作业人员进行风险告知和现场逃生知识,组织 H_2S 泄漏应急演练。现场挂设警示标志、风向标和逃生通道标示牌
操作防护	H_2S 浓度较高或浓度不清的环境中,均应采用正压式空气呼吸器。参与 H_2S 井作业的操作、技术和管理人员须经过 H_2S 防护培训,取证后方可上岗。专人观察风向、风速以便确定受侵害的危险区。专人佩戴正压式空气呼吸器到井口及其他危险区检查泄漏点。专人佩戴正压式空气呼吸器,携带便携式 H_2S 检测仪,作业前重新检测工作场所中的 H_2S 浓度,并做好记录。作业使用的材料及设备,应与 H_2S 条件相适应
异常处置	现场 H_2S 浓度≥30 mg/m³(20 ppm),立即向上级汇报,并实施井控程序,控制 H_2S 泄漏源

(2) 配合气举作业操作步骤

配合气举作业操作步骤内容见表 4-107。

表 4-107 配合气举作业操作步骤内容

步骤	要求
操作前检查	按设计要求完成气举施工管柱。检查井口装置紧固,闸门开关灵活。检查防喷管、防喷盒连接牢固、密封可靠。检查防喷管线固定牢固;控制阀、节流阀开关灵活;防喷油嘴符合设计要求。按设计要求完成冲砂、通井、刮管及套管(油管)试压等井筒准备工作
连续注入气举操作	气举管线进、出口应连接硬管线,出口管线应用地锚固定,且不应连接直角弯头,管线试压至设计最高施工压力的 1.5 倍,不刺、不漏为合格。注氮设备向油套环空注气,至压力上升到 3.0 MPa。注氮设备继续注气,同时水泥车以 300~400 L/min 的排量向油套环空注水,注完第一周期所需水量(为环空容积的 50%~70%)。混合水返出时,将排量减小至 150~200 L/min 注水,用水量为环空容积的 35%~50%。注氮设备在其额定压力范围内继续注气,直至举通。若超过注氮设备的负荷时,可进行第三周期注水,用水量为环空容积的 25%,直至举通。举通后,注氮设备继续注气,直至套压明显下降且不再上升,同时出口返出物含水量小于 5% 时,停止泵气。加大水泥车排量,将井内气体及地层排出的污物替出、洗净
分段注入气举操作	注氮设备向油套环空注气,当气压至 10 MPa 时停止注气。水泥车向油套环空第一次注水(排量 600 L/min),待气压下降至 6~7 MPa 时,停止注水,注水量为油套环空容积的 65% 左右。启动注氮设备再次注气,至气压升到 9 MPa 时,启动水泥车开始第二次注水(气水同注),排量 100~500 L/min,注水量达到环空的 35% 左右时,停止注水。注氮设备继续注气,若气压达到其额定压力仍举不通时,进行第三次注水(排量 100 L/min,水量为环空的 20%),第三次注水完后继续注气,直至举通。举通后,注氮设备继续注气,直至套压明显下降且不再上升,同时出口返出物含水量小于 5% 时,停止泵气。加大排量将井内气体及地层排出的污物替出、洗净。举通后,不宜长时间排液,防止地层出砂
套管掏空深度控制	套管强度不允许将井筒举空时,应按进出口液量,随时计算液面的深度。严格控制不得超过套管允许的最大掏空深度
操作后检查	检验气举效果,起出井内气举管柱,检查管柱及下井工具完好程度
录取资料	气举方式、时间、深度,气举施工泵压、排量、进出口液量、液性、油嘴、油套压力

12. 配合抽汲作业操作规程

（1）操作前准备

配合抽汲作业操作前准备内容见表 4-108。

表 4-108　配合抽汲作业操作前准备内容

项目	要求
劳动保护	正确穿戴劳保用品
风险识别	做好安全隐患及风险识别并制定消减措施,明确操作人与监护人
工具准备	抽子、加重杆、绳帽、防喷盒、钢卷尺等
防护设备	便携式 H_2S 检测仪、正压式呼吸器、风向标等
配合抽汲作业操作前	根据不同作业环境配备相应 H_2S 检测仪及防护装置,并处于备用状态,检测仪应在校验期内。人员应了解作业区域地理、地貌、气候等情况,熟知逃生路线和安全区域,并进行危害识别,制订应急预案。对作业人员进行风险告知和现场逃生知识,组织 H_2S 泄漏应急演练。现场挂设警示标志、风向标和逃生通道标示牌
操作防护	H_2S 浓度较高或浓度不清的环境中,均应采用正压式空气呼吸器。参与 H_2S 井作业的操作、技术和管理人员须经过 H_2S 防护培训,取证后方可上岗。专人观察风向、风速以便确定受侵害的危险区。专人佩戴正压式空气呼吸器到井口及其他危险区检查泄漏点。专人佩戴正压式空气呼吸器,携带便携式 H_2S 检测仪,作业前重新检测工作场所的 H_2S 浓度,并做好记录。作业使用的材料及设备,应与 H_2S 条件相适应
异常处置	现场 H_2S 浓度 $\geqslant 30$ mg/m³(20 ppm),立即向上级汇报,并实施井控程序,控制 H_2S 泄漏源

（2）配合抽汲作业操作步骤

配合抽汲作业操作步骤内容见表 4-109。

表 4-109　配合抽汲作业操作步骤内容

步骤	要求
操作前检查	检查井口装置紧固、闸门开关灵活;检查抽子密封件完好,抽汲钢丝绳无断丝、排列整齐,绳帽连接牢固;检查防喷管、防喷盒连接牢固、密封可靠;检查防喷管线固定牢固,控制阀、节流阀开关灵活,加重杆、防喷盒、抽子、绳帽等应完好,连接部可靠,加重杆与绳帽、抽子连接处应装销子。灌绳帽时钢丝绳应穿过绳帽破丝、倒卷、弯丝后拉入绳帽腔内,然后灌铅。绳帽灌好后应检查,无问题时方可使用
配合抽汲作业操作	按要求下入抽汲管柱,接好出口硬管线和计量箱,准备好标尺。倒钢丝绳至通井机上时,每一层钢丝绳都必须排齐、紧凑,以防下井时滚筒上钢丝绳错位,损坏钢丝绳;抽汲钢丝绳出口记号不少于 2 处,且明显易识别。通井前必须调紧井架的前后绷绳,使天车、防喷盒、井口必须三点一线。使用液压防喷盒下放钢丝绳时应卸压,上提时应加压,所加压力以井口不漏液为准。连接好抽子下放钢丝绳速度控制在 0.6 m/s 以内,距离液面 50 m 时应降低速度。注意井内动液面和遇阻位置,严防钢丝绳打扭或伤人。抽子的沉没度控制在 80～100 m 内,最大沉没深度不超过 150 m。每抽 3～5 次,应检查抽汲工具一次。对高油气比井不能连续抽汲,每抽 2～3 次应观察动液面上升情况。抽汲时绞车操作人员要集中精力,井口要有专人负责看记号。抽汲时应注意井内压力变化,发现有上顶抽子现象,加速上提抽子,把生产闸门开小控制流速,等抽子起到防喷管内时,再开打生产闸门放喷。抽子遇阻或遇卡后,应判明原因,不准猛提猛顿,以防钢丝绳打扭或拔断。若已打扭,用撬杠或其他工具解除,严禁徒手直接处理
操作后检查	检验抽汲效果
录取资料	抽汲时间、抽汲深度及次数、动液面

13. 配合压裂作业操作规程

（1）操作前准备

配合压裂作业操作前准备内容见表 4-110。

表 4-110 配合压裂作业操作前准备内容

项目	要求
劳动保护	正确穿戴劳保用品
风险识别	做好安全隐患及风险识别并制定消减措施，明确操作人与监护人
工具准备	螺纹密封脂、钢丝刷、棉纱、管钳、活动扳手、大锤、铁锹、螺旋地锚、钢丝绳等
防护设备	便携式 H_2S 检测仪、正压式呼吸器、风向标等
配合压裂作业操作前	人员应了解作业区域地理、地貌、气候等情况，熟知逃生路线和安全区域，并进行危害识别，制订应急预案。现场挂设警示标志、风向标和逃生通道标示牌
操作防护	配合施工人员进入现场之前，应向其简要介绍出口路线、紧急集合区域、所用报警信号以及紧急情况的响应措施，包括个人防护设备的使用等。现场配备齐全正压式空气呼吸器，所有气瓶气压都应在 25 MPa 以上，做好防 H_2S 应急预案。应有专人负责井口、井场 H_2S 监测。在对应急措施和疏散程序有所了解后，有训练有素的人员在场时，才能进入潜在危险区域。如出现紧急情况，应立即疏散人员或及时向他们提供合适的个人防护设备
异常处置	现场 H_2S 浓度≥30 mg/m³(20 ppm)，立即向上级汇报，并实施井控程序，控制 H_2S 泄漏源

（2）配合压裂作业操作步骤

配合压裂作业操作步骤内容见表 4-111。

表 4-111 配合压裂作业操作步骤内容

项目	要求
操作前检查	按设计要求安装防喷器并试压合格，完成探冲砂、通井、套管刮削、套管试压等工序，合格后转入下步施工。按设计要求完成压裂管柱，根据封隔器坐封方式完成坐封施工，按设计要求完成压裂井口安装，并用螺旋地锚及钢丝绳固定牢固，按设计要求完成压裂封隔器验封施工
配合压裂作业操作	检查下井工具及管材型号、性能应符合设计要求。检查压裂井口应满足工艺要求，各闸门连接紧固、无刺漏，开关灵活好用。检查压裂储液罐应清洁无污、无渗漏、出口畅通。按设计要求完成压裂管柱，根据封隔器坐封方式完成坐封施工。按设计要求完成压裂井口安装，并用螺旋地锚及钢丝绳固定牢固。按设计要求完成压裂封隔器验封施工。配合压裂队完成压裂施工，甲方和监理方负责监督压裂队按设计工艺参数施工
操作后检查	按设计要求完成生产管柱、投产
录取资料	压裂管柱规格、数量、深度，工具型号、数量，前置液名称、用量，支撑剂名称、粒径、用量，压裂方式、泵压、压降、破裂压力、套管平衡压力、排量、累计液量、累计砂量、携砂比、顶替方式、液量、泵压、关井平衡稳压时间

14. 配合酸化作业操作规程

（1）操作前准备

配合酸化作业操作前准备内容见表 4-112。

表 4-112 配合酸化作业操作前准备内容

项目	要求
劳动保护	正确穿戴劳保用品
风险识别	做好安全隐患及风险识别并制定消减措施,明确操作人与监护人
工具准备	黏度计、密度计、取样桶、管钳、榔头、活动扳手、气举阀、螺纹密封脂等
防护设备	管钳、活动扳手、大锤、钢丝刷、高压活动弯头
配合酸化作业操作前	根据不同作业环境配备相应 H_2S 检测仪及防护装置,并处于备用状态,检测仪应在校验期内。人员应了解作业区域地理、地貌、气候等情况,熟知逃生路线和安全区域,并进行危害识别,制订应急预案。对作业人员进行风险告知和现场逃生知识,组织 H_2S 泄漏应急演练。现场挂设警示标志、风向标和逃生通道标示牌
操作防护	H_2S 浓度较高或浓度不清的环境中,均应采用正压式空气呼吸器。参与 H_2S 井作业的操作、技术和管理人员须经过 H_2S 防护培训,取证后方可上岗。专人观察风向、风速以便确定受侵害的危险区。专人佩戴正压式空气呼吸器到井口及其他危险区检查泄漏点。专人佩戴正压式空气呼吸器,携带便携式 H_2S 检测仪,作业前重新检测工作场所中的 H_2S 浓度,并做好记录。作业使用的材料及设备,应与 H_2S 条件相适应
异常处置	现场 H_2S 浓度≥30 mg/m³(20 ppm),立即向上级汇报,并实施井控程序,控制 H_2S 泄漏源

(2)配合酸化作业操作步骤

配合酸化作业操作步骤内容见表 4-113。

表 4-113 配合酸化作业操作步骤内容

项目	要求
操作前检查	检查下井工具及管材型号、性能应符合设计要求。检查酸化井口应满足工艺要求,各闸门连接紧固、无刺漏,开关灵活好用。检查酸化储液池(罐)应清洁无污、无渗漏、出口畅通。检查酸液量、出库单、配方应符合设计要求。按设计要求安装防喷器并试压合格,完成探冲砂、通井、套管刮削、套管试压及试挤等工序,合格后转入下步施工
配合酸化作业操作	按设计要求完成酸化管柱。根据封隔器坐封方式完成坐封施工。按设计要求完成酸化井口装置安装,并用螺旋地锚及钢丝绳固定牢固。连接地面管线,管线试压至设计最高施工压力的 1.5 倍。配合压裂队完成压裂施工,甲方和监理方负责监督压裂队按设计工艺参数施工。按设计要求安装油嘴自喷排酸,返排液量不得小于挤入地层液量的 1.5 倍或残酸浓度小于 2%。按设计要求采用氮气或混气水排液,返排液量不得小于挤入地层液量的 1.5 倍或残酸浓度小于 2%。排出残酸应按 HSE 要求运送到指定地点进行集中处理
操作后检查	按设计要求完成生产管柱、投产
录取资料	酸液名称、比例、浓度,附加剂名称及用量,试挤方式,泵压,液体性质,挤入量,吸入量,吸水指数,压力变化,时间,酸化方式,前置液名称、用量、酸量,顶替液名称、用量,泵压,压降,关井反应时间,排酸方式,泵压,进口及出口量

第五章　井下作业工具工艺

塔河油田是古生界海相岩溶型油藏,油藏温度高达 130～180 ℃,平均油藏压力为 60 MPa 以上,主力区块原油密度为 0.98 g/cm³,局部地区高达 1.04 g/cm³,井深 4 200～8 408 m;部分油区硫化氢含量高,最高达 34 000 ppm(10⁻⁶)。油田开发进程中,存在碳酸盐岩裸眼段垮塌情况,套损、套漏井不断增多,裸眼封隔器解封困难,稠油上返凝堵井筒,老区储量储层改造难以动用等诸多问题,为修井作业带来了诸多难题。

塔河油田井下作业技术"起步晚,起点高"、在公司管理模式下,以"契约精神"为基础,通过作业队伍自身发展和分公司管理模式创新,共同促进了工艺技术的进步。专业技术发展经历了引进、改进、创新三个阶段,形成了独具特色的超深复杂井井下作业工艺技术体系。

第一节　井筒技术状况

一、套管

常用套管规格参数见表 5-1,常用套管螺纹类型标记见表 5-2,常用套管钢级标记见表 5-3。套管识别标识示意图如图 5-1 所示。

表 5-1　常用套管规格参数

外径/mm	名义质量/(kg/m)	壁厚/mm	内径/mm	通径/mm	接箍外径/mm	长度/m	容积/(L/m)	抗挤强度/MPa	抗压强度/MPa	螺纹类型	钢级
φ177.8(7″)	52.1	12.7	152.5	149.3	194.5	8～12	18.3	89.6	65.6	圆螺纹	P110
	56.6	13.7	150.4	147.2			18.3	89.8	80.2	偏梯螺纹	
φ193.7(7 5/8″)	49.2	10.9	168.7	152.5	203.5	8～12	23.2	54.1	74.9	圆螺纹	P110
	49.2	10.9	168.7	152.5			23.2	54.3	74.9	偏梯螺纹	
φ244.5(9 5/8″)	70.0	12.0	320.5	216.5	269.6	8～12	38.2	36.5	63.1	圆螺纹	N80
	71.7	13.8	216.8	212.8			36.9	54.8	66.9	偏梯螺纹	P110
φ273.1(10 3/4″)	76.0	11.4	250.2	246.2	298.5	8～12	37.1	91.1	63.2	圆螺纹	N80
	82.7	12.6	247.9	243.9			37.1	89.6	65.6	偏梯螺纹	P110
φ339.7(13 3/8″)	81.2	9.7	320.4	316.5	365.1	8～12	80.6	10.8	28.8	圆螺纹	N80
	90.9	10.9	317.9	313.9			79.4	16.3	34.3	偏梯螺纹	P110

表 5-2 常用套管螺纹类型标记

螺纹类型	英文标记	缩写字
圆螺纹	ROUND/THREAD	CSG（短圆螺纹）
		LCSG（长圆螺纹）
偏梯形螺纹	BUTTRESS/THREAD	BCSG

表 5-3 常用套管钢级标记

钢级	标记符号	接箍颜色	环带颜色
N80	N	红	一条红色
P110	P	白	一条白色

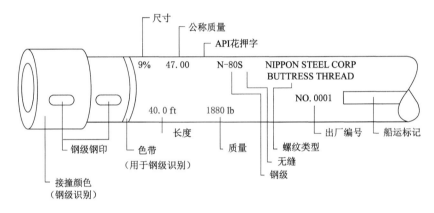

图 5-1 套管识别标识示意图

塔河油田深井＜7 000 m，井身结构多为 4 级或 3 级，生产层段为碳酸岩裸眼，井下作业技术状况较为复杂，如图 5-2 所示。

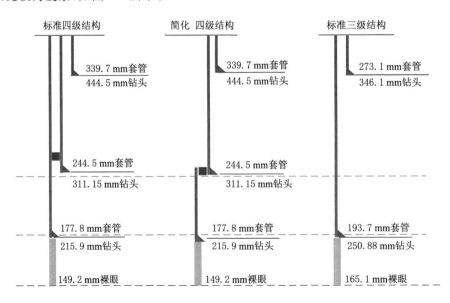

图 5-2 井身结构示意图

二、钻柱组合

修井中常用钻柱主要由方钻杆、钻杆、钻铤、各种接头及专用工具组成,其中方钻杆、钻杆及钻铤等统称为钻具。

（一）方钻杆

方钻杆位于钻柱的最上端,有四方形和六方形两种(图 5-3)。钻进时,方钻杆与方补心、转盘补心配合,将地面转盘扭矩传递给钻杆,以带动钻头旋转。

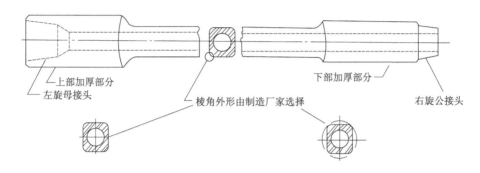

图 5-3　方钻杆结构示意图

1.规格参数

标准方钻杆全长 12.19 m,驱动部分长 11.25 m。为了适应钻柱配合的需要,方钻杆也有多种尺寸和接头类型。方钻杆的壁厚一般比钻杆大 3 倍左右,并用高强度合金钢制造,故具有较大的抗拉强度及抗扭强度,可以承受整个钻柱的质量和旋转钻柱及钻头所需要的扭矩。方钻杆规格见表 5-4。

表 5-4　方钻杆规格

通称尺寸		内径/mm	方部尺寸			方部长度/m	上部接头(反扣)		下部接头(正扣)	
in	mm		对方/mm	对角/mm	方棱半径/mm		外径/mm	扣型	外径/mm	扣型
3 1/2″	76	45	76	100	9.5	10.50	146	420	105	211
5 1/4″	133	80	133	175	16	13.60	197	630	178	521

2.使用要求

方钻杆使用时,上、下端应加配保护接头,方钻杆垂直度应小于 2 mm/根,不允许有扭曲、弯曲现象。方钻杆本体长度内不得有微裂纹、表面疤痕等缺陷(表 5-5)。

表 5-5　方钻杆使用要求

项目	内容
名称	方钻杆
主要用途	方钻杆位于钻柱的最上端,有四方形和六方形两种。钻进时,方钻杆与方补心、转盘补心配合,将地面转盘扭矩传递给钻杆,以带动钻头旋转

表 5-5(续)

项目	内容
注意事项	① 方补心内方尺寸与方钻杆对方尺寸配套,允许偏差±2 mm,超过时,应更换或补焊补心内方,以弥补内方尺寸不足,减少对方钻杆的磨损; ② 方钻杆不用时应插入鼠洞内,不得斜放在钻台与地面之间,以免弄弯; ③ 长时间停用方钻杆,应将其支垫起做好清洁防腐工作; ④ 方钻杆搬运时,应用专用方钻杆保护管,以免闪顿弄弯; ⑤ 定期无损探伤检测方钻杆; ⑥ 方钻杆与补心之间应随时加注润滑剂,冷却润滑

（二）钻杆

钻杆两端分别配装带粗螺纹的接头各一只(合为一对)的称为钻杆单根;管体两端车有公螺纹,配装一副钻杆接头的称为有细螺纹钻杆,管体两端分别与接头对焊而成的称为无细螺纹钻杆或对焊钻杆(图 5-4)。

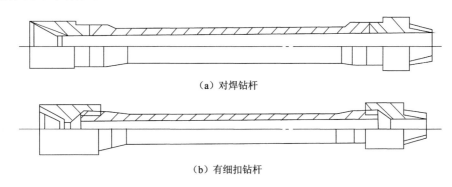

（a）对焊钻杆

（b）有细扣钻杆

图 5-4　钻杆结构示意图

1. 规格参数

修井作业中常用外加厚钻杆,即通称内平钻杆,接头外径比同尺寸钻杆接头外径大些,在套管井眼旋转时,接头与井壁接触摩擦机会增多,易磨损,但工作液循环流动阻力相对减少。钻杆规格见表 5-6。

表 5-6　钻杆规格

外径		公称质量/(kg/m)	壁厚/mm	内径/mm	管体截面积/cm²	抗扭断面系数	抗拉强度/t			抗扭矩/(kg/m)		
							D	E	P105	D	E	P105
in	mm						屈服极限/(kg/mm²)			抗扭屈服极限/(kg/mm²)		
							38.67	52.73	73.80	19.34	26.37	36.90
2 7/8″	73	14.21	9	55	18.09	51.73	99.45	117.59	135.68	1 420	1 680	1 940
3 1/2″	89	17.76	9	71	22.62	82.18	124.41	147.03	169.65	2 252	2 670	3 080
		21.16	11	67	26.95	96.60	148.23	175.18	202.13	2 650	3 133	3 620

2.使用要求

钻杆是钻柱的基本组成部分。其主要作用是传递扭矩和输送钻井液,并靠钻杆的逐渐加长使井眼不断加深(表 5-7)。

表 5-7　钻杆使用要求

项目	内容
名称	钻杆
主要用途	传递扭矩和输送钻井液,延长钻柱
注意事项	① 入井钻杆螺纹必须涂抹螺纹密封脂,旋紧扭矩不低于 3 800 N·m; ② 钻杆需按顺序编号,每使用 3～5 口井需调换入井顺序,以免在同一深度同一钻杆过度疲劳磨损; ③ 始终保持钻杆的清洁、通畅、螺纹完好无损伤; ④ 定期进行无损伤探伤检查,保持钻杆完好、无损伤; ⑤ 入井钻杆不得弯曲、变形; ⑥ 钻杆移动不得直接在地面施拽,螺纹处应戴护丝

(三) 钻铤

钻铤在修井施工中的主要作用是施加压力、增加钻柱在套管井眼的刚性,因此钻铤一般壁厚较厚,名义质量较大,壁厚相当同尺寸钻杆的 4～6 倍,名义质量比同尺寸的钻杆大 4～5 倍(图 5-5)。

图 5-5　钻铤结构示意图

1.规格参数

钻铤一般用高级合金钢制造,两端均为粗螺纹型,螺纹型与钻杆相同,锥度有 1∶4 和 1∶6 两种,每英寸 4 牙、5 牙两种,通常钻铤一端为公螺纹、一端为母螺纹,以便连接。钻铤规格见表 5-8。

表 5-8　钻铤规格

通称尺寸		内径/mm		长度/m	质量/(kg/m)		扣型
in	mm	标准	选用		标准	选用	
3 1/2″	88.9	38.1		9.14	39.80		2 3/8″内平
6 1/4″	158.75	57.15	71.44	9.14～12.802	135.11	123.56	4″内平

2.使用要求

一般钻铤多以外径尺寸为其公称尺寸,为减少钻铤在连接时因螺纹型加工应力集中而引起的断裂损坏,常常在螺纹消失处设有应力减轻槽,可提高钻铤的使用寿命达 5～10 倍(表 5-9)。

表 5-9　钻铤使用要求

项目	内容
名称	钻铤
主要用途	给钻头施加钻压,减轻钻头的振动、摆动和跳动等,使钻头工作平稳,控制井斜
注意事项	① 钻铤不直度不超过 2 mm/全长,不圆度不大于基本直径 5 mm; ② 钻铤本体及螺纹处不得有微裂纹、坑痕等缺陷; ③ 入井钻铤质量或长度不应超过设计要求的 400~800 kg 或 8~16 m; ④ 钻铤入井应配套使用井口卡盘,用专用提升接头连接后提起放入鼠洞内; ⑤ 入井钻铤螺纹处涂抹螺纹密封脂,旋紧扭矩一般不低于 3 800 N·m

三、油管

油气井打完并固井之后,在油层套管中放置油管,以抽取油气至地面。当井下压力不够时,通过油管往井里注水或注气补充能量。为了提高油气井的产量,需要对油气层输入酸化和压裂的介质或固化物,介质和固化物都是通过油管输送的(图 5-6)。

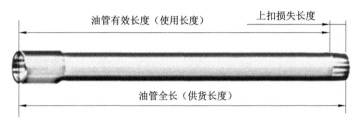

图 5-6　油管结构示意图

1. 规格参数

油管分为平式油管、加厚油管和整体接头油管。平式油管是指管端不经过加厚而直接车螺纹并带上接箍。加厚油管是指两管端经过外加厚以后,再车螺纹并带上接箍。整体接头油管是指一端经过内加厚车外螺纹,另一端经过外加厚车内螺纹,直接连接不带接箍。常用油管规格见表 5-10,常用油管长度见表 5-11,常用油管钢级见表 5-12。

表 5-10　常用油管规格

油管名称	外径/mm	内径/mm	壁厚/mm	接箍外径/mm	加厚端外径/mm
2 7/8″平式油管	73.03	62	5.51	88.9	
2 7/8″加厚油管	73.03	62	5.51	93.17	80
3 1/2″平式油管	88.9	76	6.45	107.95	
3 1/2″加厚油管	88.9	76	6.45	114.3	96

表 5-11　常用油管长度

油管	一级长度 R_1	二级长度 R_2	三级长度 R_3
总长度范围	6.10~7.32	8.53~9.75	11.58~12.80
100%车载量长度范围最大变化	0.61	0.61	0.61

表 5-12　常用油管钢级

钢级	牌号	交货状态	屈服强度/MPa	抗拉强度/MPa
P110 油管	25CrMnMo	全长调质	758～965	≥862
P110 接箍	25CrMnMo	全长调质	758～965	≥862

2. 使用要求

所有的油管,不论是新的、使用过的还是修复的,其螺纹部位应始终戴上螺纹护丝,存放在无石块、砂子或污泥(正常钻井液除外)的台架上(表 5-13)。

表 5-13　油管使用要求

项目	内容
名称	油管
主要用途	在油井中用于采油、采气、注水和酸化压裂的管子
注意事项	① 下油管前,卸下油管两端螺纹保护器,彻底清洗螺纹,若发现螺纹有损坏,即使是轻微损伤,也应挑出。 ② 使用前,应测量每根管的长度。测量时宜采用精度为 mm 的钢卷尺,从接箍(或内螺纹接头)最外端面测量到外螺纹接头端指定位置。该位置是当机紧接头时,接箍(或内螺纹接头)终止的地方。这样,测量的各根油管的长度总和代表了油管柱的自然长度(无载荷的长度)。 ③ 在油管端部戴上干净的螺纹护丝,以免管子在管架上滚动和提升到钻台上时螺纹受损伤,可以准备几个干净的螺纹护丝,以便反复使用。 ④ 接管时,保证配对螺纹的尺寸和类型相互一致。检查每个接箍是否上紧。如果外露螺纹异常,则检查接箍是否装紧。在彻底清洗螺纹以后,管子提升到钻台上之前,上紧所有松动的接箍,并在整个螺纹表面涂上新螺纹脂

四、套管机械式封隔器

套管机械式封隔器指依靠机械力完成坐封的封隔器,主要有转动管柱或上提下压管柱,其中以下压管柱实现封隔器坐封居多,如 RTTS、CHAMP、MR 等(表 5-14)。

表 5-14　常用套管机械式封隔器

名称	坐封过程	解封过程	温压参数	备注
RTTS	① 上提管柱使凸耳到短槽上部位置;	① 上提管柱胶筒回弹复位;	177 ℃/70 MPa	哈利伯顿公司,已完全国产化、系列化
CHAMP	② 正传管柱使凸耳转到长槽内;	② 继续上提卡瓦回收复位;	204 ℃/105 MPa	哈利伯顿公司,已完全国产化、系列化
MR	③ 下放管柱加压撑开卡瓦压缩胶筒完成坐封	③ 继续上提凸耳回到短槽上部完成解封	204 ℃/105 MPa	完全国产,RTTS 和 E 型阀的合理组合

1. 规格参数

RTTS 封隔器(图 5-7)主要由 J 形槽换位机构、机械卡瓦、封隔胶筒和液压锚定机构组成,主要用于酸化、压裂、测试、挤注作业(表 5-15)。

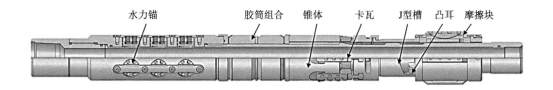

图 5-7　RTTS 封隔器结构示意图

表 5-15　常用套管机械式封隔器规格

规格	9 5/8″	7″	5 1/2″	5″
外径/mm	ϕ209.5	ϕ146	ϕ114、ϕ111.8	ϕ108、ϕ102
内径/mm	ϕ84	ϕ61	ϕ45	ϕ42

CHAMP 封隔器是在 RTTS 封隔器基础增加了旁通机构,加强了密封支撑,同时对锚定机构加强,使封隔器性能参数得到提升。

MR 封隔器是在 RTTS 封隔器胶筒和水力锚之间增加了循环机构以实现坐封后的替液需求。

2. 使用要求

RTTS 封隔器是一种自带水力锚的封隔器。当封隔器胶筒以下压力大于封隔器以上静液柱压力时,下部压力将通过容积管传到水力锚,使水力锚卡瓦片张开,卡瓦上的合金卡瓦牙朝上,从而使封隔器牢固地坐封在套管内壁上,阻止管柱上窜(表 5-16)。

表 5-16　常用套管机械式封隔器使用要求

项目	内容
名称	RTTS 封隔器
主要用途	是一种全通径悬挂式封隔器,用于酸化、压裂、测试、挤注作业
注意事项	① 每次作业后,都应将工具完全拆开、清洗,用肉眼检查所有的密封面和接头丝扣是否有损坏,已发现所有损坏了的部件都应更换。 ② 按图纸组装,堵死两端,试内压 35 MPa,保压 3 min,应无渗漏与降压现象。 ③ 下井前将封隔器支起,用摩擦块套筒上下动作数次,检查机械卡瓦是否动作灵活。如不灵活需修理灵活为止

五、套管液压式封隔器

套管液压式封隔器主要是油管内打压实现封隔器坐封,解封时直接上提拉断解封销钉后,继续上提回收卡瓦和胶筒后实现解封,主要型号有 MCHR、SHR-HP、PHP-2 等(表 5-17)。

表 5-17　常用套管液压式封隔器

名称	坐封过程	解封过程	温压参数	备注
MCHR	① 投球入座或投入梭镖入座；② 油管内部打压启动坐封；③ 继续分级打压至额定坐封压力后封隔器正常坐封	① 上提管柱，中心管受力 16 t 剪断解封销钉；② 中心管向上移动，水力锚与活塞连接杆拉开；③ 继续上提中心管，卡瓦回收、胶筒回缩完成封隔器解封	177 ℃/70 MPa	四机赛瓦公司，完全国产化
SHR-HP			204 ℃/70 MPa	
PHP-2		① 上提管柱，中心管受力 21.6 t 剪断解封销钉；② 中心管向上移动 60 mm，旁通打开，中心管上台阶位置远离释放爪，释放爪失去支撑；③ 继续上提中心管，将释放爪与胶筒心轴分开，胶筒回收、卡瓦回收完成封隔器解封	204 ℃/70 MPa	

1. 规格参数

MCHR 封隔器(图 5-8)主要由水力锚、坐封活塞、胶筒组件、下卡瓦、锁紧机构及解封机构等组成；双层芯轴、封隔器向下卡瓦锚定，向上水力锚锚定，自带水力锚，适用于分层采油、分层注水、酸化、压裂等各种生产及增产措施作业。常用套管液压式封隔器规格见表 5-18。

传压孔　　　　坐封活塞　锁紧机构　　　胶筒组件　下卡瓦　解封机构

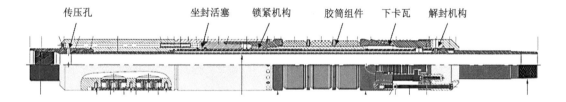

图 5-8　MCHR 封隔器结构示意图

表 5-18　常用套管液压式封隔器规格

规格	7″	5 1/2″	5″
外径/mm	ϕ146	ϕ117.5	ϕ104.8
内径/mm	ϕ60.3	ϕ50.0	ϕ49.0

SHR-HP 封隔器主要由水力锚、坐封活塞、胶筒组件、下卡瓦、锁紧机构及解封机构等组成，技术特点和使用条件与 MCHR 封隔器类似。

PHP-2 封隔器主要由胶筒组件、坐封活塞、上下卡瓦总成、锁紧机构及解封机构等组成，酸压作业时管柱需配置水力锚和伸缩管，适用于高压气井(高气油比井)完井作业。

2. 使用要求

MCHR 液压封隔器是一种可回收液压套管封隔器，依靠液压坐封，坐封封隔器无须转动油管，适合于下入斜井(表 5-19)。

表 5-19　常用套管液压式封隔器使用要求

项目	内容
名称	MCHR 封隔器
主要用途	上提解封可回收液压完井封隔器,适用于分层采油、分层注水、注气、酸化、压裂等各种生产及增产措施作业
注意事项	① 在运输与搬运时,不允许碰撞,避免雨淋和潮湿。 ② 在储存时应远离热源,不得接触酸、碱、盐等腐蚀性物质。 ③ 下卡瓦可在下端锥体中充分收缩,以避免其外径超过释放套的外径,导致在下井过程中磕碰套管

六、裸眼扩张式封隔器

裸眼扩张式封隔器指依靠液压力进入胶筒内部,使胶筒膨胀紧贴井壁完成坐封的封隔器。一般用于裸眼井段,扩张式胶筒密封段长(>1 m)、扩张率大(可达 120%),如 K344、K341、K343 等(表 5-20)。

表 5-20　常用裸眼封扩张隔器

名称	坐封过程	解封过程	温压参数	备注
K344	油管内泵入液体,封隔器下部节流器产生的压差使胶筒膨胀	停泵,压差消除,封隔器胶筒回缩,自动解封	150、160 ℃/50 MPa	完全国产化、系列化
K341	管内憋压,单流阀打开,液体进入胶筒内,胶筒膨胀,卸压,液压通道关闭	上提剪断解封销钉,卸掉胶筒内压力,胶筒回缩,完成解封	150、160 ℃/50 MPa	完全国产化、系列化
K343	管内憋压,进液阀打开,液体进入胶筒内,胶筒膨胀,继续憋压直至关闭进液阀,实现永久胀封	无法解封	180 ℃/70、90 MPa	油田公司针对裸眼分段联合研制

1. 规格参数(表 5-21)

K344 封隔器主要由上下接头、中心管、扩张式胶筒、浮动接头组成,主要用于酸化、压裂、挤注作业。

表 5-21　常用裸眼扩张式封隔器规格

规格	6 3/8″~8 5/8″	5 1/2″~7 1/2″	3 5/8″~5″
外径/mm	φ148	φ128	φ80
内径/mm	φ62	φ62	φ30

K341 封隔器(图 5-9)在 K344 封隔器基础增加了单流阀及解封卸压机构,使封隔器能保持持续坐封状态。

K343 封隔器在 K341 封隔器基础将单流阀优化为进液阀开启/关闭机构,取消了解封机构,优化了胶筒材质及结构,提高了封隔器可靠性(防止中途坐封和储改期间由于胶筒破裂造成管柱短路),提升了封隔器性能参数,使其满足分段酸压需求。

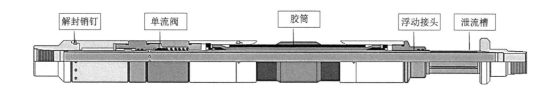

图 5-9　K341 封隔器结构示意图

2. 使用要求

K341 封隔器主要由上下接头、中心管、解封机构、单流阀、胶筒、浮动接头组成。封隔器下至设计位置后,投球憋压(约 14 MPa),液压推动滑块,克服弹簧压缩力,进入胶筒内,胶筒受到液体压力而膨胀,直至完全坐封。卸压后,液压通道关闭,封隔器不会因卸压而解封;上提油管 14～16 t,剪断销钉解封,芯轴相对胶筒上移,浮动接头移至中心管卸压槽处,浮动接头密封失效,胶筒卸压回缩(表 5-22)。

表 5-22　常用裸眼扩张式封隔器使用要求

项目	内容
名称	K341 封隔器
主要用途	裸眼封隔器,依靠液压力进入胶筒内部,使胶筒膨胀紧贴井壁完成坐封的封隔器,一般用于裸眼井段,长期密封,上提解封
注意事项	① 在运输与搬运时,不允许碰撞且避免雨淋和潮湿。 ② 在储存时应远离热源,不得接触酸、碱、盐等腐蚀性物质。 ③ 每次使用后,应拆卸各零部件清洗干净再重新装配,装配时更换胶筒及密封圈,各盘根槽及螺纹连接处都必须涂润滑脂

七、裸眼压缩式封隔器

裸眼压缩式封隔器指依靠液压力推动液压缸挤压胶筒,使胶筒压缩膨胀紧贴井壁完成坐封的封隔器。压缩式胶筒较扩张式外径大,密封段短(<0.8 m)、扩张率小(<110%),对全角变化率等井眼条件要求更高,如 IPP、GTLBH、Y343 等(表 5-23)。

表 5-23　常用裸眼压缩式封隔器

名称	坐封过程	解封过程	长度/mm	温压参数	备注
IPP (百勤)	管内憋压,剪断启动坐封销钉,坐封活塞推动压缩胶筒,锁定活塞行程,保持坐封状态	无法解封	1 350	204 ℃/70 MPa	规格 133.86/140.46/155.58 mm 单级胶筒长度 151 mm(2 级) 通径 83.82/98.55 mm
GTLBH (垦拓)			5 170	204 ℃/70 MPa	规格 146/158 mm 单级胶筒长度 500 mm(4 级) 通径 86 mm
Y343 (联合研发)			2 500	204 ℃/105 MPa	油田公司针对裸眼分段联合研制 规格 143.5/158 mm 单级胶筒长度 370 mm(2 级) 通径 73.6 mm

1. 规格参数（表 5-24）

IPP 封隔器由上下接头、中心管、压缩式胶筒、坐封及锁定机构等组成，胶筒分布在坐封活塞两端，胶筒压缩充分，胶筒总长 302 mm，总长较短，主要用于裸眼分段改造。

表 5-24　常用裸眼压缩式封隔器规格

规格	6 3/8″～8 5/8″	5 1/2″～7 1/2″	3 5/8″～5″
外径/mm	φ158	φ128	φ80
内径/mm	φ74	φ62	φ30

GTLBH 封隔器的胶筒分布在坐封活塞一端，胶筒存在压缩不充分的可能，胶筒总长 2 000 mm，总长＞5 000 mm，对井眼轨迹要求高。

Y343 封隔器（图 5-10）综合了 IPP 与 GTLBH 的优点，胶筒分布在坐封活塞两端，且为双级活塞，胶筒总长 740 mm，总长 2 500 mm，承压能力较 IPP、GTLBH 高，对井眼轨迹要求介于 IPP、GTLBH 之间。

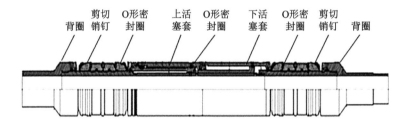

图 5-10　Y343 封隔器结构示意图

2. 使用要求

Y343 封隔器是一种液压永久式封隔器，是专为裸眼压裂封隔器系统设计（表 5-25）。

表 5-25　常用裸眼压缩式封隔器使用要求

项目	内容
名称	Y343 封隔器
主要用途	一款双胶筒压缩式裸眼封隔器，每组胶筒由 4 节不同硬度胶筒组成，与同类封隔器相比胶筒长度增加 1 倍以上，提高了在微裂缝发育的碳酸盐岩地层中的密封可靠性
注意事项	① 封隔器包含许多密封面和橡胶件，因此在存储和运输之前，必须首先检查该封隔器外表是否有明显的伤痕或潮湿现象。 ② 保证室内存储，最佳存储状态为配置空调保证恒温（20 ℃）和湿度（50％）。如果无法实现室内存储，至少要放置于有雨棚的货架上，且定期检查，确保没有腐蚀或者灰尘积聚现象。如果发现腐蚀或者灰尘积聚现象，必须仔细清理并采取措施防止类似情况再次发生。 ③ 所有金属件，包括中心管内孔，均需涂抹轻油或防腐剂进行防护。 ④ 裸露在外的橡胶件必须用厚油纸包裹，以防止光、灰尘和外力损坏

八、井下安全阀

常用的井下安全阀有哈里伯顿 NE 系列、SP 系列(图 5-11)以及贝克休斯 Realm 系列。各厂家井下安全阀原理基本相同,在技术细节上哈里伯顿采用球状阀板,其他厂家多采用曲面阀板(表 5-26)。

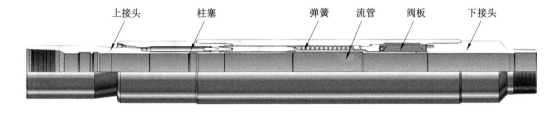

图 5-11　SP 井下安全阀结构示意图

表 5-26　常用井下安全阀

名称	材质	压力等级/psi	工作环境	油管	备注
NE 系列	S13Cr110/INCOLOY925	10 000	$H_2S/CO_2/Cl$	3 1/2″	自平衡
SP 系列	INCOLOY925/INCONEL718	15 000	H_2S/CO_2	3 1/2″	非自平衡

1. 规格参数

井下安全阀是一种安放于井筒内的连接于油管上设定位置的安全装置,在井口装置失控时防止井喷和污染环境,保证油井生产安全。现在多使用地面控制的油管回收式井下安全阀。井下安全阀自平衡机构用于安全阀阀板开启前平衡阀板上、下压力,平衡机构主要有两种,一种安装在阀座上,另一种安装在阀板上。一般 70 MPa 及以下安全阀带自平衡机构,105 MPa 及以上安全阀不带平衡机构。常用井下安全阀规格见表 5-27。

表 5-27　常用井下安全阀规格

型号	油管尺寸	最高控制压力/psi	内径(mm)/外径(mm)	特性
NE	3 1/2″	14 000	72.14/142.75	自平衡
NE	2 7/8″	14 000	59.69/124.71	自平衡
NE	3 1/2″	10 000	69.85/134.62	自平衡
SP	3 1/2″	19 000	65.07/148.84	非自平衡
SP	4 1/2″	23 100	90.47/191	非自平衡
SP	3 1/2″	14 500	65.07/148.84	非自平衡

井下安全阀在阀板上、下压力平衡的情况下,通过控制管线打压,高压液压油推动柱塞和流管下行,流管压缩弹簧并顶开阀板实现安全阀开启。控制管线卸压,弹簧推动流管和柱塞上行,将柱塞腔内的液压油挤出,阀板在弹簧弹力作用下转动 90°实现关井。

2. 使用要求

油管回收式井下安全阀是一种活瓣式安全阀,用于在地面以下关井,是一种常闭阀。这种阀由液压控制压力打开,在液压控制管线压力关闭前一直保持在打开状态,液压控制压力通过控制管线从一个较远的地点传递压力操作该阀(表5-28)。

表5-28　常用井下安全阀使用要求

项目	内容
名称	井下安全阀
主要用途	主要由上接头、柱塞、本体、弹簧、流管、阀板、下接头组成,上、下接头和本体之间采用双台阶金属密封扣接连接,通过阀瓣的关闭实现对井内流体的控制
注意事项	① 确认井下安全阀的规格、型号、材质和温度、压力级别是否符合井况要求。 ② 检查井下安全阀外观是否完好,检查井下安全阀内部是否清洁、干净。 ③ 井下安全阀扣型确认及检查,井下安全阀的接口与接头是否配套,接头数量是否足够,控制管线长度、材质是否符合井况要求,控制管线保护器尺寸是否与管柱尺寸一致,固定销子数量是否足够。 ④ 确认手压泵、压力表及软管是否完好,手压泵额定工作压力是否满足安全阀操作要求,液压油是否足够且规格满足安全阀需要;确认锤击器、卡钳、榔头、扳手、锉刀、割刀、铜棒、支架、造扣器等手工具齐全且处于良好状态

九、滑套

滑套一般分为常闭和常开两种类型。常闭滑套在油气井正常生产期间处于关闭状态,需要进行循环压井时通过投球或环空打压打开循环孔油套连通。常开滑套又叫循环滑套,在下管柱过程中一直处于开启状态,封隔器坐封后用于循环井筒流体、替液等操作,之后投球打压关闭循环孔,常用滑套有双向压井滑套、APC滑阀、E型阀(表5-29)。

表5-29　常用井下滑套

名称	特点	温压参数	备注	使用建议
双向压井滑套	① 管柱内投球打压10~15 MPa,内套下行打开循环孔; ② 油套连通,同时可实现正挤压井; ③ 球和内套均不落井	204 ℃/105 MPa	国产化	循环压井,平衡油套
APC滑阀	① 环空打压,滑套芯轴下行打开循环孔; ② 油套连通,同时可实现正挤压井; ③ 无须投球,可实现管柱全通径	204 ℃/70 MPa	国产化	循环压井,平衡油套,掺稀生产
E型阀	① 封隔器坐封后用于循环井筒流体、替液等; ② 管柱内投球打压10~15 MPa,棘爪式密封套下行关闭循环孔; ③ 棘爪式球座,仅球落井	204 ℃/105 MPa	国产化	配合机械封隔器循环井筒流体、替液

1. 规格参数

滑套(图 5-12)是重要的完井工具之一,其作用是通过钢丝作业打开或关闭油管和环空之间的流动通道,主要用于分层开采、完井后诱喷或循环压井等。常用井下滑套规格见表 5-30。

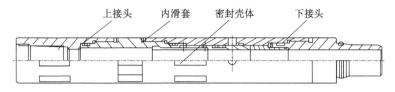

图 5-12　循环滑套结构示意图

表 5-30　常用井下滑套规格

规格	最大外径/mm	最小内径/mm	压力级别/psi	密封方式	工作环境
2 7/8″	71.5	58.7	10 000	O 形圈密封	H_2S
3 1/2″	115.6	95.3	10 000	O 形圈密封	H_2S

2. 使用要求

滑套通过移动内套筒用于关闭或连通油管与环行空间之间的通道。当内套筒的孔道对着滑套本体的通道时,滑套处于打开状态,当两者错开时则关闭(表 5-31)。

表 5-31　常用井下滑套使用要求

项目	内容
名称	滑套
主要用途	主要由上下短节、流动口、关闭套、密封件等组成,其中上短节有锁定槽,以坐挂井下工具,通过移动内套筒用于关闭或连通油管与环行空间之间的通道
注意事项	① 本工具配套压裂管柱一起入井,工具下入前必须进行充分的通井、刮管,洗井作业时排量不能超过 600 L/min。 ② 下井前必须严格检验阀的密封性能。 ③ 开启时,地面打压必须平稳,待压力突降后停泵转入正常的压裂程序

十、水力锚

水力锚(图 5-13)是主要用于油水井采油、注水、压裂等施工时锚定油管柱,防止油管柱与套管产生相对位移。其原理是当油套产生一定压差时,锚爪自动伸出,卡在套管内壁上,实现锚定油管柱的作用。油套管压差消失,锚爪在其复位弹簧的作用下收回复位。常用水力锚见表 5-32。

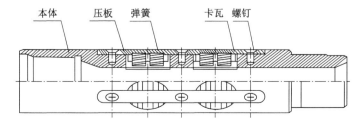

图 5-13　水力锚结构示意图

表 5-32　常用井下水力锚

型式代号	工作压差/MPa	工作温度/℃	工作环境
FZ 扶正式	105	204	H_2S
DB 挡板式	105	204	H_2S
BH 板簧式	105	204	H_2S

1. 规格参数

常用的水力锚有镶齿结构水力锚和铣齿结构水力锚两种。其中,镶齿结构水力锚用于高钢级套管(Q125、140 V 或 155 V 等),铣齿结构水力锚用于常规钢级套管(P110 或以下钢级)。常用水力锚规格见表 5-33。

表 5-33　常用水力锚规格

规格	外径/mm	内径/mm	总长/mm	抗拉强度/t	备注
7″	144	73.4	890	126	镶齿/铣齿
7 5/8″	162	73.4	817	126	镶齿/铣齿
8 5/8″	186	88.9	864	240	镶齿/铣齿

2. 使用要求

当从油管打压时,压力推动卡瓦将卡瓦卡到套管内壁上,防止管柱位移,实现锚定作用。卸压后,卡瓦在弹簧力作用下缩回,解除锚定。这种径向活塞结构决定其外径难以满足小井眼尺寸要求(表 5-34)。

表 5-34　常用水力锚使用

项目	内容
名称	水力锚
主要用途	主要水力锚主要由锚体、锚爪、弹簧和防垢衬套等构成,内外压差产生的液压力作用下锚爪向外伸出,锚爪牙嵌入套管壁,限制工具上下窜动,实现管柱的锚定
注意事项	① 检查挡板上的紧固螺钉是否有松动,必须确保各螺钉上紧。 ② 检查锚爪是否处于初始状态,压板或锚爪高于本体表面禁止入井。 ③ 下井前必须按照最小通径尺寸通径,合格方可入井。 ④ 入井液体、材料、管柱、工具等应清洁干净,符合质量标准

第二节　修井作业工具

深井井下作业工艺技术是在浅井大修"钻-磨-套-铣-捞"5 项工艺基础之上,通过大量的实践活动发展而来。

一、磨铣类型工具

（一）刮刀钻头

各种形式的刮刀钻头（图 5-14）在套管内使用，主要用于钻磨水泥塞、死蜡、死油、砂桥、盐桥等，特殊情况下可用来钻磨绳缆类的堆积卡阻。钻头类工具有多种，包括尖钻头、鱼尾式刮刀钻头、三刮刀钻头等（表 5-35）。

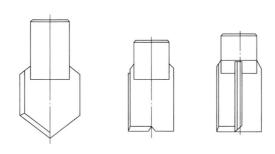

图 5-14　刮刀钻头结构示意图

表 5-35　常用刮刀钻头

类型	结构	施工参数	备注
尖钻头	接头与钻头体焊接	低压慢转	清除套管壁
鱼尾式刮刀钻头	接头与钻头体焊接	低压慢转	清除套管壁
三刮刀钻头	接头与钻头体焊接	低压慢转	修整井眼

1. 规格参数

在钻压作用下，钻头吃入水泥等被钻物，再通过旋转使吃入部分在圆周方向进行切削，逐步将被钻物钻去。常用刮刀钻头规格见表 5-36。

表 5-36　常用刮刀钻头规格

套管规范/mm	114.30	127.00	139.72	146.05	168.28	177.80
外径/mm	92～95	105～107	114～118	119～128	136～148	146～158
总长/mm	300	350	350	350	380	400
接头螺纹	2A10	210	210	210	310	310

2. 使用要求

尖钻头由于本身结构限制，底部承压面积较小，所以不能使用较高的钻压和较快的转速。刮刀钻头的刮刀体比尖钻头长，因而能较好地修整所钻出的井眼（表 5-37）。

表 5-37　常用刮刀钻头使用

项目	内容
名称	刮刀钻头
主要用途	修井作业中常用的一种简单工具,用来冲断砂桥、盐桥,刮去套管壁上脏物、硬蜡与某些矿物结晶
注意事项	① 所选钻头外径尺寸应与套管公称尺寸及被钻磨物相匹配,钻头之上必须接安全接头。 ② 钻头水眼保持畅通,钻压一般不超过 15 kN,转速控制在 80 r/min 以内,冲洗排量不低于 0.8 m³/min。 ③ 磨铣过程中不得随意停泵,如需要停泵必须将管柱及钻头上提 20 m 以上

（二）三牙轮钻头

三牙轮钻头(图 5-15)是修井作业中用以钻井、钻水泥塞、砂桥和各种矿物结晶的工具,由接头、牙轮、轴承及密封件等组成(表 5-38)。

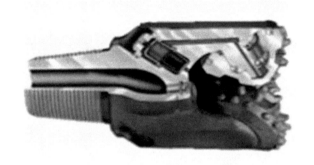

图 5-15　三牙轮钻头结构示意图

表 5-38　常用三牙轮钻头

代号	类别	系列全名	
		全称	简称
Y	钢齿钻头	普通三牙轮钻头	普通钻头
P		喷射式三牙轮钻头	喷射式钻头
MP		液动密封轴承喷射式三牙轮钻头	密封喷射钻头
H		滑动密封轴承三牙轮钻头	滑动轴承钻头
HP		滑动密封轴承喷射式三牙轮钻头	滑动喷射钻头
XMP	镶齿钻头	镶硬质合金齿滚动密封喷射式三牙轮钻头	镶齿密封喷射钻头
XH		镶硬质合金齿滑动密封轴承三牙轮钻头	镶齿滑动钻头
XHP		镶硬质合金齿滑动密封喷射式三牙轮钻头	镶齿滑动喷射钻头

1. 规格参数

三牙轮钻头的三只锥形牙轮中心线与钻头中心线交于一点时钻头旋转,带动三只牙轮绕自身锥体母线相对井底做滚动运动。常用三牙轮钻头规格见表 5-39。

表 5-39 常用三牙轮钻头规格

钻头直径		直径公差/mm	连接螺纹
公制/mm	英制/in		
95.2	3 3/4″		2A31
104.8	4 1/8″		
107.9	4 1/4″		
120.9	4 3/4″	0.8	231 331
142.9	5 5/8″		
149.2	5 7/8″		
152.4	6″		
158.7	6 1/4″		
165.1	6 1/2″		
171.4	6 3/4″		
190.5	7 1/2″		431
200	7 7/8″		

2. 使用要求

牙轮钻头在钻压和钻柱旋转的作用下,牙齿压碎并吃入岩石,同时产生一定的滑动而剪切岩石(表 5-40)。

表 5-40 常用三牙轮钻头使用要求

项目	内容
名称	三牙轮钻头
主要用途	三牙轮钻头是修井作业中用来钻水泥塞、堵塞井筒的砂桥和各种矿物结晶的工具
注意事项	① 用钻头规测量钻头尺寸并配好连接接头,下井前检查每只牙轮转动是否灵活,有无较大的松旷,用手转动牙轮,并在牙轮缝隙处注机油,然后在接头螺纹处涂螺纹密封脂,接上钻具下井。 ② 下至井底前开泵循环并启动转盘,待转盘运转平稳后,再缓慢钻进,逐步向钻头施加钻压。 ③ 钻水泥塞时钻头尺寸不宜太大,否则可能使钻头损坏或牙轮脱落,钻水泥塞时一般用 50～70 r/min 较为合适。 ④ 钻进途中不能停止循环,并随时观察泵压及井口返出的工作液,若钻进途中泥浆泵出现故障停泵时,应立即将钻柱上提至少一个立柱,并随时活动钻具以防沉砂卡钻

(三)磨鞋

磨鞋是用底面所堆焊的 YD 合金或耐磨材料去研磨井下落物的工具,如磨碎钻杆、钻具等落物。按底部堆焊形式的不同可分为平底(图 5-16)、凹底等。常用磨鞋见表 5-41

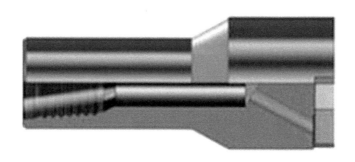

图 5-16　平底磨鞋结构示意图

表 5-41　常用磨鞋

类型	结构	接触面	处理落物类型
平底磨鞋	本体及堆焊合金	平面	研磨井下落物
凹底磨鞋	本体及堆焊合金	5°～30°凹面	磨削小件以及不稳定落物

1. 规格参数

磨鞋底面由硬质合金颗粒及焊接剂(打底焊条)组成,在钻压的作用下,通过转动对落物进行切削,磨屑随循环洗井液或捞杯带出地面,实现磨铣钻进。常用平底磨鞋规格见表5-42。

表 5-42　常用平底磨鞋规格

工作套管/in	规格型号	外形尺寸/mm	接头螺纹	最大磨削直径分段 D/mm
4 1/2″	PMB114	$D×250$	NC26(2A10)	94、95、96、97、98、99、101
5″	PMB127	$D×250$	NC31(210)	106、107、108、109、110、111、112
5 1/2″	PMB140	$D×230$	NC31(210)	116、117、118、119、120、121、122、123、124
6 5/8″	PMB168	$D×270$	NC38(310)	145、146、147、148、149、150、151、152
7″	PMB178	$D×280$	NC38(310)	152、153、154、155、156、157、158、159

2. 使用要求

磨鞋入井前检查外径是否与井径相匹配,水眼是否畅通,然后依照钻具组合下到预计井深。开泵循环调整钻井液或修井液性能,性能调整好后,启动转盘记录扭矩、校对指重表,慢慢下放,轻转钻具观察扭矩、钻压的变化,平稳后方可参照规定参数进行磨铣,做好修井液的净化工作,以减轻对循环系统的磨损。随时了解扭矩变化,及时调整参数,防止铁屑沉淀或悬浮于井内,影响下步作业(表5-43)。

表 5-43　常用平底磨鞋使用

项目	内容
名称	磨鞋
主要用途	磨鞋主要用于磨铣落物、管柱及多鱼头落鱼。在钻压的作用下,通过转动对落物进行切削,磨屑随循环洗井液或捞杯带出地面,实现钻进
注意事项	① 下钻速度不宜太快,作业中不得停泵,如果出现单点长期无进尺,应分析原因,采取措施,防止磨坏套管 ② 对活动鱼顶不宜使用,以防止磨鞋带动落鱼向井底钻进或损坏下面落鱼。在磨削较长落物时(如钻杆、钻铤等)容易出现固定部分磨削,当 YD 合金和耐磨材料全部磨损后,落物进入工具本体,形成落物与本体摩擦,使泵压上升无进尺,扭矩下降,此时应上提钻具再轻压,改换磨削位置 ③ 旁通式水眼容易被泥沙堵死,影响井下作业。除下井前检查外,在下井过程中应采取分段洗井,一般为 400 m 洗一次井

（四）领眼磨鞋

领眼磨鞋(图 5-17)可用于磨削有内孔,且在井下处于不定而晃动的落物,如钻杆、钻铤、油管等。领眼磨鞋由磨鞋体、领眼锥体或圆柱体组成。常用领眼磨鞋见表 5-44。

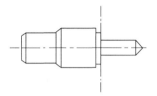

图 5-17　领眼磨鞋结构示意图

表 5-44　常用领眼磨鞋

类型	结构	接触面	处理类型
领眼刀翼钻头	接头体、刀翼和领眼	刀翼车削落鱼为短屑	落鱼贴边无法套铣
领眼平底磨鞋	接头体、磨鞋和领眼	合金钻磨休整落鱼顶	落鱼顶部不规则

1. 规格参数

领眼磨鞋是专门磨铣被水泥封固的管状类落物的工具,在修井过程中经常会遇到油套环空间隙小、落鱼贴边无法套铣,或没有合适的套铣管处理。选用领眼铣鞋处理,磨铣速度一般控制在 0.5~3.0 m/h,因落鱼不同而异,最适宜磨铣套铣管。常用领眼磨鞋规格见表 5-45。

表 5-45　常用领眼磨鞋规格

铣鞋规格	接头螺纹	钻铤规格/mm	稳定器规格/mm	钻杆规格/mm	钻压/kN	转速/(r/min)
LX-G73	2A10	88.90	90	60.32	5~10	60
LX-G89	2A10	88.90	108	60.32	10~15	60
LX-G102	2A10	88.90	102	60.32	10~15	60

表 5-45（续）

铣鞋规格	接头螺纹	钻铤规格/mm	稳定器规格/mm	钻杆规格/mm	钻压/kN	转速/(r/min)
LX-G114A	210	88.90	121	73.00	15～20	80
LX-G114B	210	88.90	114	73.00	15～20	80
LX-G127	310	120.65	141	88.90	15～20	80
LX-G140A	310	120.65	154	88.90	15～20	100
LX-G140B	310	120.65	140	88.90	15～20	100
LX-G146	310	120.65	146	88.90	15～20	100

2. 使用要求

领眼磨鞋下井前首先检查尺寸是否与落鱼的水眼、外径相匹配，然后依照钻具组合下到预定井深，开泵循环调整修井液性能后慢慢下放，轻转钻具使领眼引入落鱼水眼，确认进鱼后方可参照有关技术规范进行磨铣（表 5-46）。

表 5-46　常用领眼磨鞋使用要求

项目	内容
名称	领眼磨鞋
主要用途	领眼磨鞋可用于磨削有内孔且在井下处于不定而晃动的落物，如钻杆、钻铤、油管等
注意事项	① 使用前必须清洗水眼，在下钻过程中每下入 200～300 m 时，洗井一次，一旦正洗不通可反憋压洗井。 ② 领眼磨鞋在下入斜井中时，下钻速度应慢，防止破坏套管；当遇到落物内孔堵死或部分堵死，除洗井外，还需用焊有 YD 合金底锥体或圆柱体磨削。 ③ 铣完落鱼或领眼铣鞋刀片磨损完后，充分循环携尽铁屑再起钻，防止铁屑沉淀或悬浮于井内，影响下步作业

（五）铣鞋

铣鞋（图 5-18）可用来磨削套管的局部变形，修整套管接箍处的卷边及射孔时引起的毛刺、飞边，清理滞留在井壁上的矿物结晶及其他坚硬的杂物等，以恢复套管通径。常用铣鞋见表 5-47。

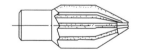

图 5-18　梨形铣鞋结构示意图

表 5-47　常用铣鞋

类型	结构	接触面	处理类型
梨形铣鞋	圆柱体、锥体和 YD 合金	套管壁变形	清整或修复套管
柱形铣鞋	梨形磨鞋的圆柱体加长	套管错断处	上、下套管断口修直

1.规格参数

梨形铣鞋依靠前锥体上的 YD 合金铣切凸出的变形套管内壁和滞留在套管内壁上的结晶矿物和其他杂质。其圆柱部分起定位扶正作用,铣下碎屑由洗井液上返带出地面。常用梨形铣鞋规格见表 5-48。

表 5-48 常用梨形铣鞋规格

工作套管/in	D/mm	L/mm	a/mm	d/mm	接头螺纹
4 1/2″	90~102	233	80	25	NC26(2A10)
5″	104~112	250	80	25	NC31(210)
5 1/2″	112~124	255	100	25	NC31(210)
5 3/4″	140~150	270	100	30	NC38(310)
6 5/8″	152~158	300	100	30	NC38(310)

2.使用要求

梨形铣鞋下井前检查钻杆丝扣是否完好,水眼是否畅通,YD 合金或耐磨材料不得超过本体直径。下至鱼顶以上 2~3 m,开泵冲铣鱼顶。待井口返出洗井液流平稳之后,启动转盘慢慢下放钻具,使其接触落鱼进行磨削(表 5-49)。

表 5-49 常用梨形铣鞋使用

项目	内容
名称	梨形铣鞋
主要用途	梨形铣鞋可用来磨削套管的局部变形,修整套管接箍处的卷边及射孔时引起的毛刺、飞边,清理滞留在井壁上的矿物结晶及其他坚硬的杂物等,以恢复套管通径
注意事项	① 下井前检查梨形磨鞋最大尺寸必须小于套管内径。 ② 下钻过程中要慢下,防止严重刮碰套管。 ③ 如出现单点磨铣,无进尺或进尺缓慢时,应及时分析采取措施

(六)铣锥

铣锥(图 5-19)修整略有弯曲或轻度变形的套管、下衬管时遇阻的井段和用以修整断口错位不大的套管井段。常用铣锥见表 5-50。

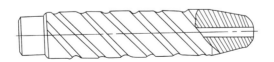

图 5-19 单式铣锥结构示意图

表 5-50 常用铣锥

类型	结构	接触面	处理类型
单式铣锥	接头和一级锥体	底部合金刀刃	轻度弯曲或变形的套管
复式铣锥	接头和四级锥体	侧面硬质合金	铣穿套管的主要工具

1.规格参数

梨形磨鞋磨削通过套管变形段之后,而其他工具管柱不能顺利通过时,可采用铣锥磨铣,因而其磨削作用是从套管径向方向磨削,可以增加套管的直度,故各级外径尺寸均相同,长度则逐级变化,以达到逐步修直的目的。常用铣锥规格见表5-51。

表 5-51 常用铣锥规格

工作套管/in	规格型号	D/mm	L/mm	接头螺纹
5″	XZ104	104	980	NC262A10)
5 1/2″	XZ118	118	1 080	NC31(210)
5 1/2″	XZ120	120	1 080	NC31(211)
6 5/8″	XZ144	144	1 150	NC38(310)
7″	XZ150	150	1 150	NC38(310)
7″	XZ152	152	1 150	NC38(310)
7 5/8″	XZ165	165	1 200	NC38(310)
9 5/8″	XZ215	215	1 600	NC50(410)
13 3/8″	XZ310	310	2 000	NC50(410)

2.使用要求

铣锥下井前检查钻杆丝扣是否完好,水眼是否畅通,YD 合金或耐磨材料不得超过本体直径。下至鱼顶以上 2～3 m,开泵冲铣鱼顶。待井口返出洗井液流平稳之后,启动转盘慢慢下放钻具,使其接触落鱼进行磨削(表5-52)。

表 5-52 常用铣锥使用要求

项目	内容
名称	铣锥
主要用途	铣锥用以修整略有弯曲或轻度变形的套管、下衬管时遇阻的井段和用以修整断口错位不大的套管断脱井段
注意事项	① 焊接接头及下部锥体时,必须预热至 300 ℃以上,方能进行焊接。焊接合金磨铣材料时,必须在同一圆周方向旋转焊接逐步推进,严禁单边单条焊接,否则将形成严重弯曲,会造成井下断裂事故,加焊完毕后应整体加温回火处理。 ② 水槽必须畅通,洗井液必须清洁,防止堵死水眼。下至磨铣井段以上 2～3 m 开泵洗井,待洗井液返出及泵压正常后,方能加压进行磨削,洗井液上返速度不低于 32 m/min。钻压不能超过 10 kN,应采取用低压快转慢放的操作方法,发现扭矩增加,应及时上提钻具再慢放重磨

(七)套铣鞋

套铣鞋(图 5-20)是用来清除井下管柱与套管之间的各种沉积物的工具,如套铣环形空间的水泥、坚硬的沉砂、盐结晶等。套铣鞋上部为双级扣,下部为堆焊合金焊条的空心钻头。常用套铣鞋见表5-53。

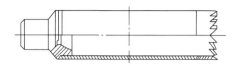

图 5-20 单向铣鞋结构示意图

表 5-53 常用套铣鞋

类型	结构	接触面	处理落物类型
单向套铣鞋	双级扣,底部合金	底面	环空沉积物
双向套铣鞋	双级扣,底部和内孔合金	底面及侧面	环空沉积物及落鱼
三向套铣鞋	双级扣,底部、内孔、外端合金	底面、环空及侧面	环空沉积物、套管壁及落鱼

1. 规格参数

套铣鞋上端与套铣管连接,下端焊接硬质合金,扣型为 FLWP(双级同步梯形螺纹),与套铣管扣型相对应。常用套铣鞋规格见表 5-54。

表 5-54 常用套铣鞋规格

工作套管 /in	壁厚 /mm	内径 /mm	有接箍			无接箍		参数		
			接箍外径 /mm	最小井眼 /mm	最小套铣 /mm	最小井眼 /mm	最大套铣 /mm	抗拉 /kN	抗扭 /(kN·m)	钻压 /kN
10 3/4″	11.43	250.24	298.45	323.8	243.8	298.0	243.8	2 534	81.0	100
9 5/8″	11.05	222.40	269.88	295.0	216.0	270.0	216.0	2 223	61.0	80
7 5/8″	9.53	174.64	215.90	241.3	168.0	219.0	168.0	1 538	34.0	50
7″	9.19	159.42	194.46	219.0	153.0	203.2	153.0	1 360	24.0	50
5 1/2″	7.72	124.26	153.67	179.0	117.8	165.0	117.8	916	12.0	35
5″	9.19	108.62	141.30	166.7	102.0	152.4	102.0	1 009	12.2	30

2. 使用要求

套铣下井遇阻不得硬压,可适当划眼,若划眼困难,应起钻通井。套铣时,需要保持适当的排量,排量等于或小于钻井排量,以便冷却铣鞋和携带铣屑。应以较小的钻压和较低的转速套进,待削平套铣面后,铣鞋底面受力均匀时再加大钻压套铣。套铣过程中发现泵压升高或憋泵,应立刻上提钻具,待找出原因、泵压恢复正常后再进行套铣(表 5-55)。

表 5-55 常用套铣鞋使用

项目	内容
名称	套铣鞋
主要用途	套铣鞋是套铣作业和磨铣井下落物的工具。套铣作业时用于钻除井下落鱼周围的岩块、砂石、水泥块等堆积物

表 5-55（续）

项目	内容
注意事项	① 下钻速度应缓慢,下钻速度控制在 1~2 m/min,并随时观察拉力表(指重表)的变化,防止外出刃撞坏和损坏套管。 ② 套铣过程中,如遇停泵应立即上提钻具或大井段地活动钻具,防止卡钻事故产生;长时间不能开泵循环时,钻具必须提到鱼顶 30 m 以上。 ③ 套铣过程中,应参考磨铣工艺,严禁在深井段长期磨削

（八）套铣管

套铣管(图 5-21)是与套铣鞋配套使用的工具,其功能除旋转钻进套铣之外,还可用来进行冲砂、冲盐、热洗解堵等。常用套铣管见表 5-56。

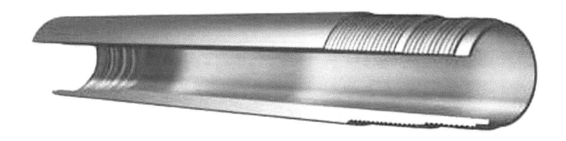

图 5-21　分离型铣管结构示意图

表 5-56　常用套铣管

类型	加工工艺	特点	处理落物类型
冲铣型铣管	上接头与管体焊接	不可旋转的冲铣	冲铣盐结晶卡钻
分离型铣管	上接头与管体焊接	下端有连接的螺纹	旋转钻进套铣
整体型铣管	上接头、管体与套铣鞋焊接	焊接前需预热处理	硬度较高的材料

1. 规格参数

套铣管是套铣工艺中用于套铣被卡钻具以解除井下卡钻事故的一种专用工具。为了保证作业安全,套铣管一般采用高强度的合金钢管制成。套铣管两头为双级扣的合金管,一端连接套铣鞋,另一端与其他套铣管连接,并通过异径接头与钻具连接。常用套铣管规格见表 5-57。

表 5-57　常用套铣管规格

外径 /mm	壁厚 /mm	内径 /mm	落物最大 外径/mm	最小使用 井孔/mm	最大抗拉 载荷/kN	拧紧力矩 /(N·m)	密封压力 /MPa
114.30	8.56	97.20	94.00	120.65	390	6 300	20
127.00	9.19	108.6	105.40	146.05	440	8 000	20
139.70	7.72	124.26	121.10	155.58	500	10 000	20
139.70	9.17	121.36	110.20	155.58	540	10 800	20

表 5-57(续)

外径/mm	壁厚/mm	内径/mm	落物最大外径/mm	最小使用井孔/mm	最大抗拉载荷/kN	拧紧力矩/(N·m)	密封压力/MPa
139.70	10.54	118.62	115.40	155.58	560	11 000	20
168.20	8.94	150.39	147.20	107.33	600	14 600	20
177.00	9.19	159.41	156.20	200.03	640	16 500	15
193.68	9.20	174.63	171.50	212.70	700	19 300	15
193.68	10.92	171.83	160.70	212.73	810	20 100	15
193.68	12.70	160.28	165.10	212.73	1 060	22 000	15
203.20	9.53	184.15	181.05	215.90	820	24 300	15
206.38	9.40	137.58	184.40	219.08	830	25 000	15
219.08	10.16	198.76	195.60	244.48	1 100	28 000	15
219.08	11.43	196.20	193.00	244.48	1 170	29 000	15
219.08	12.70	193.68	190.50	244.48	1 220	29 500	15
228.60	10.80	207.01	203.81	244.48	1 260	30 000	12
231.80	12.70	206.40	203.20	244.48	1 350	32 000	15

2.使用要求

在处理事故时,由于井眼尺寸和套铣对象不同,因此选择的套铣工具也不同。井眼与套铣管的间隙一般为 12.7～35 mm,铣管与落鱼间隙为 3.2 mm 以上。也可根据现场实际情况而选择。铣管长度一般根据施工需要确定,最多可加长到 120 m(表 5-58)。

表 5-58 常用套铣管使用要求

项目	内容
名称	套铣管
主要用途	套铣管是与套铣鞋联合使用的套铣工具,其功能除旋转钻进套铣之外,还可用来进行冲砂、冲盐、热洗解堵
注意事项	① 下套铣管要控制下钻速度,有专人观察环空钻井液上返情况。发现井漏环空不返出钻井液时,应立即起钻 3～5 柱,并边起钻边灌液。然后慢慢开泵循环钻井液,确认井下无漏失时,才能继续下钻。 ② 套铣管入井后要连续作业,套铣鞋没有离开套铣位置时不能停泵。套铣作业中若套不进鱼时,应起钻详细观察铣鞋的磨损情况,并认真进行井下情况分析,不能采取硬铣的方法,以免造成鱼顶破坏或铣鞋损坏。 ③ 套铣过程中严重憋钻、无进尺或泵压下降时,应立即起钻分析原因。套铣过程中发现泵压升高或憋泵,应立即上提钻具查明原因

（九）修井螺杆钻具

修井螺杆钻具(图 5-22)，又称定排量马达，是一种以修井液为动力液的井下动力钻具，为容积式马达。按螺杆马达转子端面线型的头数 N 值划分，可把螺杆钻具分为单头钻具和多头钻具(表 5-59)。

图 5-22　修井螺杆钻具结构示意图

表 5-59　常用修井螺杆钻具

类型	达转子端面线型	特点	适用
单头螺杆钻	$N=1$	高转速、小扭矩	开窗
多头螺杆钻	$N\geq2$	低转速、大扭矩	钻进

1. 规格参数

当液体从钻柱进入螺杆钻具的马达，在马达的两端形成一定压力差，推动转子旋转，并将扭矩和转速通过万向轴和传动轴传递给钻头。常用修井螺杆规格见表 5-60。

表 5-60　常用修井螺杆规格

型号	5LZ95×7	5LZ102×7	5LZ120×7	5LZ127×7	5LZ165×7	9LZ244×7
外径/mm	95	102	120	127	165	244
井眼尺寸/mm	118～152	118～152	149～200	149～200	213～251	311～445
接头螺纹	230	230	330	330	410～430	530
水眼压降/MPa	7	7	7	7	7	7
推荐流量/(L/s)	4.7～11	4.7～11	5.8～16	5.8～16	16～32	50.5～75.7
钻头转速/(r/min)	140～320	140～320	70～200	70～200	100～178	90～140
马达压降/MPa	3.2	3.2	2.5	2.5	3.2	2.5
工作扭矩/(N·m)	780	780	1 300	1 300	3 200	9 300
最大扭矩/(N·m)	1 240	1 240	2 275	2 275	5 600	16 275
推荐钻压/MPa	21	21	55	55	80	220
最大钻压/kN	40	40	72	72	160	330
质量/kg	165	254	426	652	818	2 280

2. 使用要求

螺杆钻具在下井使用前必须进行地面试验。地面试验的时间要尽可能短，只要证实一下钻具是否转动即可，任何必要的延长试验都可能损坏钻具的部件(表 5-61)。

表 5-61 常用螺杆钻具要求

项目	内容
名称	螺杆钻具
主要用途	螺杆钻具是以液压为动力,驱动井下钻具旋转的工具,可用来进行钻进、磨铣、侧钻等作业
注意事项	① 下钻前必须探明井底是否有落物,如有落物必须进行打捞,否则无法钻进。应控制下放速度,下钻速度以 0.5 m/s 为宜。下钻时要求平稳操作,遇阻吨位不超过 20 kN,以防损坏钻具。 ② 钻具下至距规定井深或塞面一个单根时,开始循环并要控制钻压,严格按照螺杆钻具的技术参数要求进行操作,待循环正常,转子启动后,缓慢下放钻具至塞面,进行正常钻进。 ③ 钻头下到井底开始钻进时,应逐步增加压力和排量,控制压力和排量在所选工具的推荐值范围内。控制适当的钻压可以达到最快的钻速。开泵时,钻头应离开井底,待循环通后,再慢慢加压,不可猛放。 ④ 接单根时,因岩屑在循环液中沉降较快,在接单根停泵之前,应适当循环一段时间,以防卡钻。整个钻具工作期间,为了保证扭矩不变,应保持泵压稳定

二、打捞类型工具

(一) 公锥

公锥(图 5-23)是一种专门从油管、钻杆、套铣管、封隔器、配水器、配产器等有孔落物的内孔进行造扣打捞的工具。常用修井公锥见表 5-62。

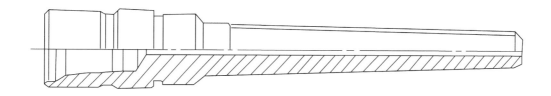

图 5-23 修公锥结构示意图

表 5-62 常用修井公锥

类型	螺纹牙	螺距	特点	适用打捞落物
普通公锥	尖角 55°	8 牙/in	造扣扭矩较小	材质较软、韧性小
加强公锥	尖角 89.5°	5 牙/in	造扣扭矩较大	材质较硬、韧性大

1. 规格参数

公锥整体结构是长锥形,可分成接头和打捞丝扣两部分。接头上部有与钻杆相连接的螺纹,有正反扣标志槽,便于归类和识别。接头下部有细牙螺纹,用以连接引鞋。公锥从上至下有水眼。常用修井公锥规格见表 5-63。

表 5-63　常用修井公锥规格

规格型号	外形尺寸/mm	接头螺纹	使用规范及性能参数			
			打捞螺纹表面硬度	抗拉极限/MPa	冲击韧性/(J/cm²)	打捞直径/mm
GZ86-1	86×560	NC26(2A10)	HRC60-65	≥932	≥58.8	39～67
GZ86-2	86×535	NC26(2A10)				54～77
GZ105-1	105×535	NC31(210)				54～77
GZ105-2	105×475	NC31(210)				72～90
GZ121	121×455	NC38(310)				88～103

2. 使用要求

公锥进入打捞落物内孔之后，加适当钻压并转动钻具，迫使打捞丝扣挤压吃入落鱼内壁进行造扣。一般管类落物造 8～10 扣即可，捞获后可采取上提或倒扣的办法将落物全部或部分捞出（表 5-64）。

表 5-64　常用修井公锥使用要求

项目	内容
名称	公锥
主要用途	公锥是一种专门从油管、钻杆、套铣管、封隔器、配水器、配产器等有孔落物的内孔进行造扣打捞的工具
注意事项	① 公锥与钻杆之间应加安全接头，以备必要时退出安全接头以上钻柱。 ② 工具下至鱼顶以上 1～2 m 时，开泵循环工作液，同时在转盘面划一基准线。缓慢下放工具，使公锥插入鱼腔，泵压明显升高、钻柱悬重下降较快，说明工具已开始接触落物。 ③ 停泵，加 10 kN 钻压，缓慢转动钻柱一圈，刹住转盘 1～2 min，松开观察转盘是否回退。若转盘回退半圈，则说明造扣只造了半圈，观察钻压有无变化。 ④ 按照步骤③反复操作，造 3～4 扣后，指重表（或拉力表）悬重应有明显变化，下放钻具保持 10 kN 钻压造 8～10 扣即可结束。 ⑤ 注意分析判断造扣位置，切忌在落鱼外壁与套管内壁的环形空间造扣，避免造成严重后果。 ⑥ 任何情况下不得人力转圈造扣。打捞操作时，禁止顿击鱼顶，以防将公锥的打捞丝扣顿坏

（二）母锥

母锥（图 5-24）是从油管、钻杆等管状落物外壁进行造扣打捞的工具，可用于打捞无内孔或内孔堵死的圆柱形落物。常用修井母锥见表 5-65。

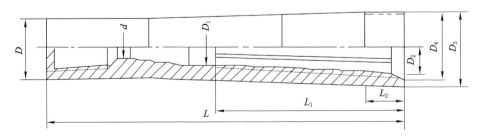

图 5-24　修井母锥结构示意图

表 5-65　常用修井母锥

类型	螺纹牙	螺距	特点	适用打捞落物
三角形螺纹	尖角 55°	8 牙/in	造扣扭矩较小	材质较硬、韧性小
锯齿形螺纹	尖角 89.5°	5 牙/in	造扣扭矩较大	材质较软、韧性大

1. 规格参数

母锥是长筒形结构,由接头与本体两部分构成。母锥内部螺纹为 8 扣/25.4 mm,锥度为 1：16。也有锥度为 1：24 的母锥,打捞螺纹硬度为 HRC60-65。常用修井母锥规格见表 5-66。

表 5-66　常用修井母锥规格

规格	接头螺纹	螺纹大端直径 D_2/mm	外径 D_3/mm	接头外径 D/Mm	打捞螺纹长 L_1/mm	总长 L/mm	L_2/mm	打捞直径/mm
Mz/NC26	NC26	52	86	86	175	295	76	48～50
Mz/NC26	NC26	62	95	86	170	280	76	59～60
Mz/NC26	NC26	75	95	86	206	340	76	68～73
Mz/NC31	NC31	75	114	105	222	350	76	69～73
Mz/NC31	NC31	84	114	105	262	390	76	71～82
Mz/NC31	NC31	95	115	105	220	440	76	89～93
Mz/NC38	NC38	110	135	121	340	480	76	95～118

2. 使用要求

母锥是从落鱼外部进行打捞的一种工具,它不受落鱼管壁厚薄的限制,一般要求母锥最大外径要小于钻头直径 10～20 mm,只能打捞钻杆、油管等外径较小的落鱼,而很少用来打捞钻铤、套管等外径较大的落鱼(表 5-67)。

表 5-67　常用修井母锥使用

项目	内容
名称	母锥
主要用途	母锥是用造扣方法从管柱顶部外径打捞落鱼的一种常用工具,主要用于打捞管壁较薄的钻杆、套管、油管等
注意事项	① 根据落鱼外径尺寸选择母锥规格。检查打捞部位螺纹和接头螺纹是否完好无损。测量各部位的尺寸,绘出工作草图,计算鱼顶深度和打捞方入。用相当于落鱼硬度的金属物敲击非打捞部位螺纹的方法检验打捞螺纹的硬度和韧性。 ② 母锥入井时,一般应配接震击器和安全接头。下钻到鱼顶深度以上 1～2 m 开泵冲洗,然后以小排量循环并下探鱼顶。根据下放深度、泵压和悬重的变化判断鱼顶是否进入母锥。提方钻杆有挂扣感觉、泵压增高、悬重下降,说明鱼顶已进入母锥。 ③ 落鱼尺寸不同,造扣压力也不同,落鱼尺寸大,造扣钻压也大。现以打捞 127 mm 钻杆为例予以说明:造扣时先加压 5～10 kN,转动 2 圈(造两扣),再逐渐增加压力造扣。新母锥最大造扣钻压不应超过 40 kN。 ④ 打捞起钻前,应提起钻具,然后下放到距离井底 2～3 m 处猛刹车,检查打捞是否可靠。起钻要求平稳操作,禁止转盘卸扣

（三）可退式卡瓦捞矛

可退式卡瓦捞矛（图 5-25）是通过鱼腔内孔进行打捞的工具。打捞矛由芯轴、卡瓦、释放环、引锥等组成，每种型号的打捞矛都配有不同尺寸的卡瓦，供打捞时使用（表 5-68）。

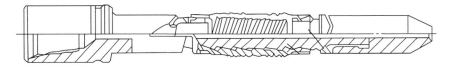

图 5-25　可退式卡瓦捞矛结构示意图

表 5-68　常用可退式卡瓦捞矛

类型	材质	抗拉强度/MPa	屈服强度/MPa	伸长率/%	断面收缩率/%	冲击功/J	硬度
芯轴	40CrMnMo	≥980	≥785	≥10	≥45	≥63	HB285-320
卡瓦	20CrMnMo	≥1180	≥885	≥10	≥45	≥55	HRC55-62

1. 规格参数

可退式卡瓦捞矛引入落鱼后，加压，卡瓦进入落鱼，卡瓦缩小，卡瓦外牙借弹力作用将落鱼咬紧实现打捞。还可按不同的作业要求与安全接头、上击器、加速器、内割刀等组合使用。常用可退式卡瓦捞矛规格见表 5-69。

表 5-69　常用可退式卡瓦捞矛规格

规格型号	外径尺寸（直径×长度）/mm	接头螺纹	使用规范及性能参数		
			打捞范围/m	许用拉力/kN	卡瓦窜动量/mm
LM-T48	φ48×447	NC26(2A10)	40.3～44.0	210	6.0
LM-T60	φ86×618	NC26(2A10)	46.1～50.3	340	7.7
LM-T89	φ95×651	NC31(210)	66.1～77.9	814	10.0
LM-T102	φ105×761	NC31(210)	84.8～90.1	1 078	10.0
LM-T114	φ105×823	NC31(210)	92.5～102.3	1 078	10.0
LM-T127	φ(110～118)×850	NC31(210)	101.6～115.0	1 450	13.0

2. 使用要求

可退式卡瓦捞矛进入鱼腔时，圆卡瓦被压缩，产生一定的外胀力，使卡瓦贴紧落物内壁。当落鱼被卡死，需退出捞矛时，给芯轴一定的下击力，使圆卡瓦与芯轴的内外锯齿形螺纹脱开，再正转钻具 2～3 圈（深井可多转几圈），直至圆卡瓦与释放环上端面接触为止，上提钻具，即可退出（表 5-70）。

表 5-70　常用可退式卡瓦捞矛使用要求

项目	内容
名称	可退式卡瓦捞矛
主要用途	可退式卡瓦捞矛是通过鱼腔内孔进行打捞的工具

表 5-70(续)

项目	内容
注意事项	① 根据落鱼内径尺寸,选择与之相适应的可退捞矛。将卡瓦与芯轴之间涂润滑脂后,将卡瓦转动靠近释放环,使圆卡瓦处于自由状态。 ② 捞矛下至鱼顶以上 1～2 m 时,循环工作液,缓慢下放工具引入鱼腔,同时做好钻柱悬重记录。悬重下降较明显时(约下降 5 kN 左右),反转钻柱 2～3 周,使芯轴对卡瓦产生径向推力,然后上提钻柱,使卡瓦胀开而咬卡住鱼腔实现抓捞。 ③ 上提钻柱,悬重上升明显,说明已抓获落物,如悬重无上升显示,应重复打捞动作,直至抓获落物。 ④ 若上提负荷接近或大于钻具安全负荷时,可用钻柱下击捞矛芯轴。然后正转钻柱 2～3 圈,即可松开卡瓦,退出捞矛

(四)滑块捞矛

滑块捞矛(图 5-26)可以打捞钻杆、油管、套铣管、衬管、封隔器等具有内孔的落物,既可对落鱼进行打捞,又可进行倒扣,还可配合震击器进行震击解卡(表 5-71)。

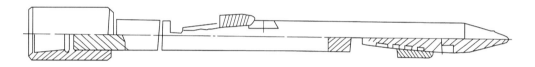

图 5-26　双滑块捞矛结构示意图

表 5-71　常用滑块捞矛

类型	限位装置长度/cm	限位装置外径/mm	限位装置间隙/mm	安装方式	是否可重复使用
套筒式	15～20	≥捞矛接箍外径	/	焊接	不可重复使用
卡瓦式	15～20	≥捞矛接箍外径	3～5 mm	螺丝紧固	可重复使用

1. 规格参数

滑块捞矛由上接头、矛杆、滑块、锁块及螺钉组成。当矛杆和滑块进入鱼腔一定深度后,滑块在自重作用下沿滑道下滑,滑块上的丝扣与鱼腔内壁接触,上提钻柱,滑块不能与斜面一起向上运动,从而产生的径向力迫使丝扣吃入鱼腔内壁,抓牢落物。常用滑块捞矛规格见表 5-72。

表 5-72　常用滑块捞矛规格

规格型号	外径/mm	接头螺纹	使用规范及性能参数		
			打捞内径/mm	许用拉力/kN	工具长度分挡/mm
HLM-D(S)89	105	NC31(210)	64.1～77.9	1 093	800、1 000 1 200、1 500 1 800
HLM-D(S)102	105	NC31(210)	77.6～92.1	1 147	
HLM-D(S)114	121	NC38(310)	90.0～102.5	2 246	
HLM-D(S)127	121	NC38(310)	103.0～117.8	2 746	
HLM-D(S)140	135	NC38(310)	115.7～129.3	3 854	

2. 使用要求

滑块捞矛是一种不可退式打捞工具,结构简单、强度高、打捞范围大,从落鱼内径进行打捞的工具(表 5-73)。

表 5-73　常用滑块捞矛使用

项目	内容
名称	滑块捞矛
主要用途	滑块捞矛是在落鱼腔内进行打捞的不可退式工具
注意事项	① 地面检查滑块最大自由外径(滑块滑到最下端时外径)和打捞位置是否合适。一般情况下,最大自由外径应比鱼腔内径大 4 mm 以上,滑块对落鱼的打捞位置应距锁块以上 5 mm。 ② 在滑道上涂润滑脂或机油,使滑块上下活动灵活。连接钻柱入井,距鱼顶以上 1～2 m 时,记录钻柱悬重,然后缓慢下放工具,进入鱼腔内,观察碰鱼方入和入鱼方入。打捞矛下入落鱼腔内预定深度即可。 ③ 带水眼的捞矛在工具进入鱼腔之前,先开泵冲洗鱼顶,同时下放钻具,当泵压有所升高时,说明工具已进入鱼腔,可慢慢上提钻柱,悬重增加,说明已捞获落物。 ④ 要倒扣或者震击时,应将上提负荷加大 10～20 kN,使滑块最大限度地抓牢落鱼。不带接箍的落物,通常不采取内捞,特殊情况下采取内捞时,捞矛应下至鱼顶 1.2 m 以下,且上提悬重不可过大

(五) 可退式打捞筒

可退式打捞筒(图 5-27)主要适用于管、杆类落鱼的外部打捞,是管类落物无接箍状态下的首选工具,其核心抓捞零部件是螺旋卡瓦或篮状卡瓦(表 5-74)。

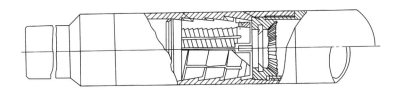

图 5-27　可退式打捞筒结构示意图

表 5-74　常用卡瓦打捞筒

类型	最大打捞尺寸/mm	常用打捞尺寸/mm	抗拉屈服载荷/10 kN	连接内螺纹
螺旋卡瓦	178	101.6～121.0	76～187	NC31/NC38
篮状卡瓦	162	101.6～121.0	82～177	NC31/NC38

1. 规格参数

可退式打捞筒的外筒由上接头、筒体、引鞋组成。内部装有抓捞卡瓦、盘根和铣鞋或控制环(卡)。打捞卡瓦分为螺旋卡瓦和篮状卡瓦两类,每类又有几种尺寸的打捞卡瓦。常用卡瓦打捞筒规格见表 5-75。

表 5-75　常用卡瓦打捞筒规格

规格型号	外形尺寸（直径×长度）/mm	扣型	打捞尺寸/mm		许用提拉负荷/kN		备注
			不带台肩	带台肩	不带台肩	带台肩	
LT-01TB(A)	95×795	NC26（2A10）	53.0～62.0		1 200		螺旋式
			47.0～49.3	52.2～55.7	100	620	篮式
LT-02TB(A)	105.0×815.0	NC31（210）	63.0～79.0		1 200		螺旋式
			59.7～61.3	63.0～65.0	850	600	篮式
LT-03TB(A)	114×846	NC31（210）	81.0～90.0		1 000		螺旋式
			72.0～74.5	77.0～79.0	900	450	篮式
LT-04TB(A)	134×875	NC31（210）	93.0～105.0		1 460		螺旋式
			88.0～91.0	92.0～94.5	1 300	928	篮式
LT-05TB(A)	145×900	NC38（310）	106.0～119.0		1 410		螺旋式
			101.0～104.0	106.5～108.5	1 330	950	篮式
LT-06TB(A)	160×900	NC38（310）	120.0～134.0		1 530		螺旋式
			113.0～115.0	116.0～119.0	1 300	928	篮式

2. 使用要求

落物经引鞋引入卡瓦时，卡瓦外锥面与内锥面脱开，卡瓦被迫胀开，落物进入卡瓦中，上提钻柱，卡瓦外螺旋锯齿形锥面与筒体内相应的齿面有相对位移，使卡瓦收缩卡咬住落物，实现抓捞（表 5-76）。

表 5-76　常用卡瓦打捞筒使用要求

项目	内容
名称	可退式卡瓦打捞筒
主要用途	可退式卡瓦打捞筒是抓捞井内光滑外径落鱼最有效的工具，能高泵压循环，也可以在井内释放落鱼
注意事项	① 地面检查卡瓦尺寸，用卡尺测量卡瓦结合后的椭圆长短轴尺寸，其长轴尺寸应小于落鱼外径 1～2 mm。将卡瓦背面涂润滑脂，与筒体下端内锥面配合光滑，弹簧压紧力适中。 ② 工具入井后应缓慢下放，至鱼顶以上 1～2 m 时，开泵循环工作液，记录钻柱悬重。缓慢下放钻具至鱼顶时转动管柱，同时下放引入落物，钻柱悬重下降 5～8 kN，泵压有所升高，说明落物已引入打捞筒，此时即可上提钻柱，如果悬重明显增加，说明已抓获落物。 ③ 如果落物质量较轻，指重表反应不明显时，可以转动钻具 90°，重复打捞数次，再进行起钻。需要释放工具时，首先给捞筒下击力，然后慢慢右旋并上提钻具

（六）可退式抽油杆打捞筒

可退式抽油杆打捞筒（图 5-28）抓住抽油杆后上提可捞出，一旦需要退出工具时，能够既方便又无损伤地释放落鱼而退出工具。常用可退式抽油杆打捞筒见表 5-77。

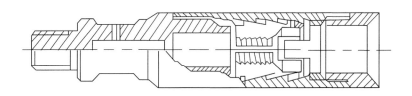

图 5-28   可退式抽油杆打捞筒结构示意图

表 5-77   常用可退式抽油杆打捞筒

类型	工作井眼/in	常用打捞尺寸/mm	许用提拉负荷/kN	接头螺纹
螺旋卡瓦	2 1/2″套管	15.0～25.7	350	抽油杆扣
篮状卡瓦	不同套管内径	15.0～25.7	420	抽油杆扣

1. 规格参数

可退式抽油杆打捞筒有篮式卡瓦和螺旋卡瓦两种，即 A 型和 B 型。螺旋式和篮式抽油杆打捞筒均由上接头、筒体、引鞋和卡瓦组成。其不同点除卡瓦结构不同外，篮式多一个控制环。常用可退式抽油杆打捞筒规格见表 5-78。

表 5-78   常用可退式抽油杆打捞筒规格

规格型号	接头螺纹	打捞尺寸 /mm	外形尺寸 /(直径×长度)/mm	许用提拉负荷 /kN	工作井眼 名义尺寸/in
CLT01-TA	5/8″抽油杆扣	15.0～16.7	管内径尺寸×650	420	套管
CLT01-TB			55×350	350	2 1/2″套管
CLT02-TA	3/4″抽油杆扣	18.0～19.7	管内径尺寸×650	420	套管
CLT02-TB			55×350	350	2 1/2″套管
CLT03-TA	7/8″抽油杆扣	21.0～22.7	管内径尺寸×650	420	套管
CLT03-TB			55×350	350	2 1/2″套管
CLT04-TA	1″抽油杆扣	24.0～25.7	管内径尺寸×650	420	套管
CLT04-TB			55×350	350	2 1/2″套管

2. 使用要求

落鱼通过引鞋引入捞筒后，正转杆柱推动卡瓦上行并使鱼顶进入卡瓦内，上提杆柱，卡瓦外螺旋锯齿锥面与筒体相应的锯齿面有相应位移，从而将落物卡住捞出（表 5-79）。

表 5-79   常用可退式抽油杆打捞筒使用要求

项目	内容
名称	可退式抽油杆打捞筒
主要用途	可退式抽油杆打捞筒抓住抽油杆后上提可捞出，一旦需要退出工具时，能够既方便又无损害地开释落鱼而退出工具

表 5-79(续)

项目	内容
注意事项	① 根据井况,正确选用抽油杆捞筒。 ② 将抽油杆捞筒连接在打捞管柱上下井。当工具接近鱼顶时缓慢旋转下放工具,直至悬重有减轻显示时停止。上提工具,若悬重增加则表示打捞成功。 ③ 抓住井下抽油杆后,一旦遇卡,最大上提拉力不得超过抽油杆许用载荷。如果不能解卡,可先下击,然后缓慢右旋并上提工具,即可退出工具

(七) 钩类打捞工具

钩类打捞工具(图 5-29)利用钩体插入落鱼内,钩子刮捞住落鱼,转动管柱,将落鱼缠绕于钩身(或钩尖)上,实现打捞。钩类打捞工具主要用于打捞井下各种电缆、绳类落物等,如钢丝绳、电缆、刮蜡片、吊环等工具。常用的钩类打捞工具见表 5-80。

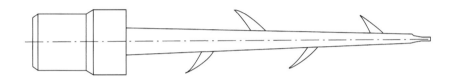

图 5-29 外钩打捞工具结构示意图

表 5-80 常用钩类打捞工具

类型	接头螺纹	夹角	钩体长度及钩数/mm×个
外钩	NC31	60°	1 000×1,1 200×2
内钩	NC31	120°	1 000×2,1 000×3,1 000×4

1. 规格参数

钩类打捞工具主要由接头、钩身、钩尖组成,常用内钩、外钩、内外组合钩等。钩类打捞工具靠钩体插入绳、缆内,钩子刮捞住绳、缆,转动钻柱,形成缠绕,实现打捞。常用钩类打捞工具规格见表 5-81。

表 5-81 常用钩类打捞工具规格

公称尺寸/mm	73.0	88.9	114.3	139.7	152.4	177.8	244.5
工具外径/mm	58	70	95	114	136	150	210
长度/mm	450	450	500	500	600	700	900

2. 使用要求

当钩身插入绳类或其他落物内,边转管柱边上提管柱,使钩齿钩住落物带出地面。常用钩类打捞工具使用要求见表 5-82。

表 5-82　常用钩类打捞工具使用要求

项目	内容
名称	钩类打捞工具
主要用途	钩类打捞工具利用钩体插入落鱼内，钩子刮捞住落鱼，转动管柱，将落鱼缠绕于钩身（或钩尖）上，实现打捞
注意事项	① 钩子应牢固，活齿钩固定销钉应符合要求，捞钩以上必须接安全接头。 ② 工具入井，至落鱼以上 1～2 m 时，记录管柱悬重。如指重表有下降情况，立即停止下放，上提钻具观察悬重有无增加，如无反应可以加深 5～10 m 继续打捞。 ③ 缓慢下放管柱，使钩体插入落鱼，同时转动钻柱，注意悬重下降不超过 20 kN，悬重上升，说明已钩住落鱼，否则重复插入转动，直到捞获

（八）反循环打捞篮

反循环打捞篮用于打捞钢球、钳牙、炮弹垫子、井口螺母、胶皮碎片等井下小件落物。常用的反循环打捞篮见表 5-83。

表 5-83　常用反循环打捞篮

型号	筒体外径/mm	铣鞋外径/mm	落鱼最大直径/mm	钢球直径/mm	井眼直径/mm
LL-F130	130	136	94	40	155～165
LL-F121	121	126	90	35	142～152
LL-F114	114	121	82	35	130～140
LL-F97	97	103	62	30	117～127
LL-F89	89	94	55	30	108～114

1. 规格参数

反循环打捞篮（图 5-30）由上接头、筒体、篮筐总成、引鞋组成。上接头上端母螺纹与钻具连接，另一端公螺纹与筒体连接。筒体下连引鞋，内装篮筐总成。常用反循环打捞篮规格见表 5-84。

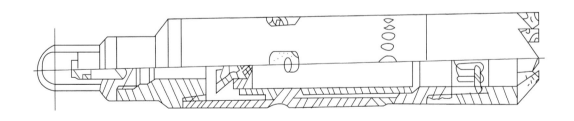

图 5-30　反循环打捞篮结构示意图

表 5-84　常用反循环打捞篮规格

外径尺寸/mm	接头代号	使用规范及性能参数	
		落物最大直径/mm	工作井眼尺寸/mm
φ90×940	NC26	55	114.30
φ100×1 150	NC31	65	127.00
φ110×1 153	NC31	75	139.70
φ115×1 153	NC31	80	146.05

2. 使用要求

反循环打捞篮下钻到底,正循环冲洗井底之后,投入一钢球,此时,钻井液则由双层筒体间隙经下水眼射到井底,然后从井底通过铣鞋进入捞筒内部,最后由上水眼返到环形空间(表 5-85)。

表 5-85　常用反循环打捞篮工具使用要求

项目	内容
名称	反循环打捞篮
主要用途	反循环打捞篮是利用工具的特殊结构,使钻井液在靠近井底处的局部反循环将井下碎物收入篮框内的一种打捞工具
注意事项	① 下钻到离井底 1 m 左右,大排量循环洗井边,循环边慢慢下放钻具探井底,记录好方入。上提钻具离开井底 0.3～0.5 m,循环和转动钻具,将井底落物周围岩屑清除干净,并记下当时的泵压。 ② 投入钢球,开泵送钢球到球座,根据排量计算钢球到位时间。通常钢球落入球座后,泵压增加 1～2 MPa。 ③ 边循环边转动钻具,将反循环打捞篮下放到距井底 0.1～0.2 m,反循环 15～30 min。如果井下落物较大,可拨动打捞,间断转动和下放,或间断转动

(九) 打捞杯

打捞杯(图 5-31)主要用于打捞井下碎块落物,如硬质合金齿,钻头轴承等。它对于保持井底干净、提高钻头的使用寿命、减少和防止井下意外事故具有重要作用。按照工具长度可分为标准型、长型和超长型三种(表 5-86)。

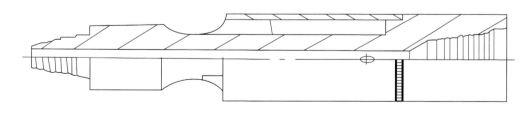

图 5-31　打捞杯结构示意图

表5-86　常用打捞杯

类型	LB94	LB114	LB127	LB140	LB168	LB178
标准型(S型)长/mm	737	775	775	775	800	800
长型(L型)长/mm	1 092	1 143	1 143	1 143	1 168	1 168
超长型(EX型)长/mm	1 359	1 397	1 397	1 397	1 422	1 422

1.规格参数

打捞杯由芯轴、扶正块、杯体组成。在工作时,循环液携带井底钻屑到达杯口,由于环形空间突然变大,循环液返速下降,较重的钻屑就落入捞杯内。常用打捞杯规格见表5-87。

表5-87　常用打捞杯规格

型号	最大外径 /mm	水眼尺寸 /mm	接头螺纹	总长/mm			使用井孔 /mm
				标准型 (S型)	长型 (L型)	超长型 (EX型)	
LB94	94	19	NC26	737	1 092	1 359	108～118.6
LB114	114	38	NC31	775	1 143	1 397	130～149
LB127	127	38	NC38	775	1 143	1 397	152.4～162
LB140	140	38	NC38	775	1 143	1 397	165～190.5
LB168	168	57	NC46	800	1 168	1 422	190.5～216
LB178	178	57	NC50	800	1 168	1 422	219～244.5

2.使用要求

打捞杯的操作没有特殊要求,作为一般钻具使用(表5-88)。

表5-88　常用打捞杯工具使用要求

项目	内容
名称	打捞杯
主要用途	打捞杯是用来捞取钻井、修井过程中工作液液循环无法带出较重的钻屑或金属碎屑的一种实用有效的打捞工具
注意事项	① 在上(或卸)打捞杯时,大钳不能咬在杯体上。杯体无变形,杯内清洁无杂物、排液孔必须畅通。 ② 在刮壁器、钻头、磨鞋、铣鞋的上方直接接打捞杯,应避免中间有配合接头

(十) 开窗打捞筒

开窗打捞筒(图5-32)用来打捞长度较短的管状、柱状落物或具有卡取台阶且无卡阻的井下落物,如带接箍的油管短节、测井仪器、加重杆等。常用的开窗打捞筒见表5-89。

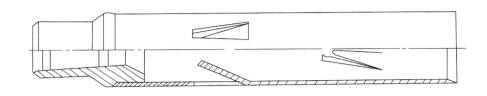

图 5-32 开窗打捞筒结构示意图

表 5-89 常用开窗打捞筒

类型	KLT92-1	KLT114-1	KLT92-1	KLT114	KLT140	KLT148
适用套管尺寸/mm	114.3	139.72	114.3	139.72	168.28	177.8
窗口排数/排	2	2	2～3	2～3	3～4	3～4
窗舌数/只	6	6	6～12	6～12	9～16	9～16

1.规格参数

开窗打捞筒由筒体与上接头两部分组成。上接头上部有与打捞管柱连接的螺纹,下端与筒体连接。筒体上开有梯形窗口,在同一排窗口上有 3～4 只梯形窗舌,窗舌向内腔弯曲,变形后的舌尖内径略小于落物最小外径。常用开窗打捞筒规格见表 5-90。

表 5-90 常用开窗打捞筒规格

规格型号	工具外径/mm	接头螺纹	使用规范及性能参数			
			接箍尺寸/mm	窗口排数/排	窗舌数/个	套管尺寸/mm
KLT92-1	92	2A10	38、42、46、55	2	6	114.30
KLT114-1	114	210	38、42、46、55	2	6	139.72
KLT92-1	92	2A10	73	2～3	6～12	114.30
KLT114	114	210	89.5	2～3	6～12	139.72
KLT140	140	210	107、121	3～4	9～16	168.28
KLT148	148	310	121、132	3～4	9～16	177.80

2.使用要求

当落鱼进入筒体并顶入窗舌时,窗舌外胀,其反弹力紧紧咬住落鱼本体,窗舌也牢牢卡住台阶把落物捞起(表 5-91)。

表 5-91 常用开窗打捞筒工具使用要求

项目	内容
名称	开窗打捞筒
主要用途	开窗打捞筒用来打捞长度较短的管状、柱状落物或具有卡取台阶且无卡阻的井下落物一种实用有效的打捞工具

表 5-91(续)

项目	内容
注意事项	① 检查各部螺纹是否完好。测量窗舌尺寸与闭合状态的最小内径是否能与落鱼配合,并留图待查。 ② 下钻至鱼顶以上 2～3 m 开泵洗井,慢转钻柱下放。观察指重表与方入变化,记好碰鱼方入,引导筒体入鱼。 ③ 继续下放钻柱,使落鱼进入工具筒内腔(视落鱼具体情况,可以稍加钻压或不加钻压)。若落物重量较轻、井较深,方入与悬重变化难以判断时,可在一次打捞之后,将钻柱提起 1～2 m,再旋转下放,重复数次,即可提钻。在打捞中应注意观察指重表反应。在进行第二次打捞时如无碰鱼反应,可再行打捞一次。若仍无反应,说明在第一次已将落鱼捞获,即可停泵提钻

(十一) 一把抓打捞工具

一把抓(图 5-33)是一种结构简单、加工容易的常用打捞工具,专门用于打捞井底不规则的小件落物,如钢球、凡尔座、螺栓、螺母、胶皮等。常用的一把抓打捞工具见表 5-92。

图 5-33 一把抓打捞工具结构示意图

表 5-92 常用一把抓打捞工具

筒体外径/mm	扣型	瓜片外径尺寸/mm	最大打捞直径/mm	适用井眼尺寸/mm
92	NC26	94	57.2	95.2～101.6
130	NC31	132	95.3	142.9～152.4
200	NC46	208	154	212.7～241.3
225	NC50	234	176	244.5

1. 规格参数

一把抓由上接头与筒身焊接而成。一把抓的齿形应该根据落物种类选择或设计,材料应该选择低碳钢,以保证抓齿的弯曲性能。常用一把抓打捞工具规格见表 5-93。

表 5-93 常用一把抓打捞工具规格

套管尺寸/mm	114.30	127.00	139.70	146.05	168.28	177.8	193.68	244.5
外径/mm	95	89～108	108～114	114～130	120～140	146～152	146～168	203～219
齿数/个	6	6～8	6～8	6～8	8～10	8～10	10～12	10～16

2. 使用要求

一把抓下到井底后,将井底落鱼罩入抓齿之内或抓齿缝隙之间,依靠钻具质量所产生的压力,将各抓齿压弯变形,再使钻具旋转,将已压弯变形的抓齿按其旋转方向形成螺旋状齿形,落鱼被抱紧或卡死而捞获(表 5-94)。

表 5-94　常用一把抓打捞工具使用要求

项目	内容
名称	一把抓打捞工具
主要用途	一把抓是一种结构简单、加工容易的常用打捞工具
注意事项	① 工具下至落物以上 1～2 m,开泵洗井,将落鱼上部沉砂冲净后停泵。 ② 下放钻具,当指重表略有显示时,核对方入,上提钻具并旋转一个角度后再下放,找出最大方入。在此处下放钻具,加钻压 20～30 kN,再转动钻具 3～4 圈,待指重表悬重恢复后,再加压 10 kN 左右,转动钻具 5～7 圈。 ③ 以上操作完毕后,将钻具提离井底,转动钻具使其离开旋转后的位置,再下放加压 20～30 kN,将变形抓齿顿死,即可提钻

三、切倒整形工具

(一)机械式内割刀

机械式内割刀(图 5-34)是一种从井下管柱内部切割管子的专用工具,除接箍外可在任意部位切割。在切割作业时,可将可退式捞矛接在切割刀上部,待切割完成后,将割断以上部分管柱一次捞出常用机械式内割刀见表 5-95。

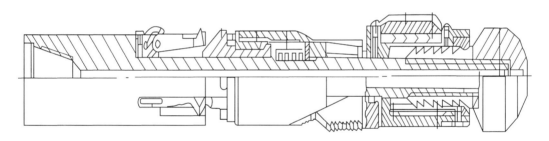

图 5-34　机械式内割刀工具结构示意图

表 5-95　常用机械式内割刀

割刀外径/mm	连接扣型	水眼直径/mm	切割管径/mm
57	1.900TBG	14	73 油管
67	2TBG(1.900)	14	88.9 油管
102	2 7/8IF(210)	16	127.0 套管、钻管
145	3 1/2REG(330)	40	177.8 套管

1.规格参数

机械式内割刀由摩擦扶正部分、锚定缓冲部分、切削部分等三大部分组成。摩擦扶正部分由扶正体、摩擦块、滑牙套、带齿定位环及下引锥等零件组成。锚定缓冲部分由卡瓦锥体、主簧和主簧座等零件组成。切削部分主要由中心轴、刀片支承、刀片、推刀块、刀片簧、止推环和开合螺环等零件组成。常用机械式内割刀规格见表 5-96。

表 5-96　常用机械式内割刀规格

规格型号	NGJ73	NGJ89	NGJ101	NGJ140	NGJ158
外形尺寸/mm	$\phi 55 \times 584$	$\phi 83 \times 600$	$\phi 90 \times 784$	$\phi 101 \times 956$	$\phi 138 \times 1\,208$
接头螺纹代号	1.900TBG	1.900TBG1	NC26	NC26、NC31	NC31、330
切割范围/mm	62~57	70~78	97~105	107~115	158~137
坐卡范围/mm	65~54.4	81~67	108~92	118~104	158~137
切割转数/(r/min)	40~50	30~20	20~10	20~10	20~10
进给量/mm	1.2~2.0	1.5~3.0	1.5~3.0	1.5~3.0	1.5~3.0
钻压/kN	3	4	5	6	7
更换零件后扩大的切割范围/mm	—	101 油管	114 套管	139、146 套管	177.8 套管

2. 使用要求

当工具下放到预定深度时,正转钻柱,由于摩擦块紧贴套管内壁产生一定的摩擦力,迫使滑牙板与滑牙套相对转动,推动卡瓦上行沿锥面张开,并与套管内壁接触,完成锚定动作。继续转动并下放钻柱,则进行切割。切割完毕后,上提钻柱,芯轴上行,单向锯齿螺纹压缩滑牙板弹簧,使之收缩,由此滑牙板与滑牙套即可跳跃复位,卡瓦脱开,解除锚定(表 5-97)。

表 5-97　常用机械式内割刀使用要求

项目	内容
名称	机械式内割刀工具
主要用途	机械式内割刀是一种从井下管柱内部切割管子的专用工具,除接箍外可在任意部位切割
注意事项	① 工具下井前应通井,保证下井工具畅通无阻。根据被切割管子尺寸,选择好机械内割刀。将工具接在钻柱下部,下至预定切割深度(为保证施加于割刀上的钻压稳定,可在割刀上部连接相应吨位的钻铤,钻铤上部再连接开式下击器)。 ② 循环洗井,正转钻柱并逐渐下放直至坐卡,此时悬重应保持原钻柱重量。继续 12~24 r/min 的转速正转,从开始切割(扭矩增加)为起点,每次下放量为 1~2 mm,总下放量参见表中进给量(如在钻柱上加有钻铤和下击器,可缓慢下放钻具直至钻铤重量全部施加到割刀上,但总下放量应小于开式下击器行程)。 ③ 当扭矩减小时,说明管柱被切断,上提钻柱即可解除锚定状态

(二)机械式外割刀

机械式外割刀(图 5-35)是一种从油、套管或钻杆外部切断管柱的专用工具。更换卡爪装置后,可以在除接箍外的任何部位切割。切断后可直接提出断口以上管柱。常用机械式外割刀见表 5-98。

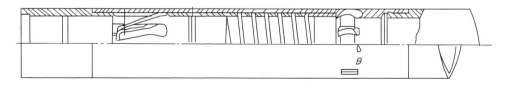

图 5-35　机械式外割刀工具结构示意图

表 5-98　常用机械式外割刀

外径/mm	内径/mm	切割管径/mm	最小井眼/mm	最大落鱼/mm	剪销剪断力/kN
98	79	60.3	105	78	9
119	98	73	125.4	95	11
194	162	89、101、114、127	209.5	159	14
206	168	101、146	219	165	14

1. 规格参数

机械式外割刀主要由上接头、卡爪装置、止推环、承载环、隔套、弹簧罩、主弹簧、进给套、剪销、刀片、轴销、丝堵、筒体、引鞋等组成。筒体上接上接头、下连引鞋，内部装有卡爪装置、止推环、承载环等零件。卡爪装置有三种形式：弹簧爪式、棘爪式和卡瓦式。常用机械式外割刀规格见表 5-99。

表 5-99　常用机械式外割刀规格

规格型号	外径/mm	内径/mm	允许通过尺寸/mm	切割范围/mm	双剪销强度/N	剪断滑动卡瓦销负荷/N	井眼最小尺寸/mm
JWGD 01	120	98.4	95.3	48.3～73	2 530	1 871	125.4
JWGD 02	143	111.1	108	52.4～88.9	5 660	3 758	149.2
JWGD 03	149	117.1	114.3	60.3～88.9	5 660	3 758	155.6
JWGD 04	154	123.8	120.7	60.3～101.6	5 660	3 758	158.8
JWGD 05	194	161.9	128.8	88.9～114.3	5 660	3 758	209.6
JWGD 06	206	168.3	139.7	101.6～146.1	5 660	3 758	219.1

2. 使用要求

机械式外割刀是用卡爪装置固定割刀来实现定位切割的。工具管柱的旋转运动是切割的主运动，刀片绕销轴缓慢地转动是切削的进给运动。进给运动是靠压缩后主弹簧的反力来实现自动进给。常用机械式外割刀使用要求见表 5-100。

表 5-100　常用机械式外割刀使用要求

项目	内容
名称	机械式外割刀工具
主要用途	机械式外割刀是一种从套管、油管或钻杆外部切断管柱的专用工具，可在除接箍外任何部位切割
注意事项	① 当割刀下放将要到达鱼顶时，开泵循环泥浆，冲洗钻杆上的泥浆，然后边循环边慢慢下放，直到预定的切割位置。继续循环泥浆冲洗井眼并空转割刀，割刀转动灵活后，测出空转扭矩值，然后停止转动和泥浆循环。 ② 慢慢上提外割刀，直到割刀卡紧套的卡簧顶住落鱼上预定位置接头的下台肩上。继续慢慢上提，直到外割刀上的剪销被剪断，此时指重表有跳动。匀速正转（20～30 r/min），直到割断落鱼，此时指重表跳动，转动扭矩减小，无卡阻现象。 ③ 上提割柱 30～50 mm，指重表悬重增加，其增加量为被割断部分落鱼的质量。经判断落鱼确定被割断后，上提时必须用液气大钳卸扣取出割刀和被切割断的落鱼

（三）聚能（爆炸）切割工具

聚能切割工具（图 5-36），也叫爆炸切割工具，是在聚能射孔弹的机理上发展应用起来的专用切割工具系列。常用聚能（爆炸）切割工具见表 5-101。

图 5-36　聚能切割（爆炸）工具结构示意图

表 5-101　常用聚能（爆炸）切割工具

名称	管柱尺寸	压力等级/psi	RCT/PTC 型号
RCT	2″连油	1×10^4	RCT-SP-1000
	2 7/8″管柱	1×10^4	RCT-SP-1688
	2 7/8″管柱	1.5×10^4	RCT-HP-1688
	2 7/8″管柱	2×10^4	RCT-UHP-1688
	3 1/2″管柱	1×10^4	RCT-SP-2000
	3 1/2″管柱	1.5×10^4	RCT-HP-2000
	3 1/2″管柱	2×10^4	RCT-UHP-2000
	5″钻杆	1.5×10^4	RCT-HP-2970
	5 1/2″钻杆	1.5×10^4	RCT-HP-3375

1. 规格参数

聚能切割工具由电缆、电缆头、加重杆、磁性定位仪、电雷管室及雷管、炸药柱、炸药燃烧室、切割喷射孔、导向头及脱离头组成。常用聚能（爆炸）切割工具规格见表 5-102。

表 5-102　常用聚能（爆炸）切割工具规格

RCT 型号	耐温/℃	压力等级/psi	工具外径/mm	切割管柱尺寸
RCT-SP-1688	260	1×10^4	43/38	2 7/8″管柱
RCT-HP-1688	260	1.5×10^4	43/38	
RCT-UHP-1688	260	2×10^4	43	
RCT-SP-2000	260	1×10^4	50.8/44.5	3 1/2″管柱
RCT-HP-2000	260	1.5×10^4	50.8/44.5	
RCT-UHP-2000	260	2×10^4	50.8	
RCT-SP-2500	260	1×10^4	63.5	4 1/2″管柱
RCT-HP-2500	260	1.5×10^4	63.5	
RCT-UHP-2500	260	2×10^4	63.5	

2.使用要求

爆炸切割弹下至设计深度后,地面接通电源,引爆雷管,雷管引爆炸药。炸药产生的高温、高压气体沿下端的喷射孔急速喷出,喷孔是沿圆周方向均布且由紫铜制成的,孔小且数量多,高温气体喷出将被切割管壁熔化,高压气体则进一步将其吹断,之后高温高压气体在环空与修井液等液体相遇受阻而降温降压,完成切割。常用聚能(爆炸)切割工具使用要求见表5-103。

表5-103 常用聚能(爆炸)切割工具使用要求

项目	内容
名称	聚能(爆炸)切割工具
主要用途	聚能切割工具,也叫爆炸切割工具,是在聚能射孔弹的机理上发展应用起来的专用切割工具系列
注意事项	① 按所切割管子内径、壁厚、材质选择相应的切割弹。连接电缆、加重杆、磁定位仪等工具。电缆由天车通过地滑轮,经井口防喷管入井。电雷管与切割弹连接紧凑,电雷管应绝缘。地面电源在下井工具未到位时不得接通。 ② 工具在磁定位仪校深无误后,接通地面电源,井口及周围30 m内人员撤离。通电引爆雷管、切割弹,数秒钟后井口、地面可听到爆炸声,或可看到井口压井液上涌(不装防喷管时),5 min后断电。引爆开始30 min后可起出电缆及其他工具,如出现拒爆,应由专人负责处理。 ③ 聚能切割目前已是成熟技术,其切割弹已系列化,使用时必须按要求操作。雷管与切割弹必须分开保管、分开运输、现场组装

(四)倒扣捞矛

倒扣捞矛(图5-37)可从鱼腔对落物进行打捞、倒扣,又可释放落鱼,同时可进行洗井循环。它主要和倒扣器及反扣钻杆配套使用,常用倒扣捞矛见表5-104。

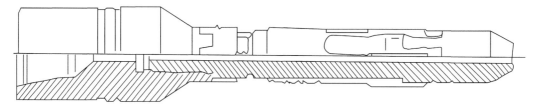

图5-37 倒扣捞矛工具结构示意图

表5-104 常用倒扣捞矛

规格型号	外径/mm	螺纹	打捞范围/mm
DLM-T48	95	NC26	39.7~41.9
DLM-T60	105	NC31	49.7~50.9
DLM-T73	105	NC31	61.5~77.9
DLM-T89	121	NC38	75.4~91
DLM-T102	121	NC38	88.2~102.8
DLM-T114	121	NC50	99.8~102.8

1. 规格参数

倒扣捞矛由上接头、矛杆、花键套、限位块、定位螺钉、卡瓦等零件组成。常用倒扣捞矛规格见表 5-105。

表 5-105 常用倒扣捞矛规格

规格型号	直径×长度/mm	打捞尺寸/mm	许用拉力/kN	许用扭矩/(N·m)
DLM-T48	$\phi 95 \times 600$	39.7～41.9	250	3 304
DLM-T60	$\phi 100 \times 620$	49.7～50.9	392	5 761
DLM-T73	$\phi 114 \times 670$	61.5～77.9	600	7 732
DLM-T89	$\phi 138 \times 750$	75.4～91	712	14 710
DLM-T102	$\phi 145 \times 800$	88.2～102.8	833	17 161
DLM-T114	$\phi 160 \times 820$	99.8～102.8	902	18 436

2. 使用要求

倒扣捞矛与其他打捞工具一样，靠两个零件在斜面或锥面上相对移动胀紧或松开落鱼，靠键和键槽传递力矩，正、反转倒扣（表 5-106）。

表 5-106 常用倒扣捞筒使用要求

项目	内容
名称	倒扣捞矛
主要用途	倒扣捞矛是井下被卡钻具进行倒扣作业的一种专用工具
注意事项	① 检查工具卡瓦尺寸是否符合所打捞的油管或钻杆的尺寸。拧紧各部连接螺纹，下井引入落鱼。 ② 离鱼顶 1～2 m 时停止下放，记录悬重，开泵循环冲洗鱼，待循环稳定后停泵。在慢慢右旋的同时下放工具。待悬重下降有打捞显示时，停止下放及旋转。上提至设计的倒扣负荷倒扣。 ③ 释放落鱼时，可用钻具下击，右旋约 1/4～1/2 圈，上提钻具即可退出

（五）倒扣捞筒

倒扣捞筒（图 5-38）既可用于打捞、倒扣，又可释放落鱼，还能进行洗井液循环。在打捞作业中，倒扣捞筒是倒扣器的重要配套工具之一，同时也可同反扣钻杆配套使用。常用倒扣捞筒见表 5-107。

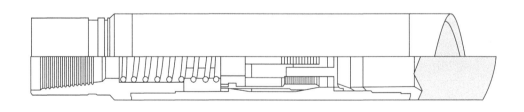

图 5-38 倒扣捞筒工具结构示意图

表 5-107 常用倒扣捞筒

型号	外径/mm	接头螺纹	打捞范围/mm
DLT-T48	95	2 7/8″REG	47.0～49.3
DLT-T60	105	NC26	59.7～61.3
DLT-T73	114	NC31	72.0～74.5
DLT-T89	134	NC31	88.0～91.0
DLT-T102	145	NC38	101.0～104.0
DLT-T114	160	NC46	113.0～115.0
DLT-T127	185	NC46	126.0～129.0
DLT-T140	200	NC46	139.0～142.0

1. 规格参数

倒扣捞筒由上接头、筒体、卡瓦、限位座、弹簧、密封装置和引鞋等零件组成。常用倒扣捞筒规格见表 5-108。

表 5-108 常用倒扣捞筒规格

规格型号	外形尺寸 直径×长度/mm	扣型	打捞尺寸 /mm	许用提拉负荷 /kN	拉力 /kN	扭矩 /(N·m)
DLT-T48	$\phi95×650$	2 7/8″REG	47.0～49.3	300	117.7	275.4
DLT-T60	$\phi105×720$	NC26	59.7～61.3	400	147.1	305.9
DLT-T73	$\phi114×735$	NC31	72.0～74.5	450	147.1	346.7
DLT-T89	$\phi134×750$	NC31	88.0～91.0	550	166.7	407.9
DLT-T102	$\phi145×750$	NC38	101.0～104.0	800	166.7	448.7
DLT-T114	$\phi160×820$	NC46	113.0～115.0	1 000	176.5	611.8
DLT-T127	$\phi185×820$	NC46	126.0～129.0	1 600	196.1	713.8
DLT-T140	$\phi200×850$	NC46	139.0～142.0	1 800	196.1	815.8

2. 使用要求

倒扣捞筒在打捞和倒扣作业中,主要机构的动作过程为:当内径略小于落鱼外径的卡瓦接触落鱼时,卡瓦与筒体开始产生相对滑动,卡瓦筒体锥面脱开,筒体继续下行,限位座顶在上接头下端面上迫使卡瓦外胀,落鱼引入。若停止下放,此时被胀大了的卡瓦对落鱼产生内夹紧力,紧紧咬住落鱼,继续上提钻具实现打捞(表 5-109)。

表 5-109 常用倒扣捞筒使用要求

项目	内容
名称	倒扣捞筒
主要用途	倒扣捞筒是井下被卡钻具进行倒扣作业的一种专用工具

表 5-109(续)

项目	内容
注意事项	① 检查捞筒规格是否同打捞的落鱼尺寸相等,拧紧各部丝扣后下井。 ② 距鱼顶 1～2 m 时开泵循环冲洗鱼头。待循环正常后 3～5 min 停泵,记录悬重。慢慢右旋并下放工具,待悬重回降后,停止旋转及下放。按规定负荷上提并倒扣。当左旋力矩减小时,说明倒扣完成,起钻。 ③ 当需要退出落鱼时,钻具下击,使工具向右旋转 1/4～1/2 圈并上提钻具,即可退出落鱼

（六）套管刮削器

套管刮削器(图 5-39)主要用于常规作业、修井作业中对套管内壁上的死油、死蜡、射孔孔眼毛刺、封堵及化堵残留的水泥、堵剂等的刮削、清除。常用套管刮削器见表 5-110。

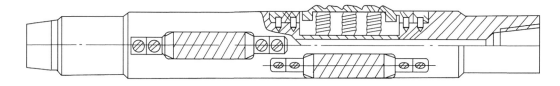

图 5-39　常用弹簧式套管刮削器工具结构示意图

表 5-110　常用套管刮削器

型号	外径/mm	接头螺纹	适用套管规格/mm
GX-114T	107	NC26	114
GX-127T	120	NC26	127
GX-140T	133	NC31	140
GX-168T	162	NC38	168
GX-178T	170	NC38	178

1. 规格参数

弹簧式套管刮削器主要由壳体、刀板、刀板座、固定块、螺旋弹簧、内六角螺钉等零件组成。常用套管刮削器规格见表 5-111。

表 5-111　常用套管刮削器规格

规格型号	外形尺寸/mm	接头螺纹	刮削套管/mm	刀片伸出量/mm
GX-T114	$\phi 112 \times 1\ 119$	NC26	114.30	13.5
GX-T127	$\phi 119 \times 1\ 340$	NC26	127.00	12.0
GX-T140	$\phi 129 \times 1\ 443$	NC31	139.72	9.0
GX-T168	$\phi 156 \times 1\ 604$	NC38	168.28	15.5
GX-T178	$\phi 166 \times 1\ 604$	NC38	177.80	20.5

2.使用要求

刮削器工作在固定尺寸的套管空间内,因此对比这一尺寸小的内径上的黏附物均可刮切。这种刮切作用如同机械加工中的圆柱形绞刀,用坚韧的刀刃切除被切材料和修光被切后表面(表 5-112)。

表 5-112　常用套管刮削器使用要求

项目	内容
名称	套管刮削器
主要用途	套管刮削器可用于清除残留在套管内壁上的水泥块、水泥环、硬蜡、各种盐类结晶或沉积物、射孔毛刺以及套管锈蚀后所产生的氧化铁等,以便畅通无阻地下入各种井下工具
注意事项	① 根据套管内径选定合适的刮削器,并检查工具各部是否完好,刀片动作是否灵活,确定刮削深度,工具与管柱的连接扣必须拧紧。 ② 刮削器接到钻柱上之后压入井内并开泵循环,待循环正常后,边缓慢旋转工具边缓慢下放,然后上提,反复进行,下放速度要慢,防止突然遇阻而损坏刀片。刮削器下井过程中如遇阻,可慢慢旋转几圈再下放。 ③ 刮削过程中,必须保持循环畅通。当指重表指示数不变时,即下放悬重不降,上提悬重不升时,说明刮削干净

（七）梨形胀管器

梨形胀管器(图 5-40)简称胀管器,是用以修复井下套管较小变形的整形工具之一。它依靠地面施加的冲击力(这冲击力由钻具本身的重力或下击器来实现),迫使工具的锥形头部楔入变形套管部位进行挤胀,实现恢复其内通径尺寸的目的。常用梨形胀管器见表 5-113。

图 5-40　常用梨形胀管器工具结构示意图

表 5-113　常用梨形胀管器

型号	外径/mm	接头螺纹	适用套管规格/mm
ZQ-114	114.3	NC26	114
ZQ-127	127	NC31	127
ZQ-140	139.7	NC31	140
ZQ-168	168.28	NC38	168
ZQ-178	177.8	NC38	178

1.规格参数

梨形胀管器为一整体结构,胀管器工作面外部车有循环用水槽,水槽分直式和螺旋式两种。可根据变形井段变形形状和尺寸选用。常用梨形胀管器规格见表 5-114。

表 5-114　常用梨形胀管器规格

规格型号	外形尺寸/mm	接头螺纹	整形尺寸分段/mm	适应套管/in	整形率/%
ZQ-114	$D \times 250$	NC26	92、94、96、98、100	$4\ 1/2''$	98～99
ZQ-127	$D \times 300$	NC31	102、104、106、108、110、112	$5''$	98～99
ZQ-140	$D \times 300$	NC31	114、116、118、120、122、124	$5\ 1/2''$	98～99
ZQ-168	$D \times 350$	NC38	140、142、144、146、148、150、152	$6\ 5/8''$	98～99
ZQ-178	$D \times 400$	NC38	154、156、158、160、162	$7''$	98～99

2. 使用要求

梨形胀管器工作面部分为锥体大端,它依靠地面施加的冲击力迫使工具的锥形头部楔入变形套管部位。胀管器的斜锥体前端锥角一般应大于 30°。当锥角小于 25°时,胀管器锥体与套管接触部位易产生挤压黏连而发生卡钻事故(表 5-115)。

表 5-115　常用梨形胀管器使用要求

项目	内容
名称	梨形胀管器
主要用途	梨形胀管器简称胀管器,是用以修复井下套管较小变形的整形工具之一
注意事项	① 选用比最小通径大 2 mm 的胀管器,接上钻具下井。当钻具重力足够大时,可不下下击器。若钻具重力不够大时,应在工具上部接下击器(建议与钻铤配合使用)。 ② 下至套管变形井段以上一个单根时,开泵洗井,然后下钻具,探遇阻深度,并做好记号。上提钻具 2～3 m 后,以较快速度下放。当记号离转盘面一定高度时(0.1～0.4 m)突然刹车(该刹车高度视钻具长度、质量、下放速度而定),让钻具利用惯性伸长使工具冲胀变形套管。如数次后仍不能通过,应将钻具刹车高度下降 0.1 m 再重复操作。如使用下击器时钻具重力不够,应根据当时的钻具重力、井斜和井内液体情况,定好钻具上提高度及下放速度,以达到冲击胀大变形套管的目的。 ③ 经过上述操作仍不能通过时,表明胀管器所选尺寸太大,应起钻,更换小一级的胀管器重新挤胀。第一级胀管器通过后,第二级胀管器的外径只能比第一极大 1.5～2 mm,以后逐级按 1.5～2 mm 增量进行挤胀

(八)偏心辊子整形器

偏心辊子整形器(图 5-41)对轻度变形的套管进行整形修复,最大可恢复到原套管内径的 98%常用偏心辊子整形器见表 5-116。

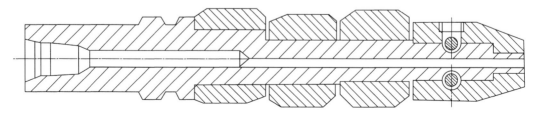

图 5-41　常用偏心辊子整形器工具结构示意图

表 5-116　常用偏心辊子整形器

名称	抗拉强度/MPa	屈服强度/MPa	伸长率/％
偏心轴	≥885	≥685	≥12
辊子	≥885	≥685	≥12

1. 规格参数

偏心辊子整形器由偏心轴、上辊、中辊、下辊、锥辊、钢球以及丝堵等件组成。偏心轴上端为连接钻柱的螺纹,下端为四阶不同尺寸不同轴线的台阶。其中上接头、上辊、下辊三轴为同一轴线,中辊与锥辊为另一轴线,两轴线的偏心距为 6～9 mm。辊子分为上、中、下、锥辊四件,为整形器的整形挤胀关键零件。常用偏心辊子整形器规格见表 5-117。

表 5-117　常用偏心辊子整形器规格

规格型号	适用范围 /mm	最大整形量 /mm	水眼直径 /mm	许用最大扭矩 /(N·m)	连接螺纹
ZX-P114	86.0～100.0	11.0	13.5	3 658	NC26
ZX-P140	105.0～125.0	13.0	15.0	4 150	NC31
ZX-P168	123.0～145.5	15.0	18.0	7 095	NC31
ZX-P178	138.0～164.0	16.0	20.0	7 095	NC38
ZX-P194	158.0～176.5	16.5	22.0	10 306	NC38

2. 使用要求

当钻柱沿自身轴线旋转时,上、下辊自身轴线做圆周运动,然后中辊轴线由于与上、下轴线有一偏心距,因而必绕钻柱中心线做圆周运动,这样就形成一组曲轴凸轮机构,形成以上、下辊为支点,中辊为旋转挤压的形式对变形部位套管进行碾压整形(表 5-118)。

表 5-118　常用偏心辊子整形器使用要求

项目	内容
名称	偏心辊子整形器
主要用途	偏心辊子整形器是对轻度变形的套管进行整形修复的工具
注意事项	① 用卡尺检查各辊子尺寸是否符合设计要求,各辊子孔径与轴的间隙不得大于 0.5 mm。安装后用手转动各辊子是否灵活,上、下活动辊子,其窜动量不得大于 1 mm。检查滚珠安装口丝堵是否上紧。上紧后锥辊应灵活转动,不能有任何卡阻现象。 ② 将工具各部涂润滑脂,接上钻柱(偏心辊子整形器＋钻铤＋开式下击器＋钻杆),下入井中。下偏心辊子整形器至变形位置以上 1～2 m 处,开泵循环,记录钻具悬重,待洗井正常后启动转盘空转钻柱,转速不超过 20 r/min。 ③ 慢放钻柱,使辊子逐渐进入变形井段,转盘扭矩增大后,缓慢进尺,直至通过变形井段。上提钻柱,用较高的转速反复进行划眼,直至上下能比较顺利通过为止

（九）震击器

震击器（图 5-42）包括开式下击器、润滑式下击器、液压上击器和液体加速器。震击器通常与打捞工具配套使用，用于抓获落鱼后活动管柱解卡，在最大上提力下仍不能解卡时，用震击器给被卡管柱施以向下或向上的震击冲力，以解除卡阻。常用震击器见表 5-119。

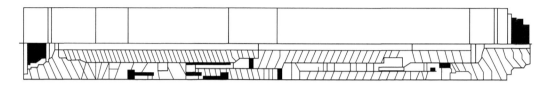

图 5-42　常用震击器工具结构示意图

表 5-119　常用震击器

型号	外径/mm	水眼/mm	长度/m	许用工作拉力/kN	许用工作扭矩/(kN·m)	许用释放力上击/kN	许用释放力下击/kN
YJ121	121	45	6.3	1 100	15	400±40	250±20
YJ203	203	70	6.6	2 800	35	1 000±100	450±40
QJ203	203	70	4.6	2 800	35	800±40	450±40
QJ178	178	57	5.7	2 400	30	700±30	450±40
CS121	121	45	3.7	1 100	15	350±20	—
CS203	203	70	4.7	2 800	35	1 000±50	—

1. 规格参数

震击器由上接头、芯轴体、花键体、连接体、压力体、芯轴、锥体、冲管、浮子、冲管体组成。常用震击器规格见表 5-120。

表 5-120　常用震击器规格

型号	外径/mm	内径/mm	井下最大提拉力/kN	拉开行程/mm	最高工作温度/℃	井下工作扭矩/(N·m)	接头螺纹
CSJ44Ⅱ	114.30	51	300	305	150	9 000	NC26
CSJ46Ⅱ	120.65	51	400	305	150	9 800	NC31
CSJ62Ⅱ	158.75	57	700	320	150	14 700	NC38
CSJ70Ⅱ	177.80	60	900	320	150	14 700	NC50

2. 使用要求

超级震击器是通过锥体活塞在液缸内的运动压缩液体和钻具被提拉储能来实现上击动作。安装在震击器上方的钻具被提拉时，锥体活塞压缩液体，锥体活塞与密封体之间的阻尼作用，为钻具储能提供了时间。当锥体活塞运动到释放腔时，随着高压液压油瞬时卸荷，钻具突然收缩，产生向上的动载荷，为被卡的钻具提供巨大的打击力（表 5-121）。

表 5-121 常用震击器使用要求

项目	内容
名称	震击器
主要用途	震击器连接在钻铤的下方,打捞作业时提供更高的动载荷,实现解卡
注意事项	① 井内钻具被卡需要向上震击解卡时,应从卡点倒开并提起钻具,然后下打捞工具及震击器。震击器的上方应连接 100 m 左右的钻铤,以提高震击效果。 ② 当打捞工具捞住井下落鱼之后,下放钻具,给震击器芯轴施加 3~4 t 的钻压,使震击器关闭。 ③ 提钻震击时,以一定的速度和拉力上提钻具,使钻具产生足够的弹性伸长,然后刹住刹把,等待震击。井下情况各异,产生震击的时间也从几秒至几分钟不等。产生震击之后,若需进行第二次震击,应下放钻具关闭震击器,再向上提拉进行第二次震击,并可以进行反复多次的震击

四、辅助类型工具

(一)安全接头

安全接头(图 5-43)可以承受一定的提拉负荷,同时可以传递扭矩,一般接在修井工具之上。当管柱遇卡阻提不动时,可根据需要退出安全接头以上(包括安全接头芯轴以上)管柱,简化下步施工程序。常用安全接头见表 5-122。

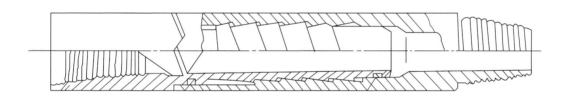

图 5-43 常用锯齿螺纹安全接头工具结构示意图

表 5-122 常用安全接头

类型	抗拉强度/MPa	下屈服强度/MPa	断后伸长率/%	断面收缩率/%	冲击功/J	布氏硬度/HBW
锯齿螺纹型	≥965	≥825	≥13	≥40	≥54	≥285
键式连接型	≥965	≥825	≥13	≥40	≥54	≥285

1. 规格参数

安全接头分锯齿螺纹和键式连接两种类型。锯齿螺纹安全接头由上接头、下接头和 O 形密封圈组成。常用锯齿螺纹安全接头规格见表 5-123。

表 5-123 常用锯齿螺纹安全接头规格

规格型号	外形尺寸 (直径×长度)/mm	接头螺纹	使用规范及性能参数	
			最小内径/mm	松脱钻压/kN
AJ2 7/8	φ108×620	NC31	50	10

表 5-123(续)

规格型号	外形尺寸 （直径×长度)/mm	接头螺纹	使用规范及性能参数	
			最小内径/mm	松脱钻压/kN
AJ3 1/2	$\phi125\times660$	NC38	68	10
AJ4 1/2	$\phi156\times700$	NC46	80	10
AJ5 1/2	$\phi175\times735$	NC50	100	10

2. 使用要求

锯齿螺纹安全接头是连接在钻井、修井、测试、洗井、压裂、酸化等施工作业管柱中具有特殊用途的接头。当作业管柱正常工作时，它可传递正向或反向扭矩，可承受拉、压负荷，并保证循环液畅通。当作业工具遇卡时，锯齿螺纹安全接头可首先脱开，将安全接头以上管柱起出(表 5-124)。

表 5-124　常用锯齿螺纹安全接头使用要求

项目	内容
名称	锯齿螺纹安全接头
主要用途	锯齿螺纹安全接头是连接在钻井、修井、测试、洗井、压裂、酸化等施工作业管柱中具有特殊用途的工具
注意事项	① 用于打捞、磨铣等修井管柱时应将安全接头接在其他修井工具之上。 ② 宽锯齿形螺纹处、方扣形螺纹处涂螺纹密封脂，旋紧扭矩适中，凸凹、凸线应吻合良好。需要退出松开安全接头时，锯齿螺纹接头将钻具反转 1～3 圈，下放下击工具，使悬重(钻压)达 5～10 kN，然后反转钻柱即可松开接头，退出上接头及以上管柱；方扣形接头应上提钻柱至接头以上管柱悬重，反转钻柱即可松开接头退出上接头及以上管柱。 ③ 安全接头入井前，工具的上、下接头必须预紧，接头与钻柱连接处应紧固

（二）铅模

铅模(图 5-44)主要用于检测落鱼鱼顶几何形状、深度和套损井套损程度、深度位置等。利用印痕对套管和落物鱼头状态及几何形状进行印证，然后加以定性、定量分析，结合井况以确定其形状和尺寸。对于常规大小修井下作业，最常用的方法仍然是铅模打印检验法，根据印痕判断事故的性质，为制定修理和打捞落物的措施及选择工具提供依据。常用铅模见表 5-125。

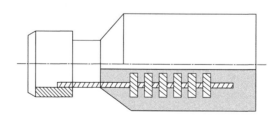

图 5-44　常用铅模工具结构示意图

表 5-125 常用铅模

规格	外径/mm	配接扣型	铅模水眼/mm	铅模长度/mm	总长/mm
QM100	89	NC31	20	100	200
QM120	108	NC31	20	100	200
QM170	121	NC50	30	120	200
QM195	159	NC50	30	120	250
QM225	159	NC50	40	130	300

1. 规格参数

铅模由模芯和熔铸于底部的铅组成,主要结构包括接箍、短节、拉筋及铅体,中心有直通水眼以便冲洗鱼顶。常用铅模规格见表 5-126。

表 5-126 常用铅模规格

套管尺寸/mm	114.30	127.00	139.70	168.28	177.80	193.68	244.48
外径/mm	95	105	114～118	145	158	160	218
长度/mm	120	120	150	180	180	180	180

2. 使用要求

铅模的工作原理是依靠铅硬度小、塑性好的特点,在钻压作用下与落鱼或变形套管接触,产生塑性变形,从而间接反映出鱼顶状态或套管情况(表 5-127)。

表 5-127 常用铅模使用要求

项目	内容
名称	铅模
主要用途	铅模是用来探测井下落鱼鱼顶状态和套管情况的一种常用工具
注意事项	① 检查铅模柱体四周与底部不能有影响印痕判断的伤痕存在,如有轻微伤痕,下井前用锉刀将其修复平整。 ② 测量铅模外形尺寸,应以铅模底部直径为下井直径,并留草图。螺纹涂油,接上钻具下入井中,下钻速度不宜过快,以免中途将铅模顿碰变形,影响分析结果。 ③ 下至鱼顶以上一单根时开泵冲洗,待鱼顶冲净后,加压打印。打铅印一般加压 30 kN,可视情况增加,但不能超过 50 kN,加压打印一次后即行起钻

(三) 通径规

通径规(图 5-45)是检测套管、油管、钻杆以及其他管子内通径尺寸的简单而常用的工具。用它可以检查各种管子的内通径是否符合标准,检查其变形后能通过的最大几何尺寸,是修井、作业检测必不可少的工具。常用通径规见表 5-128。

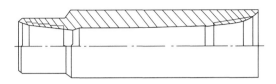

图 5-45　常用套管通径规工具结构示意图

表 5-128　常用通径规

类型	小于套管通径/mm	壁厚/mm	有效长度/m
直井通径规	4～8	2.5～5	＞工具长度 0.1～0.3
水平井通径规	6～8	8～10	0.3～0.4

1. 规格参数

通径规一般为长圆柱体,由接头和本体两部分组成。有些通径规上、下两端均加工有连接螺纹,上端与钻具相连接,下端备用。常用通径规规格见表 5-129。

表 5-129　常用通径规规格

套管规范/mm	114.30	127.00	139.72	146.05	168.28	177.80
外径 D/mm	92～95	102～107	114～118	119～128	136～148	146～158
长度 L/mm	1 000～2 000	1 000～2 000	1 000～2 000	1 000～2 000	1 000～2 000	1 000～2 000
上部接头螺纹	NC26	NC26	NC31	NC31	NC31	NC38
下部接头螺纹	NC26	NC26	NC31	NC31	NC31	NC38

2. 使用要求

通径规接在下井第一根油管或钻杆的末端,逐步加深管柱,下入至井底或设计深度,用修井液洗井一周以上后提出通径规(表 5-130)。

表 5-130　常用套管通径规使用要求

项目	内容
名称	通径规
主要用途	通径规是检测套管、油管、钻杆以及其他管子内通径尺寸的简单而常用的工具
注意事项	① 下通井管柱时,管柱连接螺纹应按标准扭矩上紧、上平,防止管柱出现脱扣,造成落井事故。下入井内管柱应清洗干净,螺纹涂密封脂,管柱长度、深度应丈量、计算准确,记录清晰。 ② 通井中途遇阻或探人工井底,加压不得超过 30 kN。通井遇阻时,不得猛顿,应起出通径规进行检查,找出原因,待采取措施后,再进行通井

(四) 管钳

管钳(图 5-46)用于转动金属管或其他圆柱形工件,是管子丝扣连接或拆卸的工具。使用时根据管径大小转动螺母至适当位置,即可用钳口上的轮齿咬牢管子,并可驱使管子转动。常用管钳见表 5-131。

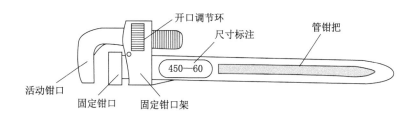

图 5-46 管钳结构示意图

表 5-131 常用管钳

类型	适用范围/mm	用途	备注
开口式	20～100	油管上卸	开口等于管径
链条式	>100	套管上卸	适合薄壁大尺寸

1. 规格参数

管钳包括一个夹紧头和一个手柄,它们由不锈钢或铜制成。夹紧头有两个部分,一部分是型号,另一部分是螺纹。常用管钳规格见表 5-132。

表 5-132 常用管钳规格

长度	in	6	8	10	12	14	18	24	36	48
	mm	150	200	250	300	350	450	600	900	1 200
夹持最大管子外径/mm		20	25	30	40	50	60	70	80	100

2. 使用要求

管钳型号可以适应不同尺寸的管子,而螺纹可以帮助管钳夹紧管子。手柄可以帮助操纵者有效地控制夹紧头的运动,使其能够轻松地夹紧或松开管子(表 5-133)。

表 5-133 常用管钳使用要求

项目	内容
名称	管钳
主要用途	管钳是用来转动金属管或其他圆柱形工件及上、卸螺纹的工具,是井下作业施工连接地面管线和连接下井管柱的常用工具
注意事项	① 使用前应先检查固定销钉是否牢固,钳头、钳柄有无裂痕,不牢固、有裂痕者不能使用。 ② 使用管钳不能加加力杠,不能将管钳当榔头或撬杠使用。 ③ 用后要及时清洗、保养

(五) 管具吊卡

套扣(图 5-47)是钻杆接头、油管、套(铣)管接箍下面,用以悬挂、提升和下入钻杆、套(铣)管、油管等管柱的工具。常用管具吊卡见表 5-134。

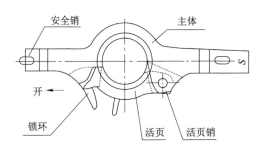

图 5-47 对开式吊卡结构示意图

表 5-134 常用管具吊卡

吊卡	型式				
	侧开式		对开式		闭锁环式
钻杆吊卡	平台阶	锥形台阶	平台阶	锥形台阶	/
套管吊卡		/		/	
油管吊卡					平台阶

1. 规格参数

管具吊卡悬挂在提升系统大钩两侧的吊环里面,以便对井眼进行起出或下入钻具及油管、套管的作业。吊卡由左右主体、锁舌、扣锁机构等部件组成,其主要受力件为主体、锁舌、轴、销等。常用吊卡规格见表 5-135。

表 5-135 常用吊卡规格

油管公称直径	吊卡孔径		吊卡最大载荷系/kN
	上孔/mm	下孔/mm	
73.0(2 7/8″)	76	76	900
73.0(2 7/8″)	82	76	1 125
88.9(3 1/2″)	92	92	1 350

2. 使用要求

管具吊卡使用前检查活门、月牙是否灵活好用。在起下管柱时,应先将活门或月牙完全打开,卡在油管或钻杆接箍下方,再关闭活门或月牙,将左、右两侧悬挂在吊环上,然后插好销子(表 5-136)。

表 5-136 常用管具吊卡使用要求

项目	内容
名称	吊卡
主要用途	吊卡是卡住油管或其他钻具并将其吊起的专用工具,依靠提升系统上下运动完成起下井下管柱作业

表 5-136(续)

项目	内容
注意事项	① 按规定定期检测。 ② 吊卡销子要系好保险绳。 ③ 吊卡用后要及时清洗、保养。 ④ 防止加厚油管和平式油管吊卡用错

（六）吊环

吊环(图 5-48)是在钻采作业中用于悬持吊卡起升或下降的重要工具,分为单臂吊环和双臂吊环(表 5-137)。

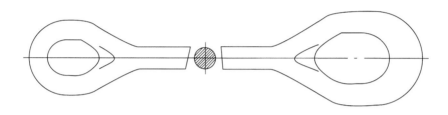

图 5-48　单臂吊环结构示意图

表 5-137　常用吊环

吊环	适用	材质	承载能力
双臂吊环	浅井(<3 000 m)	合金钢锻造焊接	<1 350 kN
单臂吊环	深井	合金钢整体锻造	>1 350 kN

1. 规格参数

吊环要求承载能力强、耐冲击、重量轻、安全可靠。吊环上耳挂在大钩的两侧副钩上,下部挂在吊卡的吊耳上。常用吊环规格见表 5-138。

表 5-138　常用吊环规格

规格型号	承载能力/kN	长度/cm
DH150	1 350	180
DH200	1 780	270
DH250	2 225	270
DH350	3 115	330
DH500	4 450	360

2. 使用要求

吊环使用前检查活门、月牙是否灵活好用。在起下管柱时,应先将活门或月牙完全打开,卡在油管或钻杆接箍下方,再关闭活门或月牙,将左、右两侧悬挂在吊环上,然后插好销子(表 5-139)。

表 5-139　常用吊环使用要求

项目	内容
名称	吊环
主要用途	吊环是在钻采作业中用于悬持吊卡起升或下降的重要工具,具有良好结构特征和耐磨性能,吊环上耳挂在大钩的两侧副钩上,下部挂在吊卡的吊耳上
注意事项	① 按规定定期检测。 ② 吊环销子要系好保险绳

（七）液压动力钳

液压动力钳(图 5-49)是在油田修井作业中用来快速上卸扣的一种开口型动力钳。它由主钳和背钳组成,结构紧凑、重量轻、效率高。常用液压动力钳见表 5-140。

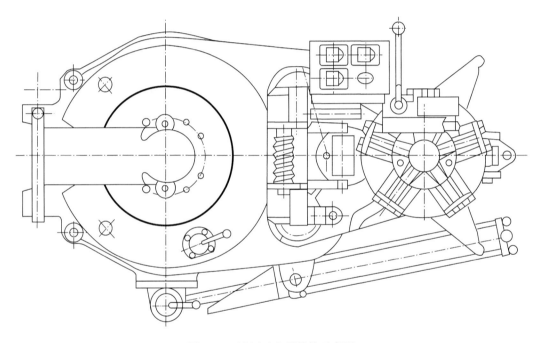

图 5-49　液压动力钳结构示意图

表 5-140　常用液压动力钳

规格代号	28/1.8	28/2.6	89/3	114/6	114/8	140/12	140/20
适用管径范围/mm	19～28	19～28	73～89	73～114	73～114	73～140	73～140
液压源额定压力/MPa	10～16	10～16	10～16	10～16	10～16	10～16	10～16
最大扭矩/(kN·m)	≥1.8	≥2.6	≥3.0	≥6	≥8	≥12	≥20
高挡扭矩/(kN·m)	≥0.7	≥0.8	≥1.0	≥1.0	≥1.7	≥2.5	≥2.5
低挡转速/(r/min)	20～40	20～40	20～40	20～40	20～40	5～30	5～30
高挡转速/(r/min)	60～100	60～100	60～90	60～90	60～90	50～80	50～80
主钳和背钳之间上下相对可调位移/mm	≥45	≥45	≥50	≥50	≥50	≥50	≥50

1. 规格参数

液压钳主钳由钳头卡紧机构、钳头制动机构、钳头扶正机构、齿轮传动轮系等部分组成。钳头制动机构是油管钳的关键部件,它主要由制动盘、摩擦片、制动片及弹簧组成。常用液压钳规格见表 5-141。

表 5-141　常用液压钳规格

名称	参数
应用范围/mm	73～114
高挡额定扭矩/(kN·m)	1.7
低挡额定扭矩/(kN·m)	8
高挡最大转速/(r/min)	85
低挡最大转速/(r/min)	20
钳头开口尺寸/mm	118
外形尺寸/mm	750×500×600
质量/kg	220
额定系统压力/MPa	11

2. 使用要求

液压钳的工作原理是把修井机的动力传递给液压动力钳的液压马达,经行程减速器后使钳头开口齿轮转动,产生高低两种转速,从而带动管具(钻具)旋转(表 5-142)。

表 5-142　常用液压钳使用要求

项目	内容
名称	液压钳
主要用途	液压钳是利用修井机动力操作的机械上、卸丝扣工具,可以极大地减轻修井工人的劳动强度,避免或减少伤害事故的发生
注意事项	① 钳头颚板尺寸应与钻杆接头尺寸相符。 ② 移送大钳到井口时,严禁把气阀一次合到底,以防钳子快速向进口运动造成撞击。 ③ 在公扣没有全部从母扣旋出和大钳没有松开钻具以前,不允许上提钻具。大钳停用时,应将所有液气阀回复零位,单向阀回关位,停液压泵,关闭大钳气路阀门

（八）卡瓦

卡瓦(图 5-50)是用来卡住并悬持井中钻柱的工具,卡瓦主要由卡瓦体、卡瓦牙、手柄以及连接件等组成,不同大小的钻柱要用不同大小的卡瓦。常用卡瓦见表 5-143。

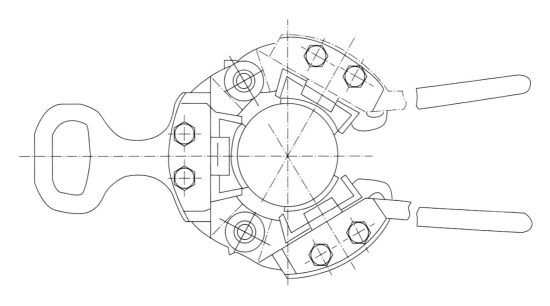

图 5-50 三片式卡瓦结构示意图

表 5-143 常用卡瓦

名称规格	型式	卡瓦牙内径/mm	最大工作负荷/t
73 钻杆卡瓦	四片式	73	75
88.9 钻杆卡瓦	三片式	86.5	100
114.3 钻杆卡瓦	三片式	112.7	100

1. 规格参数

卡瓦抱住钻杆管体时,卡瓦外面的锥面与转盘里方瓦的锥面吻合,在钻柱的自重作用下,斜面使卡瓦抱紧,从而把钻柱卡牢。起出卡瓦时,只要将钻柱上提,卡瓦就可取出。常用卡瓦规格见表 5-144。

表 5-144 常用卡瓦规格

型式	外形尺寸			每副卡瓦牙数	质量/kg
	L/mm	B/mm	H/mm		
四片式	332	165	580	/	83
三片式	766	332	559	50	105
三片式	766	332	559	60	95

2. 使用要求

卡瓦用来放入转盘补心中,卡住和悬持井中的钻具,以进行阻卡划眼作业和配合吊卡起下钻等作业(表 5-145)。

表 5-145　常用卡瓦使用要求

项目	内容
名称	卡瓦
主要用途	卡瓦是用来卡住并悬持井中钻柱的工具,卡瓦主要由卡瓦体、卡瓦牙、手柄以及连接件等组成,不同大小的钻柱要用不同大小的卡瓦
注意事项	① 应根据井内钻具选择合适的卡瓦尺寸,使用中不许超载,不许选用不配套型号。 ② 检查卡瓦牙的锋利程度,不能松动,不能装反,检查是否清洁,检查螺丝、开口销是否齐全、紧固,连接轴销应转动灵活。 ③ 使用后,清洁卡瓦,卡瓦斜体要保持清洁,并经常涂油润滑,外露表面涂防锈油脂,放于室内通风干燥处

（九）船形围堰

船形围堰是外形似船体,能承载钻杆(油管)或其他管柱的重量,收集并存储钻杆(油管)和抽油杆带出的井筒液的装置。常用船形围堰见表 5-146。

表 5-146　常用船形围堰

项目	Ⅰ型参数	Ⅱ型参数
长/mm	11 000	11 000
宽/mm	2 200	2 400
高/mm	360	310
可调式油管桥座高/mm	400、600、800、1 000	400、600、800、1 000
油管桥座调节高度/mm	0～340	0～340
油管桥座单件承重/kN	≥50	≥50
单个船形围堰承重/kN	≥400	≥400

1. 规格参数

船形围堰(图 5-51)主要由围堰、可调式油管桥座、防渗漏卡槽、防滑走道等部件组成。船形围堰上安装可调式管桥座,调节油管桥呈水平状态,可排列钻杆、油管、抽油杆等的管柱。常用船形围堰规格见表 5-147。

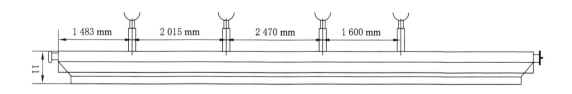

图 5-51　船形围堰结构示意图

表 5-147　常用船形围堰规格

项目	XJ350、XJ450、XJ550 船形围堰配置要求	XJ650、XJ750、XJ850 船形围堰配置要求
船形围堰/个	9	12
可调式油管桥座/件	72	96
防渗漏卡槽/件	63	90
防滑走道/件	9	12
油管桥/组	8	8
油管桥挡管/根	6	6

2. 使用要求

安装船形围堰前应对修井场地进行清理与平整，应检查确认管网、电线、电缆位置，避免损坏井场设备设施（表 5-148）。

表 5-148　常用船形围堰使用要求

项目	内容
名称	船形围堰
主要用途	外形似船体能承载钻杆（油管）或其他管柱的重量，收集并存储钻杆（油管）和抽油杆带出的井筒液的装置
注意事项	① 船形围堰长期存放应采取防日晒雨淋措施。可调式油管桥座、防渗漏卡槽、油管桥等配件应储存于防雨的工棚或室内，不接触酸、碱、有机腐蚀溶剂等物质。 ② 每班应巡查船形围堰是否有渗漏现象，船形围堰内液体接近船体内部结构框架时，应及时回收船形围堰内液体，以免外溢造成井场污染。 ③ 严禁作业人员在钻杆、油管、抽油杆上面站立逗留，可调式油管桥座在使用、拆卸过程中应避免严重磕碰、摔伤，防止螺纹受损

（十）内防喷工具

内防喷工具是用来封闭钻具的中心通孔，与井口防喷器组配套使用，防止井内流体沿钻柱水眼向上喷出。常用的有旋塞阀（图 5-52）、浮阀、投入式止回阀等（表 5-149）。

图 5-52　旋塞阀结构示意图

表 5-149 常用内防喷工具

类型	长度/mm	压力等级/MPa	安装位置
旋塞阀	610	105 /70	安装在方钻杆上或下端
浮阀	610	70	安装在钻杆母扣上
投入式止回阀	435	35	向钻具内投入

1.规格参数

关闭方钻杆旋塞阀时,用专用扳手按要求转动 90°即能关闭旋塞阀。当需要打开方钻杆旋塞阀时,只须用专用扳手反向旋转 90°即能打开,打开旋塞阀必须在规定的压差下进行。常用旋塞阀规格见表 5-150。

表 5-150 常用旋塞阀规格

规格	外径/mm	公称通径/mm	扣型/mm	额定承压/MPa	备注
6 5/8″	200	71.4	6 5/8REG 630 X 631 双反	70	上旋塞
6 5/8″	200	71.4	6 5/8REG 630 X 631 双反	105	上旋塞
5 1/2″	184	82.5	5 1/2FH 520 X 521	70	下旋塞
5 1/2″	184	82.5	5 1/2FH 520 X 521	105	下旋塞
3 1/2″	135	53	NC38 311 X 310	70	下旋塞
2 7/8″	121	53	NC38 311 X 310	70	下旋塞

2.使用要求

旋塞使用时要求额定工作压力与现场防喷器工作压力级别相一致。为防止钻柱内部压力损耗,旋塞内径应大于或等于方钻杆内径,在额定工作压力状态下进行密封试压合格方可使用(表 5-151)。

表 5-151 常用旋塞阀使用要求

项目	内容
名称	旋塞阀
主要用途	用来封闭钻具的中心通孔,与井口防喷器组配套使用,防止井内流体沿钻柱水眼向上喷出。通过专用开关扳手,控制旋塞内部球阀旋转来实现水眼的开通与关闭
注意事项	① 旋塞在使用前必须检验合格,由工程技术部井控欠平衡中心出具合格证。 ② 使用前应检查专用扳手是否配套,旋塞阀在空载情况下开关是否灵活,接头丝扣和密封台肩有无损伤。 ③ 旋塞阀在使用过程中,旋塞阀的开关一定要到位,严禁处于半开、半关状态,旋塞阀的专用扳手应放在钻台上并方便拿取位置

(十一)采油树

采油树(图 5-53)可进行多种不同的组合,以满足特殊用途的需要,并根据使用工况不同而形成系列。常用采油树见表 5-152。

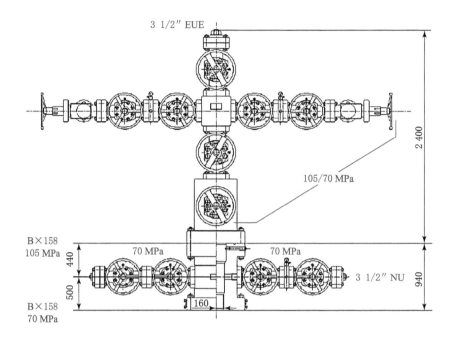

图 5-53　采油树结构示意图

表 5-152　常用采油树

材料级别	本体、盖端部和出口连接	控压件、阀杆和芯轴悬挂器	相应的腐蚀性	H_2S 分压/psi	CO_2 分压/psi
EE	碳钢	不锈钢	轻微腐蚀	＞0.05	7～30
FF	不锈钢	不锈钢	中～高程度腐蚀	＞0.05	＞30
HH	耐蚀合金	耐蚀合金	严重腐蚀	＞0.05	＞30

1. 规格参数

采油树是阀门和配件的组成总成,用于油气井的流体控制,并为生产油管柱提供入口,包括油管头上法兰上的所有装备。常用采油树规格见表 5-153。

表 5-153　常用采油树规格

型号	KQ(KY)65-35	KQ(KY)78/65-70	KQ(KY)78/65-105
工作压力/MPa	35	70	105
采油树主通径/mm	65	78	78
采油树旁通径/mm	65	65	65
材料类别	AA、BB、CC、DD、EE、FF		
性能级别	PR1、PR5		
规范级别	PSL1、PSL2、PSL3、PSL6G		
适用温度	K、L、P、R、S、T、U、V		

2.使用要求

采油树按不同的作用又分采油(自喷、人工举升)、采气(天然气和各种酸性气体)、注水、热采、压裂、酸化等专用井口装置(表5-154)。

表5-154　常用采油树使用要求

项目	内容
名称	采油树
主要用途	采油树是阀门和配件的组成总成,用于油气井的流体控制,并为生产油管柱提供入口,包括油管头上法兰上的所有装备
注意事项	① 采油树调运到井场时,严禁直接放到地面上,以防异物进入和腐蚀。 ② 采油树安装时,一定将钢圈槽和钢圈进一步清理干净,检查是否有损伤,装配时一定涂抹润滑脂。 ③ 对接安装时,操作平稳,严禁猛起猛放,连接螺栓对角上紧,检查法兰面间隙是否均匀,确保无误后,先对角后顺次紧固好螺栓。 ④ 按照规范要求对井口采油树和大四通进行试压

(十二)防喷器

防喷器(图5-54)安装在井口套管头上,在实施作业期间控制高压油、气、水的井喷装置,分普通防喷器、万能防喷器和旋转防喷器(表5-155)。

表5-155　常用防喷器

类型	型号	承压/MPa	内通径/mm	备注
环形防喷器	FH	35、70、105	230、280、346	球形胶芯
单闸板防喷器	FZ	35、70、105	230、280、346	半封闸板
双闸板防喷器	2FZ	35、70、105	230、280、346	全封＋半封闸板

1.规格参数

闸板防喷器由壳体、侧门、液压缸、活塞、活塞杆、锁紧轴、缸盖、闸板总成、密封件等主要零部件组成。常用单闸板防喷器规格见表5-156。

表5-156　常用单闸板防喷器规格

型号	FZ35-35	FZ28-70	FZ35-70	FZ28-105
法兰名义尺寸	13 5/8″	11″	13 5/8″	11″
通径/mm	346	280	346	280
压力等级/MPa	35	70	70	105
密封垫环号	BX-160	BX-158	BX-159	BX-158
外形尺寸(长×宽×高)/mm	3 284×920×900	2 530×1 140×860	3 284×942×860	3 462×950×1 140
质量/kN	3 884	5 245	4 980	5 194

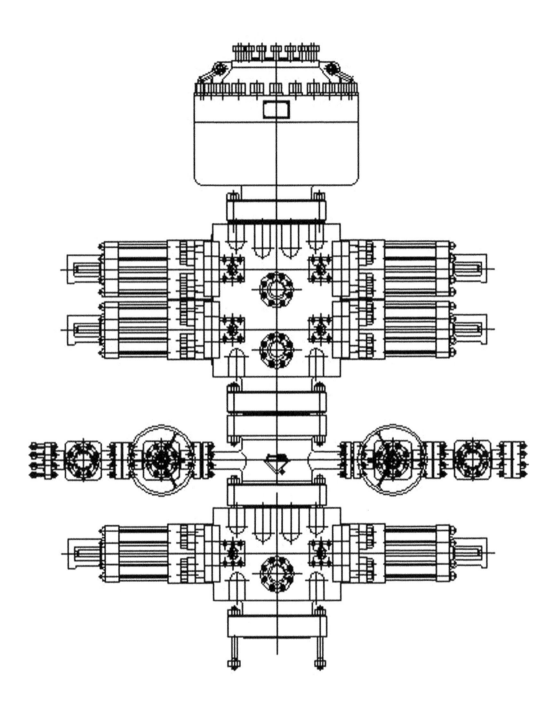

图 5-54 　防喷器组合结构示意图

2. 使用要求

闸板防喷器在使用前要进行密封试压至额定工作压力，合格后方能运往井场，应根据井控规定要求的防喷器组合形式进行安装（表 5-157）。

表 5-157 常用闸板防喷器使用要求

项目	内容
名称	闸板防喷器
主要用途	闸板防喷器是安装在井口套管头之上，作业期间控制高压油、气、水的井喷装置
注意事项	① 防喷器内所装闸板尺寸，必须与钻井使用的钻具尺寸一致，并在司钻台和远程台上挂牌标明所装闸板尺寸，以防错装。 ② 严禁打开闸板来卸井内压力，每次打开闸板前，应检查手动锁紧装置是否解锁，打开后，要检查闸板是否全开，不得停留在中间位置。 ③ 每次起钻完毕，须检查全封闸板开关是否灵活，并检查手动锁紧装置是否正常。 ④ 每口井用完后，拆开与防喷器连接的液压管线，孔口用堵头堵好，将外部和闸板室内腔清洗干净，然后在螺栓孔、垫环槽、闸板室顶部密封凸台、底面和侧面的支撑筋及侧门铰链等处，涂防水黄油润滑防锈

（十三）抽油杆吊卡

抽油杆吊卡（图 5-55）为舌簧式吊卡，主要由卡体和提把等零件组成，是悬持抽油杆的重要工具，前后压舌装在卡体内，可围绕圆销转动，前舌内各装一扭簧，抽油杆通过开口可自由进入卡体内孔。常用抽油杆吊卡见表 5-158。

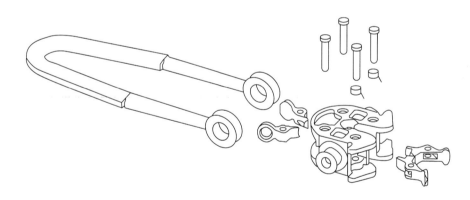

图 5-55 抽油杆吊卡结构示意图

表 5-158 常用抽油杆吊卡

零件名称	材料	数量
卡体	ZG35CrMo	1
提环	35CrMo	1
前舌	ZG35CrMo	2
后舌	ZG35CrMo	2
弹簧	60Si2Mn	2
圆销	35CrMo	4

1. 规格参数

抽油杆吊卡是起下抽油杆的专用吊卡,主要由外壳、吊环、旋转套等组成。抽油杆吊卡中间的卡具(卡套)一般是可以更换的,可以变成所需的卡具尺寸,适应各种规格尺寸的抽油杆的起下作业。常用抽油杆吊卡规格见表5-159。

表5-159　常用抽油杆吊卡规格

吊卡型号	吊卡孔径/mm	适用抽油杆规格/in	最大工作载荷/t
CDQ(S)19	19	$1/2''\sim5/8''$	
CDQ(S)23	23	$5/8''\sim3/4''$	
CDQ(S)26	24	$3/4''\sim7/8''$	15、20、25
CDQ(S)30	30	$7/8''\sim1''$	
CDQ(S)33	32	$1\ 1/8''$	
CDQ(S)36	36	$1\ 1/4''$	

2. 使用要求

抽油杆吊卡能够安全有效地起吊$5/8''$(15.88 mm)$\sim1''$(25.40 mm)管柱,还能够起吊空心管。吊卡体可以翻转,即使在重载之下也不会使管子受弯或受扭(表5-160)。

表5-160　常用抽油杆吊卡使用要求

项目	内容
名称	抽油杆吊卡
主要用途	抽油杆通过开口可自由进入卡体内孔,此时松开后舌,前舌将回复原位,拴住抽油杆,可防止抽油杆脱出,可满足石油修井作业中各种规格抽油杆作业的提升
注意事项	① 吊卡出厂前,卡体和提把等主要零件均进行严格检查,使用一个时期(三个月)或修理吊卡时,应检查卡体和提把是否有伤痕、裂纹,如出现伤痕或裂纹,则严禁使用。 ② 使用前应检查前后舌转动是否灵活,前舌是否全部进入卡体内,提把转动是否灵活。使用时,当抽油杆进入卡体内,应检查前舌是否回复原位,拴住抽油杆。 ③ 严禁超过额定负荷使用,吊卡如出现裂纹和承载面的过度磨损(磨损量≥2 mm),则严禁使用

第六章　常用井下作业计算

第一节　水力参数常用计算

1. 修井泵额定水功率

$$P_{pr} = P_r \times Q_r \qquad (6\text{-}1)$$

式中　P_{pr}——修井泵额定水功率，kW；

$\quad$ P_r——修井泵额定泵压，MPa；

$\quad$ Q_r——修井泵额定流量，L/s。

2. 修井泵实发水功率

$$P_P = P_S \times Q \qquad (6\text{-}2)$$

式中　P_P——修井泵实发水功率，kW；

$\quad$ P_S——修井泵工作泵压，MPa；

$\quad$ Q——修井泵流量，L/s。

3. 修井泵水功率分配关系

$$P_P = P_b + \Delta P_{cr} \qquad (6\text{-}3)$$

式中　P_P——修井泵实发水功率，kW；

$\quad$ P_b——钻头（喷嘴）水功率，kW；

$\quad$ ΔP_{cr}——循环系统损耗水功率，kW。

4. 修井泵压力分配关系

$$P_S = \Delta P_b + P_g + \Delta P_{CS} \qquad (6\text{-}4)$$

式中　P_S——修井泵工作泵压，MPa；

$\quad$ ΔP_b——钻头（喷嘴）压降，MPa；

$\quad$ ΔP_g——地面管汇压力损耗，MPa；

$\quad$ ΔP_{CS}——循环系统压力损耗，MPa；

$$\Delta P_{CS} = \Delta P_{pi} + \Delta P_{ci} + \Delta P_{pa} + \Delta P_{ca} + \Delta P_g \qquad (6\text{-}5)$$

5. 钻头（喷嘴）压力降

$$\Delta P_b = k_b \times Q^2 \qquad (6\text{-}6)$$

式中　ΔP_b——钻头（喷嘴）压降，MPa；

$\quad$ Q——修井液流量，L/s；

$\quad$ k_b——钻头（喷嘴）压降系数，无因次量。

$$k_b = \frac{554.4\rho_d}{A_J^2} \tag{6-7}$$

式中 ρ_d——修井液密度,g/cm^3;

        A_J——喷嘴截面积,mm^2;

$$A_J = \left(\frac{554.4 \times \rho_d \times Q^2}{P_S - \Delta P_{CS}}\right)_{0.5} \tag{6-8}$$

式中 ρ_d——修井液密度,g/cm^3;

        Q——修井液流量,L/s;

        P_S——修井泵工作泵压,MPa;

        ΔP_{CS}——循环系统压力损耗,MPa.

6. 地面管汇压力损耗

$$\Delta P_g = k_g \times Q^{1.8} \tag{6-9}$$

式中 ΔP_g——地面管汇压力损耗,MPa;

        Q——修井液流量,L/s;

        k_g——地面管汇压力损耗系数。

$$k_g = 3.767 \times 10^{-7} \times \rho_d^{0.8} \times \mu_{pv}^{0.2} \tag{6-10}$$

$$\mu_{pv} = \theta_{600} - \theta_{300} \tag{6-11}$$

式中 θ_{600}、θ_{300}——旋转黏度计 600 r/min、300 r/min 的读数,无因次量;

        μ_{pv}——塑性黏度,mPa·s。

7. 管内循环压力损耗

(1)钻杆内

$$\Delta P_{pi} = k_{pi} \times L_P \times Q^{1.8} \tag{6-12}$$

$$k = 7\,628 \times \rho_d^{0.8} \times \mu_{pv}^{0.2} \times d_{pi}^{\frac{1}{4.8}} \tag{6-13}$$

式中 ΔP_{pi}——钻杆内循环压力损耗,MPa;

        k_{pi}——钻杆内循环系统压力损耗系数,无因次量;

        L_P——钻杆长度,m;

        Q——修井液流量,L/s;

        ρ_d——修井液密度,g/cm^3;

        μ_{pv}——塑性黏度,mPa·s;

        d_{pi}——钻杆内径,mm。

(2)钻铤内

$$\Delta P_{pi} = k_{ci} \times L_c \times Q^{1.8} \tag{6-14}$$

$$k_{ci} = 7\,628 \times \rho_d^{0.8} \times \mu_{pv}^{0.2} \times d_{ci}^{\frac{1}{4.8}} \tag{6-15}$$

式中 ΔP_{pi}——钻铤内循环压力损耗,MPa;

        k_{ci}——钻铤内循环系统压力损耗系数,无因次量;

        L_c——钻铤长度,m;

        Q——修井液流量,L/s;

        ρ_d——修井液密度,g/cm^3;

μ_{pv}——塑性黏度,mPa・s;

d_{ci}——钻铤内径,mm。

8. 管外循环压力损耗

(1) 钻杆外

$$\Delta P_{pa} = k_{pa} \times L_P \times Q^{1.8} \tag{6-16}$$

$$k_{pa} = \frac{7\,628 \times \rho_d^{0.8} \times \mu_{pv}^{0.2}}{(d_v - d_p)^3 (d_h + d_p)^{1.8}} \tag{6-17}$$

式中　ΔP_{pa}——钻杆内循环压力损耗,MPa;

k_{pa}——钻杆内循环系统压力损耗系数,无因次量;

L_a——钻杆长度,m;

Q——修井液流量,L/s;

ρ_d——修井液密度,g/cm^3;

μ_{pv}——塑性黏度,mPa・s;

d_h——井眼直径,mm;

d_P——钻杆外径,mm。

(2) 钻铤外

$$\Delta P_{ca} = k_{ca} \times L_c \times Q^{1.8} \tag{6-18}$$

$$K_{pa} = \frac{7\,628 \times \rho_d^{0.8} \times \mu_{pr}^{0.2}}{(d_h - d_c)^3 (d_h + d_c)^{1.8}} \tag{6-19}$$

式中　ΔP_{ca}——钻铤内循环压力损耗,MPa;

k_{ca}——钻铤内循环系统压力损耗系数,无因次量;

L_c——钻铤长度,m;

Q——修井液流量,L/s;

ρ_d——修井液密度,g/cm^3;

μ_{pv}——塑性黏度,mPa・s;

d_h——井眼直径,mm;

d_c——钻铤外径,mm。

9. 钻头(喷嘴)水功率

$$P_b = \Delta P_b \times Q \tag{6-20}$$

式中　P_b——钻头(喷嘴)水功率,kW;

ΔP_b——修井泵实发水功率,kW;

Q——修井液流量,L/s。

10. 射流喷射速度

$$V_J = \frac{1\,000Q}{A_J} \tag{6-21}$$

式中　V_J——射流喷射速度,m/s;

Q——修井液流量,L/s;

A_J——喷嘴截面积,mm^2。

11. 射流冲击力

$$F_J = \rho_d \times V_J \times Q \tag{6-22}$$

式中　F_J——射流冲击力，N；

　　　ρ_d——修井液密度，g/cm³；

　　　V_J——射流喷射速度，m/s；

　　　Q——修井液流量，L/s。

12. 钻头单位面积水功率（比水功率）

$$P_{bs} = \frac{1\,000P_b}{A_b} \tag{6-23}$$

式中　P_{bs}——钻头单位面积水功率，W/mm²；

　　　P_b——钻头水功率，kW；

　　　A_b——井底面积，mm²；

　　　d_b——钻头直径，mm。

$$A_b = \frac{1}{4}\pi d_b^2 \tag{6-24}$$

13. 修井泵功率利用率

$$\mu = \frac{P_b}{P_p} \tag{6-25}$$

式中　μ——修井泵功率利用率，无因次量；

　　　P_b——钻头水功率，kW；

　　　P_p——修井泵实发水功率，kW。

14. 修井液环空返速

$$v_a = \frac{1\,273Q}{d_h^2 - d_p^2} \tag{6-26}$$

式中　v_a——修井液环空返速，m/s；

　　　Q——修井液流量，L/s；

　　　d_h——井眼直径，mm；

　　　d_p——钻杆外径，mm。

第二节　修井液常用计算

1. 压井液密度选择

$$\gamma_{液} = 100(p_{层} + p_{附})/H \tag{6-27}$$

式中　$\gamma_{液}$——压井液的相对密度，g/cm³；

　　　$p_{层}$——静压或目前地层压力，MPa；

　　　$p_{附}$——附加压力（MPa），取值范围为 1～1.5 MPa；

　　　H——油层中部深度，m。

2. 地层压力倍数选择

$$\gamma_{液} = 100\,p_{倍}\,p_{层}/H \tag{6-28}$$

式中　$p_{倍}$——附加系数，1.10～1.15。

3．压井液相对密度

压井管柱深度不超过油层中部深度时，压井液相对密度计算公式是：

$$\gamma_{液} = 100 \times [p_{层} + p_{附} - i \times (H - h)]/h \tag{6-29}$$

式中　h——实际压井深度，m；

i——压力梯度，MPa/m。

从保护油层来看，现场多采用密度选择法确定压井液密度。在使用附加压力和附加系数时应考虑如下因素：

① 静压或原始地层压力值来源的可靠性及其偏差。

② 油气层能量的大小：产能大则多取，产能小则少取。

③ 生产状况：油气比高的井多取，低的井少取；注水开发见效的井多取，未见效少取。

④ 修井施工内容、难易程度与时间长短：作业难度大、时间长的井多取，反之少取；大套管多取，小套管少取；井深少取，井浅多取。

⑤ 密度在 1.5 以上时，附加压力不超过 1.5 MPa。

4．加重剂用量

$$w_{加} = \frac{\rho_{加} V_{原} (\rho_{重} - \rho_{原})}{\rho_{加} - \rho_{重}} \tag{6-30}$$

式中　$w_{加}$——所需加重剂的重量，t；

$\rho_{加}$——加重材料的密度，g/cm³；

$\rho_{原}$——加重前修井液密度，g/cm³；

$\rho_{重}$——加重后修井液密度，g/cm³；

$V_{原}$——加重前的修井液体积，m³。

5．修井液循环一周（从进井口到返出井口）所需时间

$$T = 16.67 \times \frac{V_{h} - V_{p}}{Q} \tag{6-31}$$

式中　T——修井液循环一周的时间，min；

V_{h}——井眼容积，m³；

V_{p}——钻柱本体体积，m³；

Q——修井液泵排量，L/s。

6．修井液上返速度

$$V_{返} = \frac{1\,274Q}{d_{h}^{2} - d_{p}^{2}} \tag{6-32}$$

式中　$V_{返}$——修井液上返速度 ，m/s；

Q——修井液泵排量，L/s；

d_{h}——井径（钻头直径），mm；

d_{p}——钻柱外径 ，mm；

7．井漏速度

$$v_{漏} = \frac{Q_{漏}}{t_{漏}} \tag{6-33}$$

式中　$v_{漏}$——漏失速度，m³/h；

$Q_漏$——漏失量，m^3；

$t_漏$——漏失时间，h。

8. 井底温度

$$T = T_0 + \frac{H}{168} \qquad (6\text{-}34)$$

式中　T——井底循环温度，℃；

　　　T_0——井口循环温度，℃；

　　　H——井深，m。

9. 配置修井液所需黏土和水量

$$W_土 = -\frac{\rho_土 \, V_d (\rho_d - \rho_水)}{\rho_土 - \rho_水} \qquad (6\text{-}35)$$

$$Q_水 = V_d - \frac{W_土}{\rho_土} \qquad (6\text{-}36)$$

式中　$W_土$——所需黏土的量，kg；

　　　V_d——所需修井液量，L；

　　　$\rho_水$——水的密度，g/cm^3；

　　　$\rho_土$——土的密度，g/cm^3；

　　　ρ_d——修井液密度，g/cm^3；

　　　$Q_水$——所需水量，L。

10. 降低修井液密度时加水量

$$W_水 = \frac{V_原 \times (\rho_原 - \rho_稀) \times \rho_水}{\rho_稀 - \rho_水} \qquad (6\text{-}37)$$

式中　$W_水$——所需水量，m^3；

　　　$V_原$——原修井液体积，m^3；

　　　$\rho_原$——原修井液密度，g/cm^3；

　　　$\rho_稀$——稀释后修井液密度，g/cm^3；

　　　$\rho_水$——水的密度，g/cm^3。

第三节　井控常用计算

$$泥浆比重 = \frac{地层压力 \times 10}{井深}（没有附加） \qquad (6\text{-}38)$$

$$地层压力 = 立管压力 + 0.1 \times 密度 \times 井深（关闭环空）$$

$$替泥浆泵压 = \frac{1}{10} \times (H - h)(\gamma_1 - \gamma_2) + 0.01L + (8 \sim 16) \qquad (6\text{-}39)$$

式中　H——管外水泥柱高度，m；

　　　h——管内水泥塞高度，m；

　　　γ_1——水泥浆密度，g/cm^3；

　　　γ_2——修井液密度，g/cm^3；

　　　L——套管下深，m。

1. 关井立管压力

$$P_s + P_d = P_p = P_a + P_{ad} \tag{6-40}$$

式中　P_s——关井立管压力,MPa;

P_d——钻柱内修井液压力,MPa;

P_p——地层压力,MPa;

P_a——关井套管压力,MPa;

P_{ad}——环空内修井液柱压力,MPa。

2. 压井所需修井液的新比重

$$\rho_{d1} = \rho_d + \Delta\rho \tag{6-41}$$

$$\Delta\rho = \frac{1\,000 P_s}{g \times H} + \rho_e \ \text{或} \ \Delta\rho = \frac{1\,000(P_s + P_e)}{g \times H} \tag{6-42}$$

式中　ρ_{d1}——压井所需修井液新密度,g/cm³;

ρ_d——钻柱内修井液密度,g/cm³;

$\Delta\rho$——压井所需修井液密度增量,g/cm³;

P_s——关井立管压力,MPa;

ρ_e——安全附加当量修井液密度(油井 0.05～0.10 g/cm³,气井 0.07～0.15 g/cm³);

P_e——附加压力(油井 1.5～3.5 MPa,气井 3.0～5.0 MPa);

H——井深,m。

3. 压井循环时立管总压力

$$P_T = P_s + P_{cs} + P_e \tag{6-43}$$

式中　P_T——压井循环时立管总压力,MPa;

P_s——关井立管压力,MPa;

P_{cs}——定排量压井循环时钻柱内、钻头水眼、环形空间内流动阻力的循环压力,MPa;

P_e——附加压力,MPa。

4. 初始循环压力

$$PT_i = P_s + P_{ci} + P_e \tag{6-44}$$

式中　PT_i——初始循环压力,MPa;

P_s——关井立管压力,MPa;

P_{ci}——不同排量时立管循环压力,MPa;

P_e——附加压力,MPa。

5. 循环压力

$$PT_f = \frac{\rho_{d1}}{\rho_d} \times P_{ci} \tag{6-45}$$

式中　PT_f——压井终了循环压力,MPa;

ρ_{d1}——压井时所需修井液密度,g/cm³;

ρ_d——关井时钻柱内未气侵修井液密度,g/cm³;

P_{ci}——不同排量循环时立管压力,MPa。

第四节　解卡常用计算

1. 卡点深度

$$\begin{cases} L = K\dfrac{e}{p} \\ K = 21F \end{cases}$$ (6-46)

式中　L——卡点深度，cm；

　　　e——平均伸长，cm；

　　　p——平均拉力，t；

　　　K——计算系数（见表 6-1）；

　　　F——管体截面积，cm^2。

表 6-1　常用卡点计算系数 K 值表

	外径/mm	壁厚/mm	内径/mm	F/cm^2	K
	114	10.92	92.5	35.47	745
API 钻杆	127	9.195	108.6	34.03	715
	73	9.19	54.6	18.43	387
	139.7	6.20	127.3	26.00	546
API 套管	139.7	7.72	124.3	31.91	670
	139.7	9.17	121.4	37.51	788

2. 复合钻具卡点深度

① 通过大于钻柱原悬量的实际拉力提拉被卡钻具，量出钻柱总伸长 ΔL（一般取多次提拉伸长量的平均值）。

② 计算在该拉力下，每段钻具的绝对伸长（假设有三段钻具）：

$$\Delta L_1 = \frac{L_1 \times P \times 10^5}{E \times F_1}, \Delta L_2 = \frac{L_2 \times P \times 10^5}{E \times F_2}, \Delta L_3 = \frac{L_3 \times P \times 10^5}{E \times F_3}$$ (6-47)

如果 $\Delta L \geqslant \Delta L_1 + \Delta L_2 + \Delta L_3$，说明卡点在钻头上；

如果 $\Delta L \geqslant \Delta L_1 + \Delta L_2$，说明卡点在第三段上；

$\Delta L \geqslant \Delta L_1$，说明卡点在第二段上；

$\Delta L \leqslant \Delta L_1$，说明卡点在第一段上。

③ 计算 $\Delta L \geqslant \Delta L_1 + \Delta L_2$ 的卡点位置：

a. 先求 ΔL_3：$\Delta L_3 = \Delta L - (\Delta L_1 + \Delta L_2)$。

b. 计算 L_3^*：$L_3^* = \dfrac{\Delta L_3 \times E \times F_3}{P \times 10^5}$，为第三段钻具未卡部分的长度。

c. 计算卡点位置：$L = L_1 + L_2 + L_3^*$。

其他情况可类推。

式中　ΔL_1、ΔL_2、ΔL_3——自上而下三种钻具的伸长，cm；

ΔL——总伸长,cm;

P——上提拉力,kN;

L_1、L_2、L_3——自上而下三种钻具下井长度,cm;

F_1、F_2、F_3——自上而下三种钻具的截面积,cm^2;

E——钢材弹性系数,$E=2.1\times10^5$ MPa。

3. 钻杆允许扭转圈数

$$N=KH \qquad\qquad (6-48)$$

式中　N——允许扭转圈数,圈;

K——扭转系数(见表 6-2),圈/m;

H——卡点深度/m。

表 6-2　API 钻杆扭转系数 K 值

外径/mm	扭转系数/(圈/m)		
	D 级	E 级	P105 级
73	0.007 03	0.009 57	0.013 4
89	0.005 77	0.007 87	0.011 01
114	0.004 49	0.006 12	0.008 56
127	0.004 04	0.005 51	0.007 71

4. 钻杆伸长系数

钻杆伸长系数见表 6-3。

表 6-3　API 钻杆伸长系数

拉力/t	钻杆伸长系数		拉力/t	钻杆伸长系数	
	89 mm	127 mm		89 mm	127 mm
10	0.020 376 1	0.013 993 3	58	0.118 181 6	0.081 160 880
20	0.040 752 3	0.027 986 5	68	0.138 557 8	0.095 154 136
24	0.048 902 7	0.033 583 8	72	0.146 708 2	0.100 751 438
28	0.057 053 2	0.039 181 1	76	0.154 858 7	0.106 348 740
30	0.061 128 4	0.041 979 8	78	0.158 933 9	0.109 147 391
34	0.069 278 9	0.047 577 1	82	0.167 084 4	0.114 744 693
38	0.077 429 3	0.053 174 4	86	0.175 234 8	0.120 341 995
40	0.081 504 6	0.055 973 0	88	0.179 310 1	0.123 140 646
44	0.089 655 0	0.061 570 3	92	0.187 460 5	0.128 737 948
48	0.097 805 5	0.067 167 6	96	0.195 611 0	0.134 335 250
50	0.101 880 7	0.069 966 3	98	0.199 686 2	0.137 133 901
52	0.105 955 9	0.072 764 9	100	0.203 761 4	0.139 932 553
54	0.110 031 2	0.075 563 6	102	0.207 836 7	0.142 731 204
56	0.114 106 4	0.078 362 2	104	0.211 911 9	0.145 529 855

注:表中数值乘以钻杆长度即为伸长量。

其计算公式为：

$$d_{\mathrm{L}} = (P \times L)/(E \times A) \tag{6-49}$$

式中　P——拉力，N；

　　　L——钻杆长度，cm；

　　　E——弹性模量，MPa；

　　　A——钻具截面积，cm^2。

5. 泡油量

$$Q = K\frac{1}{4}\pi(D^2 - D_1^2)H + \frac{1}{4}\pi d^2 h \tag{6-50}$$

式中　Q——泡油量，m^3；

　　　K——附加系数，一般取 1.2～1.5；

　　　D——井径，m；

　　　D_1——钻杆外径，m；

　　　d——钻杆内径，m

　　　H——钻杆外油柱高，m

　　　h——钻杆内油柱高，m。

第五节　常用单位换算

长度单位换算见表 6-4。

表 6-4　长度单位换算表

米	厘米	毫米	市尺	英尺	英寸
1	100	1 000	3	3.280 84	39.370 1
0.01	1	10	0.03	0.032 81	0.393 7
0.001	0.1	1	0.003	0.003 28	0.039 4
0.333	33.333	333.33	1	1.093 61	13.123 4
0.304 8	30.48	304.8	0.914 4	1	12
0.025 4	2.54	25.4	0.076 2	0.083 33	1

面积单位换算见表 6-5。

表 6-5　面积单位换算表

平方米	平方厘米	平方毫米	平方市尺	平方英尺	平方英寸
1	10 000	1 000 000	9	10.763 9	1 550
0.000 1	1	100	0.000 9	0.001 077	0.155 0
0.000 001	0.01	1	0.000 009	0.000 011	0.001 55
0.111 111	1 111.11	111 111.11	1	10 195 989	172.23
0.092 903	929.03	92 903	0.836 127	1	144
0.000 645	6.451 6	645.16	0.005 806	0.006 944	1

体积单位换算见表6-6。

表6-6　体积单位换算表

公升	立方米	立方英寸	立方英尺	（加仑英）	（加仑美）
1	0.001	61.027	0.035 32	0.220 22	0.264 186
1 000	1	61 027.1	35.316 5	220.216	264.186
0.016 39	0.000 016	1	0.000 578	0.003 068	0.004 33
28.316 8	0.028 317	1 728	1	6.235 5	7.480 51
4.545 96	0.004 545	277.413	0.160 372	1	1.201
3.785 2	0.003 785	231	0.133 68	0.832 7	1

重量单位换算见表6-7。

表6-7　重量单位换算表

吨	千克	市担	市斤	英吨	磅
1	1 000	20	2 000	0.984 205	2 204.62
0.001	1	0.02	2	0.000 984	2.204 62
0.05	50	1	100	0.049 21	110.231
0.000 5	0.5	0.01	1	0.000 492	1.102 3
1.016 046	1 016.05	20.321	2 032.09	1	2 240
0.000 454	0.453 59	0.009 07	0.907 2	0.000 446	1

流量单位换算见表6-8。

表6-8　流量单位换算表

千克/秒	立方米/英寸	英加仑/分	美加仑/分
1	3.6	13.197	15.851 4
0.277 87	1	3.665 8	4.403 2
0.757 7	0.272 79	1	1.201 1
0.630 9	0.227 1	0.832 5	1

压力单位换算见表6-9。

表6-9　压力单位换算表

千克/厘米^2	磅/英寸^2	大气压	水柱(15 ℃)/米	水银柱英寸
1	14.223	0.967 8	10.01	28.96
0.070 31	1	0.068 04	0.703 7	2.035 5
1.033 3	14.7	1	10.34	29.92
0.099 9	1.421	0.096 7	1	2.892
0.034 53	0.491 2	0.033 42	0.345 6	1

功率单位换算见表 6-10。

表 6-10　功率单位换算表

公制马力(PS)	英制马力(HP)	千瓦(kW)	公斤米/秒	磅英尺/秒
1	0.986 3	0.74	75	542.465
1.013 89	1	0.746	76.041 8	550
1.36	1.341	1	102	737.5
0.013 33	0.013 155	0.009 804	1	7.23
0.001 843	0.001 818	0.001 356	0.138 351	1

温度单位换算见表 6-11。

表 6-11　温度单位换算表

温度	单位符号	水的冰点 (1 大气压)	水的沸点 (1 大气压)	换算公式
摄氏温度	℃	0 ℃	100 ℃	摄氏温度＝5/9(华氏温度－32°)
华氏温度	℉	32℉	212℉	华氏温度＝9/5 摄氏温度＋32°
绝对温度	K	273K	373K	绝对温度＝摄氏温度＋273°

冲击力单位换算见表 6-12。

表 6-12　冲击力单位换算表

千克米/平方毫米	千克米/平方厘米	磅英尺/平方英寸
1	100	466.36
0.01	1	4.663 6
0.000 214 3	0.021 43	1

参 考 文 献

[1] 采油采气专业标准化委员会.常规修井作业规程 第11部分:钻铣封隔器、桥塞:SY/T 5587.11—2016[S].北京:石油工业出版社,2017.

[2] 采油采气专业标准化委员会.常规修井作业规程 第12部分:解卡打捞:SY/T 5587.12—2018[S].北京:石油工业出版社,2019.

[3] 采油采气专业标准化委员会.常规修井作业规程 第14部分:注塞、钻塞:SY/T 5587.14—2013[S].北京:石油工业出版社,2014.

[4] 采油采气专业标准化委员会.常规修井作业规程 第3部分:油气井压井、替喷、诱喷:SY/T 5587.3—2013[S].北京:石油工业出版社,2014.

[5] 采油采气专业标准化委员会.常规修井作业规程 第4部分:找窜漏、封窜堵漏:SY/T 5587.4—2019[S].北京:石油工业出版社,2020.

[6] 采油采气专业标准化委员会.常规修井作业规程 第9部分:换井口装置:SY/T 5587.9—2021[S].北京:石油工业出版社,2022.

[7] 采油采气专业标准化委员会.油气水井井下作业资料录取项目规范:SY/T 6127—2017[S].北京:石油工业出版社,2018.

[8] 全国安全生产标准化技术委员会非煤矿山安全分技术委员会.含硫化氢天然气井失控井口点火时间规定:AQ 2016—2008[S].北京:煤炭工业出版社,2009.

[9] 全国低压成套开关设备和控制设备标准化技术委员会.电气控制设备:GB/T 3797—2016[S].北京:中国标准出版社,2016.

[10] 全国内燃机标准化技术委员会.中小功率柴油机 振动测量及评级:GB/T 7184—2023[S].北京:中国标准出版社,2023.

[11] 全国石油钻采设备和工具标准化技术委员会.防喷器检验、修理和再制造:SY/T 6160—2019[S].北京:石油工业出版社,2020.

[12] 全国石油钻采设备和工具标准化技术委员会.螺杆钻具:SY/T 5383—2010[S].北京:石油工业出版社,2010.

[13] 全国石油钻采设备和工具标准化技术委员会.石油天然气工业用钢丝绳的选用和维护的推荐作法:SY/T 6666—2017[S].北京:石油工业出版社,2018.

[14] 全国石油钻采设备和工具标准化技术委员会.石油天然气钻采设备 柴油机:SY/T 5030—2020[S].北京:石油工业出版社,2021.

[15] 全国石油钻采设备和工具标准化技术委员会.石油天然气钻采设备 井口装置和采油树:GB/T 22513—2023[S].北京:中国标准出版社,2023.

[16] 全国石油钻采设备和工具标准化技术委员会.石油天然气钻采设备 钻机和修井机出厂验收规范:SY/T 6680—2021[S].北京:石油工业出版社,2022.

［17］全国石油钻采设备和工具标准化技术委员会.石油天然气钻采设备 钻井和修井井架、底座的检查、维护、修理与使用:SY/T 6408—2018［S］.北京:石油工业出版社,2019.

［18］全国石油钻采设备和工具标准化技术委员会.石油天然气钻采设备 钻井液固相控制设备规范:SY/T 5612—2018［S］.北京:石油工业出版社,2019.

［19］全国石油钻采设备和工具标准化技术委员会.石油天然气钻采设备 钻井液循环管:SY/T 5244—2019［S］.北京:石油工业出版社,2020.

［20］全国石油钻采设备和工具标准化技术委员会.石油天然气钻采设备 钻修井用安全接头:SY/T 5067—2018［S］.北京:石油工业出版社,2019.

［21］全国石油钻采设备和工具标准化技术委员会.石油钻机顶部驱动装置:SY/T 6726—2008［S］.北京:石油工业出版社,2008.

［22］全国石油钻采设备和工具标准化技术委员会.石油钻机和修井机用水龙头:SY/T 5530—2013［S］.北京:石油工业出版社,2014.

［23］全国石油钻采设备和工具标准化技术委员会.石油钻机用电气设备规范 第2部分:控制系统:SY/T 6725.2—2009［S］.北京:石油工业出版社,2010.

［24］全国石油钻采设备和工具标准化技术委员会.石油钻机用电气设备规范 第3部分:电动钻机用柴油发电机组:GB/T 23507.3—2017［S］.北京:中国标准出版社,2017.

［25］全国石油钻采设备和工具标准化技术委员会.石油钻井和修井用绞车:SY/T 5532—2016［S］.北京:石油工业出版社,2017.

［26］全国石油钻采设备和工具标准化技术委员会.套管刮削器:SY/T 5110—2000［S］.北京:石油工业出版社,2011.

［27］全国石油钻采设备和工具标准化技术委员会.钻井、修井用割刀:SY/T 5070—2012［S］.北京:石油工业出版社,2012.

［28］全国石油钻采设备和工具标准化技术委员会.钻修井用磨铣鞋:SY/T 6072—2009［S］.北京:石油工业出版社,2010.

［29］全国铸造标准化技术委员会.铸钢件 超声检测 第1部分:一般用途铸钢件:GB/T 7233.1—2023［S］.北京:中国标准出版社,2023.

［30］石油工业安全专业标准化技术委员会.井下作业安全规程:SY/T 5727—2020［S］.北京:石油工业出版社,2021.

［31］石油工业安全专业标准化技术委员会.硫化氢环境井下作业场所作业安全规范:SY/T 6610—2017［S］.北京:石油工业出版社,2017.

［32］石油工业安全专业标准化技术委员会.硫化氢环境人身防护规范:SY/T 6277—2017［S］.北京:石油工业出版社,2017.

［33］石油工业安全专业标准化技术委员会.石油天然气钻井、开发、储运防火防爆安全生产技术规程:SY/T 5225—2019［S］.北京:石油工业出版社,2020.

［34］石油工业安全专业标准化技术委员会.石油与天然气井井控安全技术考核管理规则:SY/T 5742—2019［S］.北京:石油工业出版社,2020.

［35］石油工业安全专业标准化技术委员会.石油钻机和修井机井架底座承载能力检测评定方法及分级规范:SY/T 6326—2019［S］.北京:石油工业出版社,2020.

［36］石油工业安全专业标准化技术委员会.钻井井场设备作业安全技术规程:SY/T 5974—

2020[S].北京:石油工业出版社,2021.

[37] 石油工业安全专业标准化技术委员会.钻井井控装置组合配套、安装调试与使用规范:
SY/T 5964—2019[S].北京:石油工业出版社,2020.

[38] 中国电器工业协会.内燃机电站通用试验方法:GB/T 20136—2006[S].北京:中国标准
出版社,2006.

[39] 中国电器工业协会.往复式内燃机驱动的交流发电机组 第 10 部分:噪声的测量(包面
法):GB/T 2820.10—2002[S].北京:中国标准出版社,2003.

[40] 中国电器工业协会.往复式内燃机驱动的交流发电机组 第 9 部分:机械振动的测量和
评价:GB/T 2820.9—2002[S].北京:中国标准出版社,2003.

[41] 中国石油工业安全专业标准化技术委员会.石油工业动火作业安全规程:SY/T 5858—
2004[S].北京:石油工业出版社,2004.

[42] 中国石油工业安全专业标准化技术委员会.石油钻、修井用吊具安全技术检验规范:
SY/T 6605—2018[S].北京:石油工业出版社,2019.

[43] 中华人民共和国住房和城乡建设部.钢结构焊接规范:GB 50661—2011[S].北京:中国
建筑工业出版社,2012.